地下排水管道工程技术与创新

张彤炜　文　杰　胡　冰　田锦虎
周书东　刘正刚　高　耀　主　编

中国建筑工业出版社

图书在版编目（CIP）数据

地下排水管道工程技术与创新 / 张彤炜等主编．—北京：中国建筑工业出版社，2021.12
ISBN 978-7-112-26851-1

Ⅰ.①地… Ⅱ.①张… Ⅲ.①地下排水—管道工程
Ⅳ.①TU992.03

中国版本图书馆CIP数据核字（2021）第247561号

责任编辑：杨 杰 范业庶
责任校对：王誉欣

地下排水管道工程技术与创新
张彤炜 文 杰 胡 冰 田锦虎 周书东 刘正刚 高 耀 主 编

*

中国建筑工业出版社出版、发行（北京海淀三里河路9号）
各地新华书店、建筑书店经销
北京科地亚盟排版公司制版
北京中科印刷有限公司印刷

*

开本：787毫米×1092毫米 1/16 印张：16¼ 字数：378千字
2021年12月第一版 2021年12月第一次印刷
定价：**98.00**元
ISBN 978-7-112-26851-1
（38657）

本书编委会

主　　编： 张彤炜　文　杰　胡　冰　田锦虎
周书东　刘正刚　高　耀

副 主 编： 韩　笑　叶雄明　许永峰　张　益
韩龙伟　刘　亮　赵永涛　麦镇东

参编人员： 周大东　郑大叶　黄志明　全锡志
张贵保　谭　宇　刘茵茵　叶瑞丰
陈宇震　马骁智　余　勇

主编单位： 东莞市建筑科学研究院有限公司
中国水利水电第七工程局有限公司
广东信鸿产业集团有限公司
中铁建工集团有限公司

前 言

“十三五”以来，各地区、各部门深入贯彻生态文明思想，认真落实党中央、国务院决策部署，不断加大城镇污水处理设施建设和运行管理力度，污水收集处理能力显著提升，完成了《“十三五”全国城镇污水处理及再生利用设施建设规划》目标。同时也清楚地意识到，我国城镇污水收集处理存在发展不平衡不充分问题，短板弱项依然突出。特别是，存在污水管网建设改造滞后、污水资源化利用水平偏低、污泥无害化处置不规范、设施可持续运维能力不强等问题，与实现高质量发展还有较大差距。

本书将从探测、检测、设计、施工、运维管理等方面介绍我单位与合作方多年来在地下排水管道工程方面做的科研与实践工作，希望能够为类似工程项目提供参考与借鉴。以缩小差距，满足“十四五”高质量发展要求。

本书分为 11 章，分别为绪论、管槽明挖支护设计与施工、沉井设计与施工、顶管设计与施工、BIM 在地下排水管道工程中的应用、地下排水管网探测、地下排水管道检测、地下排水管道修复、基槽明挖支护技术创新、装配式沉井、顶管工程技术创新。第 1 章主要介绍我国地下排水管道工程发展现状，第 2～4 章主要介绍传统的管槽、沉井、顶管的设计与施工，第 5 章主要介绍 BIM 技术在地下排水管道工程中的应用，第 6～8 章主要介绍地下排水管道的探测、检测和修复，第 9～11 章主要介绍地下排水管道工程中的一些创新研究内容。

本书总结了多个地下排水管道工程科研与实践工作的研究成果，参考了大量国内外关于地下排水管道工程的书籍与文献，其中参考文献已附于每章后，并从主要参考书目中录用了一些十分经典的素材和文字，在此向这些著作的作者深表感谢。

由于编者水平有限，各章节中难免有不当之处，恳请读者给予批评和指正。

目　录

第1章 绪 论

1.1 概述

随着城镇化、工业化速度的加快，我国城镇污水排放量逐年增长，污水处理设施规模逐年增大。根据住房和城乡建设部统计数据显示，2000 年全国城镇排水管道长度约为 14.2 万 km，2019 年达到 74.3 万 km，具体建设情况如图 1-1 所示。2000 年，我国污水年排放量 3317957 万 m^3，污水年处理量 1135608 万 m^3，污水处理率为 34.25%；2019 年，我国污水年排放量 5546474 万 m^3，污水年处理量 5258499.39 万 m^3，污水处理率达 96.81%。2000～2019 年，我国污水年排放量与污水年处理量的关系，如图 1-2 所示。

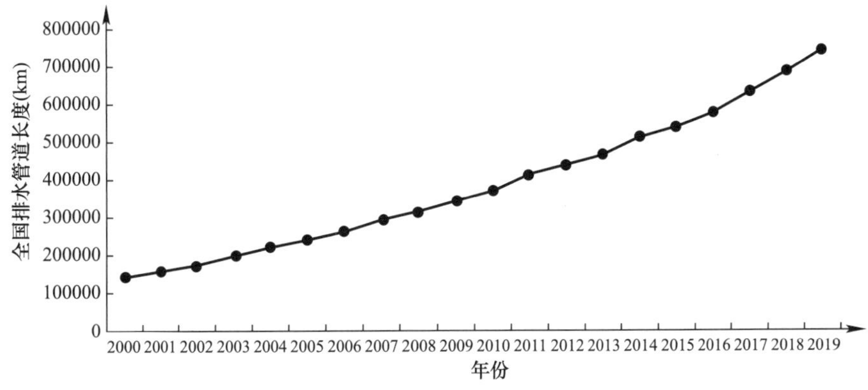

图 1-1　2000～2019 年全国排水管道建设情况

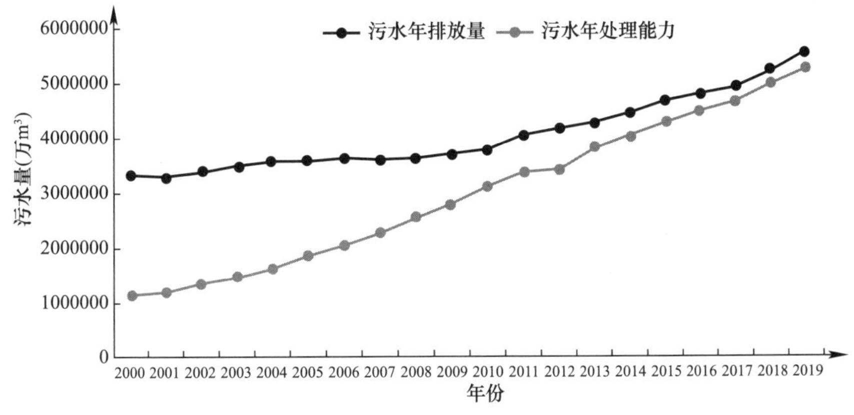

图 1-2　2000～2019 年全国污水年排放量与处理能力对比分析

由图 1-1、图 1-2 可知，我国现在污水设施总处理能力基本上能够满足污水排放需求，总体上解决了污水处理设施严重落后于污水处理需求的矛盾。但是，我国城镇污水收集处理存在发展不平衡不充分问题，短板弱项依然突出。特别是，存在污水管网建设改造滞后、污水资源化利用水平偏低、污泥无害化处置不规范、设施可持续运维能力不强等问题，与实现高质量发展还有较大差距。

1.2 污水排放总量分析

用水总量主要包括生产运营用水、居民家庭用水、公共服务用水和其他用水，其中公共服务用水量与其他用水量占比在 15% 以下，基本不会引起总量的较大变化。因此，以生产运营用水量与居民家庭用水量的变化趋势表示用水总量的变化趋势。

调查结果显示，2002～2006 年生产运营用水量上升，但从 2006 年开始呈下降趋势。根据政策要求和技术发展，这一下降趋势不会逆转，且还有较为充分的下降空间。2002～2016 年人均生活用水量总体为递减趋势，但由于用水人数增长，居民家庭生活用水总量逐年提升。随着城镇的不断发展，居民生活用水占比会越来越高，生产运营用水占比会逐渐减少，且对总用水量的影响将会趋于稳定。由此，2016 年后，居民生活污水排放将逐步上升为影响污水排放总量的主导因素，未来城镇排水系统建设将由生产运营排水设施建设向生活污水排水设施建设倾斜。

根据用水量变化、污水排放量变化和污水处理厂处理能力变化可知，总体污水处理设施处理能力和污水排放总量的矛盾已经得到缓解，只有少部分存在发展不平衡，导致污水处理设施处理能力略小于污水排放总量。总体污水处理设施建设对污水处理率的增长动力逐年减弱，污水处理设施的建设将由阶梯式的快速增长模式转变为随着城镇人口变化与城镇建设而变化的可持续发展模式。

1.3 存在的问题

1.3.1 污水直排

因污水收集系统不健全、不完整和管理不到位，导致应收集纳管的生活污水，没有收集纳管并入污水处理厂，而是直接或间接排入地表水体。我国最常见的污水直排有：沿河住宅污水直排地表水体，路边餐饮、商店、洗车、道路清扫污水经雨水收集口和雨水管道排入地表水体，影响城镇水环境质量和环境卫生；建筑垃圾和生活垃圾等大量进入排水管道，卡死管道而造成堵塞；施工废水未经处理直接排入管道，携带泥砂、水泥等进入管道；餐饮店等有大量含脂肪的污水排入管道，使排水断面变小而堵塞等。

1.3.2 不协调

目前，我国地下排水管道总体上为“东部发达，西部落后，中部持续发展，东北发展动力不足”。同时，老城区管道建设施工较为困难，管道规模难以提升，未来城镇管道工程会呈现出新城区发达、老城区较为落后的状态，这种不协调的现象将会长期存在。

1.3.3 雨污错接混接

在实行分流制的小区、企事业单位内部以及市政分流制排水系统中，因设计施工错误、管理不到位等原因，导致雨水管与污水管错接、混接，增加了管理的难度，同时也对城镇水体造成污染。错接和混接现象在我国各地都存在，例如，2018 年上海市对 1.3×10^4km 的雨水、污水管道进行了检测，发现混接点达 1.3 万余个，商户与单位混接占比超过 70%。典型现象是居民阳台洗衣机、厨房废水接入雨水管中；路边餐饮、商铺、洗车等污水通过雨水口进入雨水系统，工业污水接入雨水管偷排，导致雨水排水口旱天有污水排出和加重雨天的溢流污染。另外，雨水接入污水管道，也会导致污水管在雨天冒溢和污水处理厂超负荷溢流。

1.3.4 管道入渗的问题

管道脱节、破损甚至与河道相通造成大量的外来水进入管道，在雨天时入渗量更大，对污水处理厂造成冲击。《城市黑臭水体整治——排水口、管道及检查井治理技术指南（试行）》规定，经过结构性缺陷修复的污水管道和合流制管道，地下水入渗量占比不应大于 20%，或地下水渗入量不大于 70m^3/（km·d）。但实际情况超过了规定值，从我国部分地区调查结果来看，管道入渗量为污水量的 42%～66%，但由于较高的夜间污水量排放，拉低了该比值，即实际入渗量的绝对值比调查数据高。另外，我国使用时间超过 15 年的污水管道有 7.8×10^4km，东部地区占 61%；使用时间超过 10 年的有 12×10^4km，东部地区占 63%。这些存量设施破损会越来越严重，且由于其大部分集中于沿海地下水位较高地区，入渗量会进一步加大，导致清水占据了污水管道容量，影响污水管道的运输能力，稀释了污水处理厂的污染物浓度。同时，还会加剧污水管道沟槽回填材料的流失，导致道路塌陷。

1.3.5 合流制截流与溢流

根据 2010～2016 年的《中国城市建设统计年鉴》可知，我国合流制管道由 104772km 增长到 108569.99km，略有增加。合流制管道主要集中在老城区，存在合流制管道旱季直排问题，但占比很小，合流制管道雨天溢流是主要问题。

我国合流制截流倍数较低，虽然规范标准中规定截流倍数为 2～5，但受资金限制，实际工程达不到规定值。大部分场次的降雨将使合流制管道下游的污水处理厂处理水量增加 1 倍，同时，在雨天溢流管发生溢流的情况下，截流管内的合流污水为满流压力流，截流井的实际截流量大于设计截流量，这就造成了雨天时污水处理厂的流量至少增加 2 倍以上，对污水处理厂造成水量冲击，超过了污水处理厂的负荷。为了保证污水处理厂安全，一旦截流的雨水量过多，必须采取安全措施让雨水超越溢流，从而使大部分截流污水得不到处理就直接排放。也存在当水量超过污水处理厂的最大在线流量时，污水处理厂会关闭入口，保证安全运行，从而使大量污水直接排入水体的情况。

1.4 技术创新与发展

目前地下排水管道工程存在的问题，以及地下排水管道工程提质增效所面临的挑战，在全国重点区域及重点流域均对排水和污水处理提出了更高的要求。为了有效解决地下排水管道工程所面临的问题，满足新时期对地下排水管道工程的要求，本书将从探测、检测、设计、施工、运维管理等方面介绍本书编写人员在地下排水管道工程中所做的一些研究工作，希望能够为类似的地下排水管道工程项目提供参考与借鉴。

本章参考文献

［1］ 中华人民共和国住房和城乡建设部 .2019 年城市建设统计年鉴 .http://www.mohurd.gov.cn/xytj/index.html.

［2］“十四五”城镇污水处理及资源化利用发展规划 .http://www.mohurd.gov.cn/wjfb/202106/t20210616_250477.html.

［3］ 邢玉坤，曹秀芹，柳婷 . 我国城市排水系统现状、问题与发展建议［J］. 中国给水排水，2020，36（10）：19-23.

［4］ 深圳市水务局 . 珠江口流域水系综合治理方案 .http://swj.sz.gov.cn/xxgk/zfxxgkml/lsgd/ghjh/content/post_2923807.html.

［5］ 唐建国 . 工欲解黑臭必先治管道——《城市黑臭水体整治——排水口、管道及检查井治理技术指南》解读［J］. 给水排水，2016，42（12）：1-3，137.

［6］ 陈玮，陈彩霞，徐慧玮等 . 合流制管网截流雨水对城镇污水处理厂处理效能影响分析［J］. 给水排水，2017，43（10）：36-40.

［7］ 李晓静，陈勇，胡本刚等 . 城市地下排水管道评价体系探究——以渭南市为例［J］. 测绘，2018，41（5）：208-213.

［8］ 谢燕玲 . 当前广东城市排水管网存在的主要问题及相关对策探讨［J］. 门窗，2019（02）：118-119+146.

第2章 管槽明挖支护设计与施工

2.1 发展概况

2.1.1 发展历程

管槽明挖支护是管槽开挖时保障管道及周边环境安全的一种施工方法。早在20世纪60年代初，美国、英国等西方国家就致力于排水管道的理论研究，并基于理论成果研制了相关的配套装置。此后，西方发达国家出台了一些强制性指导文件，对深基坑开挖支护技术的应用逐步规范化。70年代末期，美国开展了对管槽支护的全面研究，在管槽支护方面进行了许多有益的实践。80年代以来，各国逐渐推广应用金属结构进行管槽支护，并由专业化生产单位批量生产及供应支护设备。

改革开放前，国内多采用无支护放坡开挖方法进行管槽设计和施工，深基坑工程数量极少。从20世纪70年代开始，国内开展了管槽支护的相关试验以及设备的研发。此后，为满足我国基础设施建设的发展需求，越来越多的研究者们投入到管槽支护技术的研究中。北京、上海等城市先后进行了排水管道新型施工技术的研发，并在实践中总结了丰富的经验。上海推广使用了型钢水泥土搅拌墙作为挡土止水帷幕。随后，我国在钢板桩类、钢筋混凝土类等支护结构体系的研发上均得到了较大的发展，在国内的应用也越来越广泛。

2.1.2 发展方向

目前，复杂管槽支护问题是国内许多工程的研究难点，经验不足、技术应用不成熟。例如，城市中心区的地下排水管道受施工环境的影响较大，放坡施工工作面受限；排水管道埋深越来越大，对管槽支护技术的要求进一步提高。随着城镇市政排水管道的建设、更新、修复速度加快，管槽明挖支护技术将得到进一步的研究和应用。我国管槽开挖技术的主要发展方向包括：

（1）推进新型管槽支护体系研究，开发适应于各种复杂地质条件的管槽支护技术，并借鉴国外先进技术不断优化。

（2）引入现代信息化技术，实现开挖支护工程设计与施工的数字化管理。例如，在开挖机械设备上安装信息监测仪器，实时更新边坡稳定性的相关数据，并基于自动分析算法为管槽明挖支护的全过程提供技术指导。

（3）完善土力学理论，明确管槽开挖和支护时复杂土体空间的应力、应变情况。区别于浅基坑施工技术，土体的应力、应变需进一步考虑开挖边界的问题。此外，卸载等问题也应引起足够的重视。

2.2 支护形式的选用

管槽明挖施工指直接从地表破土开挖管槽，在管槽内敷设排水管道的方法。在保证管槽侧壁土自稳能力的前提下，应根据管道埋深、水文地质条件、周边环境、管槽断面等因素，合理选用明挖支护形式。管槽明挖支护可分为无支护开挖与支护开挖两大类。

2.2.1 选用原则

管槽支护结构形式很多，支护结构的合理选型主要考虑安全、经济、技术可行、施工方便等因素。

（1）安全性原则

安全是基坑支护结构设计与施工时应首要考虑的问题。结构设计时，在确保支护结构体系自身稳定的同时，要保障基坑周边建（构）筑物、相邻地下管线的安全和正常使用。此外，基坑开挖与支护施工过程中的安全问题也应引起足够的重视，施工过程应确保安全可靠，应急预案能及时有效地处理紧急事故。

（2）经济性原则

支护结构的经济性不仅包括支护结构自身的造价，还应考虑到施工工期、人工、材料、机械设备等各方面的综合经济指标，以达到节约成本、经济适用的效果。

（3）技术可行性原则

在满足结构承载力极限状态和正常使用状态的前提下，尽量选用受力简单明确的支护结构。应根据实际水文地质情况、地下水运移方向等做好技术可行性评估，再根据详细的评估报告进行结构选型。例如，软黏土管槽的开挖与支护要侧重于解决支护体系围护结构的稳定性及挡土问题；含承压水的砂性土要侧重于考虑控制地下水位的问题，严格遵从技术合理可行的原则。

（4）施工方便原则

支护结构选型应注重施工方便快捷，场地开挖工作面应满足管槽开挖与支护的要求。不同的支护结构体系对管槽开挖与支护的要求也不相同，在选型时应根据场地要求，保证施工的顺利进行，节省施工时间，特别是管槽抢险工程中，更应注重支护结构体系施工方便快捷的问题。

2.2.2 无支护开挖选型

管槽明挖施工时，在管槽工作面允许的条件下，常选用直槽开挖或放坡开挖的方式。

（1）直槽开挖

直槽开挖是管槽施工常见的开挖方式，常用于土质条件良好、土层分布均匀、直壁稳定性较好、管槽底部标高高于地下水位且管槽开挖深度较小等情况，在坚硬的黏土条件下，不加支撑的最大开挖深度不得超过 2m，如图 2-1 所示。

（2）放坡开挖

一般情况下，对具有放坡开挖工作面且埋深不大的管道，在周边环境条件允许时，建议尽量采用管槽放坡开挖的形式。放坡开挖断面如图 2-2 所示。

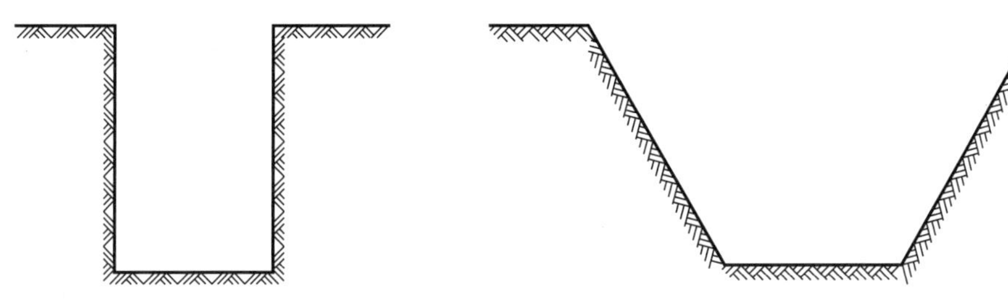

图 2-1　直槽开挖断面示意图　　图 2-2　放坡开挖断面示意图

放坡开挖常用于开挖深度不超过 5m 的管槽。人工开挖的管槽开挖深度超过 3m 时，应采用多级放坡的形式，且每层开挖深度应不大于 2m，坡间留台宽度应不小于 0.8m。采用机械开挖管槽时应满足规范要求。放坡开挖的主要缺点是需要较大的工作面，土方回填量较大，对周边环境的影响较明显，不宜在城镇市区施工。管槽放坡开挖坡度应根据水文地质等情况，按《给水排水管道工程施工及验收规范》GB 50268 的要求确定。多级放坡开挖断面如图 2-3 所示。

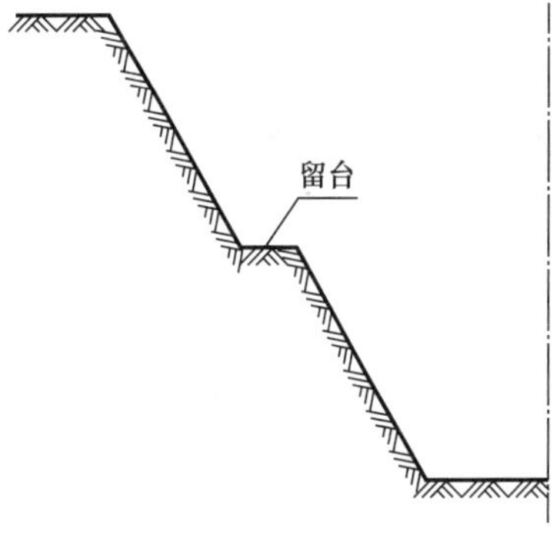

图 2-3　多级放坡开挖断面示意图

2.2.3　支护开挖选型

当管槽开挖深度大于 5m，或场地土层为软弱土层、场地条件不允许放坡开挖时，应采用支护开挖的施工方式。适用于管槽开挖的支护结构形式主要包括钢板桩类、钢筋混凝土类、水泥土类、木板桩类等，根据管槽周边的土质情况，必要时管槽壁应设置支撑等支护装置。

（1）钢板桩类

钢板桩是一种在现代基础与地下工程领域中应用较为广泛的重要施工支护结构，具有锁口环环相嵌的构造特征，止水性能较好，常用于软弱地基及地下水位较高的深基坑支护工程。为了满足工程的特殊要求，钢板桩与其他支护结构构成的组合类型较多，其中拉森钢板桩和型钢组合桩在排水管槽开挖支护中应用较为常见，但不宜用于周围环境对沉降敏感度要求较高的管槽开挖支护工程中。

根据实际情况，可选用单排或双排型钢，常结合围檩、锁口梁和锚杆等构件形成型钢组合桩支护体系，适用于管槽开挖深度小于 8m 的软土地基，有降水要求时应与搅拌桩等结合。拉森钢板桩能满足基坑深度小于 11m 的支护要求，适用于管槽沿纵向呈弧形或拱形的边坡，可在管槽开挖支护时发挥挡土和止水的作用。

钢板桩具有强度高、质量较轻、止水性能好、可多次回收重复利用、对工作面要求不高等优点。其缺点是结构的受弯能力较弱，刚度较小，桩体侧向位移较大，一般需要根据实际情况在两侧钢板桩中间设置一道或多道内支撑，多用于较浅的管槽支护工程中。

（2）钢筋混凝土类

1）地下连续墙

地下连续墙是在地面以下为截水防渗、挡土、承重而构筑的连续墙壁。采用挖槽机械沿着轴线开挖出一条狭长且深度较大的管槽，之后进行清槽处理，吊放并安装预制钢筋笼，沿纵向形成多个槽段单元，将槽段单元间的接头进行连接后，最终完成一道连续的地下钢筋混凝土挡墙。

地下连续墙的优点是结构刚度较大，能承受较大的土压力，截水、抗渗性能较好，对施工环境的扰动影响较小，常用作软弱土层、密实砂砾层等多种复杂地质条件的支挡结构，在深基坑开挖支护应用时，地下连续墙的优势比较明显。但存在以下几个缺点：建设过程产生较多的废弃水泥浆等工程垃圾，对环境的污染较大；用作临时挡土结构时，施工成本较高；在达到一定深度的管槽支护工程中或某些特殊情况下，才能充分发挥其经济优势等。通常来说，地下连续墙适用于管槽开挖深度超过 12m，对降水、防渗有较严格要求的土层及软土层地基，以及对邻近建（构）筑物的保护要求较高的管槽支护工程中。

2）钻孔灌注桩

钻孔灌注桩是指通过人工或机械在地基土中形成桩孔，孔内放置钢筋笼、灌注混凝土形成单元桩体，在各单元桩体间通过压力注浆或者旋喷桩进行防渗处理，然后用钢筋混凝土圈梁将排桩连接成整体，最终形成的管槽支护结构。

钻孔灌注桩可增强地基承载力并减少侧向位移，施工时噪声和振动较小，适用于在周边噪声和振动敏感的环境中使用，也可根据需要调整桩径、变化桩体，在穿越软硬土层等多种复杂地基环境中使用。钻孔灌注桩存在以下几个缺点：施工工期较难控制；成孔速度慢；废弃泥渣容易污染环境；容易出现断桩等。钻孔灌注桩的管槽深度不超过 14m，常与围檩、锚杆、支撑等构成组合支护体系。

3）预制桩

钢筋混凝土预制桩是指在工厂或施工现场经预制加工、养护，待满足强度要求后，将其运送到现场指定位置，通过锤击、静压等方法，使桩体进入到预设的嵌固深度，最终形成的挡土支护结构。为了加强桩顶抵抗锤击、桩尖穿越土层的能力，通常需要加强桩顶、桩尖的钢筋配置，以确保强度能满足要求。

钢筋混凝土预制桩的优点有：桩的制作主要在室内完成，基本不受天气的影响，施工相对简单便捷，桩体抵抗土压力的能力较强、沉降变形较小，因而得到较为广泛的应用。钢筋混凝土预制桩适用于管槽深度不超过 7m 的支护工程，可在软土层中应用。当周围环境对振动较为敏感时，应联合静力压桩、粉喷桩、深层搅拌桩等组合使用。

（3）水泥土类

1）深层搅拌桩挡墙

深层搅拌桩挡墙是采用水泥、石灰等材料作为固化剂，通过深层搅拌机械，在地基以下预定标高处将软土和固化剂进行强制拌和，使软土硬化成承载能力较强的挡墙结构，可用于地基处理及管槽挡墙支护。深层搅拌桩挡墙可起到挡土防渗的作用。

深层搅拌桩无需设置支撑，沿纵向方向应分段开挖，每一区段的长度应小于 40m；当管槽深度较大时，需要施工作业的工作面较大，一般不宜在过窄的管槽开挖与支护工程中应用。

此外，该方法不仅适用于土层渗透系数较大的淤泥、淤泥质土，还常用于泥炭土和粉土等地质条件，经过处理后可形成桩基、挡墙等。一般用于软基处理以及深度不超过 7m 的管槽支护工程中，也可与土钉墙、加固边坡结合，起到隔渗作用。该方法无需耗费钢材，具有工程造价低、无噪声、施工简单、工期较短等优点。

2）粉喷桩

粉喷桩是深层搅拌桩的一种形式，采用粉体状固化剂来进行软基搅拌处理。适用于基坑深度不超过 6m，且土质较密实的地质条件。可采用单排、多排布置成连续墙体。

（4）木桩类

木桩类支护结构一般应用于管槽深度小于 5m，侧壁安全等级较低的情况。木桩桩体结构需要满足强度要求。

2.3　管槽明挖支护设计

2.3.1　管槽断面设计

地下排水管道管槽开挖常采用直槽开挖或放坡开挖，局部辅以支护措施，或结合暗挖施工方式。出于对边坡稳定及开挖安全的考虑，管槽明挖对断面尺寸有一定的要求，设计指标如表 2-1 所示。

管槽放坡开挖设计指标　　表2-1

设计指标	计算公式	规范
管槽底部开挖宽度	$B \geqslant D_0+2S$	《给水排水管道工程施工及验收规范》GB 50268
管槽边坡最陡坡度	按规范取值	
井坑开挖宽度	$B=D+2b$	《塑料排水检查井应用技术规程》CJJ/T 209
管线之间的水平净距	$L=(H-h)/\tan\alpha+B/2$	《城市工程管线综合规划规范》GB 50289
管线之间的垂直净距	按规范取值	《化学工业给水排水管道设计规范》GB 50873
边坡滑塌区范围	$L=H/\tan\theta$	《建筑边坡工程技术规范》GB 50330
稳定的自然斜坡高度	$H=aL^b$	《工程地质手册》（第五版）

续表

设计指标	计算公式	规范
直立边坡的极限高度	$h_u=4c/\gamma$	《工程地质手册》(第五版)
斜坡的最大高度	$h=\dfrac{2c\sin\beta\cos\varphi}{\gamma\sin^2\left(\dfrac{\beta-\varphi}{2}\right)}$	《工程地质手册》(第五版)

2.3.2 边坡稳定性

在进行管槽放坡开挖设计时，边坡坡度的取值应满足稳定性验算的要求，具体规定参见《建筑边坡工程技术规范》GB 50330、《建筑边坡工程鉴定与加固技术规范》GB 50843等相关规范。边坡稳定性指标的主要计算公式如表 2-2 所示。

边坡稳定性计算　　表2-2

稳定性指标	计算公式	规范
圆弧滑动面稳定性	$F_s=\dfrac{\sum\limits_{i=1}^{n}\dfrac{1}{m_{\theta i}}\left[c_il_i\cos\theta+(G_i+G_{bi}-U_i\cos\theta_i)\tan\varphi_i\right]}{\sum\limits_{i=1}^{n}\left[(G_i+G_{bi})\sin\theta_i+Q_i\cos\theta_i\right]}$	《建筑边坡工程技术规范》GB 50330
	$F_s=\dfrac{\sum\limits_{i=1}^{n}\dfrac{1}{m_{\theta i}}\left[c_il_i\cos\theta+(G_i+G_{bi}+R_{0i}\sin\alpha_i-U_i\cos\theta_i)\tan\varphi_i\right]}{\sum\limits_{i=1}^{n}\left[(G_i+G_{bi})\sin\theta_i+Q_i\cos\theta_i-R_{0i}\cos(\theta_i+\alpha_i)\right]}$	《建筑边坡工程鉴定与加固技术规范》GB 50843
平面滑动面稳定性	$F_s=\dfrac{\left[(G+G_b)\cos\theta-Q\sin\theta-V\sin\theta-U\right]\tan\varphi+cL}{(G+G_b)\sin\theta+Q\cos\theta+V\cos\theta}$	《建筑边坡工程技术规范》GB 50330
	$F_s=\dfrac{\left[(G+G_b)\cos\theta-Q\sin\theta+R_0\sin(\theta+\alpha)-V\sin\theta-U\right]\tan\varphi+cL}{(G+G_b)\sin\theta+Q\cos\theta-R_0\cos(\theta+\alpha)+V\cos\theta}$	《建筑边坡工程鉴定与加固技术规范》GB 50843
折线形滑动面	$F_s=\dfrac{\sin(\theta_{i-1}-\theta_i)\tan\varphi_i}{\cos(\theta_{i-1}-\theta_i)-\varphi_{i-1}}$、$F_s=\dfrac{R_i}{P_{i-1}\varphi_{i-1}-P_i+T_i}$ $T_i=(G_i+G_{bi})\sin\theta_i+Q_i\cos\theta_i$ $R_i=c_il_i+\left[(G_i+G_{bi})\cos\theta_i-Q_i\sin\theta_i-U_i\right]\tan\varphi_i$	《建筑边坡工程技术规范》GB 50330
	$F_s=\dfrac{\sin(\theta_{i-1}-\theta_i)\tan\varphi_i}{\cos(\theta_{i-1}-\theta_i)-\varphi_{i-1}}$、$F_s=\dfrac{R_i}{P_{i-1}\varphi_{i-1}-P_i+T_i}$ $T_i=(G_i+G_{bi})\sin\theta_i+Q_i\cos\theta_i-R_{0i}\cos(\theta+\alpha_i)$ $R_i=c_il_i+\left[(G_i+G_{bi})\cos\theta_i-Q_i\sin\theta_i+R_{0i}\sin(\theta+\alpha_i)-U_i\right]\tan\varphi_i$	《建筑边坡工程鉴定与加固技术规范》GB 50843
整体圆弧滑动稳定性（黏土边坡）	$K_s=\dfrac{c_uLR}{Wd}$	《工程地质手册》(第五版)
楔体滑动稳定性	$K=\dfrac{\cos\alpha(\sin\alpha_2\tan\varphi_1+\sin\alpha_1\tan\varphi_2)}{\sin\alpha\sin(\alpha_1+\alpha_2)}+\dfrac{3l(c_1h_1+c_2h_2)}{\gamma HACh_0\sin\alpha}$	《工程地质手册》(第五版)

2.3.3　支护结构稳定性

基坑支护结构设计应根据其破坏后果的严重性选定安全等级。基坑支护结构应满足承载力极限状态的要求，保证支护结构的抗剪、抗弯、抗倾覆、抗滑移等不出现失稳的情况，同时还应满足正常使用极限状态的要求，避免支护结构因侧移或变形过大而造成地表土沉降量过大、周边建（构）筑物开裂倾斜等，而影响正常使用。因此，基坑支护结构的设计必须确保结构强度、稳定性和位移变形等均满足要求。《建筑基坑支护技术规程》JGJ 120 等相关规范中介绍了地下连续墙、锚杆（索）、内支撑、土钉墙、重力式挡墙结构设计要求及安全验算方法，应参照执行。基坑支护结构稳定性的主要计算公式如表 2-3 所示。

基坑支护结构稳定性计算　　表2-3

稳定性指标	支护形式	计算公式	备注
抗倾覆稳定性	悬臂式支挡结构	$\dfrac{E_{\mathrm{pk}}a_{\mathrm{p1}}}{E_{\mathrm{ak}}a_{\mathrm{a1}}}\geqslant K_{\mathrm{e}}$	—
	单层支撑和单层锚杆式支挡结构	$\dfrac{E_{\mathrm{pk}}a_{\mathrm{p2}}}{E_{\mathrm{ak}}a_{\mathrm{a2}}}\geqslant K_{\mathrm{e}}$	—
整体滑动稳定性	锚拉式支挡结构	$\min\{K_{\mathrm{s},1},K_{\mathrm{s},2},\cdots,K_{\mathrm{s},i},\cdots\}\geqslant K_{\mathrm{s}}$ $K_{\mathrm{s},i}=\dfrac{\sum\{c_jl_j+[(q_jb_j+\Delta G_j)\cos\theta_j-u_jl_j]\tan\varphi_j\}+\sum R'_{\mathrm{k,k}}[\cos(\theta_{\mathrm{k}}+\alpha_{\mathrm{k}})+\psi_{\mathrm{v}}]/s_{\mathrm{x,k}}}{\sum(q_jb_j+\Delta G_j)\sin\theta_j}$	挡土构件底端以下存在软弱下卧土层时，验算中应包括由圆弧与软弱土层层面组成的复合滑动面
	悬臂式和双排桩支挡结构	$\min\{K_{\mathrm{s},1},K_{\mathrm{s},2},\cdots,K_{\mathrm{s},i},\cdots\}\geqslant K_{\mathrm{s}}$ $K_{\mathrm{s},i}=\dfrac{\sum\{c_jl_j+[(q_jb_j+\Delta G_j)\cos\theta_j-u_jl_j]\tan\varphi_j\}}{\sum(q_jb_j+\Delta G_j)\sin\theta_j}$	
	锚拉式和支撑式支挡结构	$\dfrac{\sum[c_jl_j+(q_jb_j+\Delta G_j)\cos\theta_j\tan\varphi_j\}]}{\sum(q_jb_j+\Delta G_j)\sin\theta_j}\geqslant K_{\mathrm{r}}$	当坑底以下为软土时，应进行以最下层支点为轴心的圆弧滑动稳定性验算
抗隆起稳定性	锚拉式和支撑式支挡结构	$\dfrac{\gamma_{\mathrm{m2}}l_{\mathrm{d}}N_{\mathrm{q}}+cN_{\mathrm{c}}}{\gamma_{\mathrm{m1}}(h+l_{\mathrm{d}})+q_0}\geqslant K_{\mathrm{b}}$	存在软弱下卧层时，式中γ_{m1}、γ_{m2}应取软弱下卧层顶面以上土的重度，l_{d}应为基坑底面至软弱下卧层顶面的土层厚度

续表

稳定性指标	支护形式	计算公式	备注
抗隆起稳定性	悬臂式支挡结构	—	可不进行抗隆起稳定性验算
渗透稳定性验算	—	$\frac{D\gamma}{h_w\gamma_w}\geqslant K_h$	坑底突涌稳定性验算
	—	$\frac{(2l_d+0.8D_1)\gamma'}{\Delta h\gamma_w}\geqslant K_f$	流土稳定性验算。若含水层渗透系数不同且非均质时，宜采用数值计算方法

2.4 管槽明挖支护施工技术

2.4.1 管槽开挖支护施工

（1）施工方式的选用

管槽无支护直壁开挖施工，如图 2-4 所示。直槽开挖需要在直壁基坑内进行人工作业，当开挖深度较大时，容易出现槽壁失稳，从而引发塌方、滑坡等事故，为了保护施工人员免受槽壁滑坡或坍塌的伤害，需要在基坑工作面设置安全适用的基槽支护体系。目前，国内主要采用钢板桩、钢筋混凝土排桩等直槽支护方式。对于管道埋深较大的情况，将根据地质条件考虑放大坡率或者考虑选用地下连续墙等支护结构的形式，并采取地下水控制和处理措施。

当无支护开挖不能满足管槽稳定性的要求，或者遇到水文地质、周边环境等较复杂的情况时，应采用明挖支护的施工方式。在管槽开挖前，应根据地质报告和周边的地貌情况以及管槽开挖的深度和场地现状编制支护方案，确定管槽开挖的断面形式，选择合理的开挖方法，确保管槽施工的质量。在周边有建（构）筑物的管段，应保证管段布置与建筑物保持一定的安全距离，并加强对周围管线及邻近建（构）筑物的保护，采取适当的开挖和支护形式。拔桩施工时，应同时对桩孔进行注浆加固处理，控制好管槽的位移和变形。

图 2-4 管槽无支护直壁开挖图

（2）施工要求

1）应遵循“对称平衡、开槽支撑、先撑后挖、分层及限时开挖、严禁超挖”的管槽开挖原则；废弃土方堆放的高度及位置距离管槽边应满足相关规范的要求，并应及时运出施工现场，避免管槽边坡因超载而发生失稳。

2）钢支撑的狭长管槽可采用沿纵向斜面分层分段开挖的方法，斜面应采用多级放坡开挖的施工方式。

3）管道之间应满足最小净距要求，而且应遵从有压管道避让无压管道、旁支管道避让主干管道、小口径管道避让大口径管道的原则进行开挖和敷设。

4）管槽底部宽度、深度、分层次数及高度、边坡坡度及中间平台的设置应满足管道结构施工及安全要求，尽量减少占地和土方开挖量。管槽底部预留 300mm 土层，禁止扰动，铺管前应进行人工清理。

（3）施工流程

不同支护类型的明挖支护施工流程有所差异，应根据支护类型的特点作相应的调整，例如采用钢板桩支护时，在土方完成后一般需将钢板桩拔出。常见的管槽明挖支护施工工艺流程如图 2-5 所示。

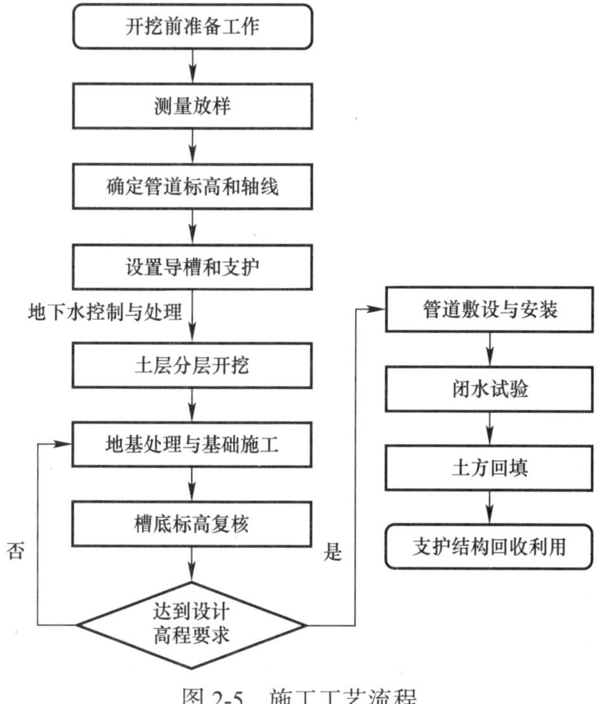

图 2-5　施工工艺流程

（4）施工技术重点

1）管槽开挖会对邻近管道以及建（构）筑物、道路造成一定的影响。在管槽开挖过程中，首先需要确定管槽的开挖方法和断面形式，需要结合管槽的土质类型以及地下排水管道的施工规模等因素来确定，确保管槽满足稳定性、适用性和经济性的要求。

2）管槽支护是保证排水管道施工时管槽稳定性的主要措施，当水文地质条件不好或施工工作面不具备放坡开挖条件时，应对地下排水管道的管槽进行支护。合理选用管槽支护结构类型至关重要，应根据管槽深度、施工现场的土质条件以及管槽开挖情况确定合理的支护结构类型，以确保施工安全。

2.4.2 地基处理与基础施工

管槽地基与基础的设计应根据场地的实际情况，基于就地取材、绿色环保、节约资源的原则进行考虑。应根据水文地质情况及岩土勘测报告等资料，结合管道结构特征、管道材料等综合考虑。

（1）地基处理

地基是承载基础及上部管道结构的主要载体，地基的稳定直接关系到基础沉降及管道不均匀变形的程度，应控制好地基的承载力与沉降量，使管道的变形控制在允许的范围之内，以免造成破坏，影响正常使用。地基处理主要是为了改善地基土的强度、增加软弱土的均匀性，降低上部基础位移及管道的变形量，因此，对地基进行处理至关重要。

管槽开挖及管道敷设应选择在土质分布均匀、地基承载力较好的环境中施工。当开挖遇到块石等坚硬物体或地基为岩石、卵石时，不宜用作管槽底部的基础，应按照规范的要求挖除后做人工基础，必要时采用符合强度要求的土料回填至设计标高后再进行基础施工。若管底位于淤泥或淤泥质土等软弱土层中，应对管底软弱地基土进行加固处理，例如，可采用换填中粗砂、水泥搅拌桩等措施。当采用明挖开槽施工时，宜优先采用砂石基础，地基承载力特征值应满足相关规范要求。常用的几种地基处理方法如下：

1）换填法

换填法是将基础地面以下一定范围内强度低、透水性大的不良土体挖去，然后换填其他满足要求的土体，并分层压实的一种方法。换填法施工快捷，工期较短，且对周边环境的影响小，处理后的承载力一般可达到 100～120kPa。此方法适用于软弱土层不超过 2m 的地质条件，在地下排水管道工程浅层地基的处理中较为常用。

2）抛石挤淤强夯法

抛石挤淤强夯法是指在管槽底部从中部向两侧抛投一定数量的碎石，将淤泥挤出管槽地基范围，以提高管槽地基强度的一种方法，常用于软弱地基的加固处理。在施工前，先将管槽内部的积水排除，使地下水位降低到夯层面以下一定的深度，且应满足规范的要求。此外，石块的尺寸宜根据实际情况合理选用，石块应不易风化。抛石挤淤强夯法施工方便快捷，适用于基槽常年积水的洼地、透水性不好的淤泥质土等软弱地基。

3）水泥搅拌桩法

水泥搅拌桩法可充分发挥桩身强度的作用，桩底应进入下部较好的土层，桩径及嵌固深度应满足规范要求。水泥搅拌桩具有施工工期短、适用范围广、对周围环境影响小、经济性好等优点，适用于处理淤泥、淤泥质土、粉土和含水量较高且地基承载力标准值不大于 120kPa 的黏性土等软弱地基。

4）注浆加固法

注浆加固法是指利用注浆管将浆液注入地基土的裂隙中，并对其空隙进行填充和挤密的一种地基土加固处理方法。浆液对土体的加固主要有渗透、劈裂、挤密三方面的作用。

浆液持续压入后，将沿土体裂隙进行纵向和横向渗透，使浆液和土体有效粘结，从而达到提高地基强度的目的。

在注浆施工过程中，应按规范要求控制注浆施工的过程。当注浆加固施工无法满足地基强度的要求时，应再次进行注浆作业。此方法适用于砂土、黏土、淤泥质土以及风化岩等地基的加固处理。

（2）基础施工

管道基础一般应埋置在地下水位以上，若管槽土质条件较好，基础底部一般铺设一层厚度为 200mm 的砂垫层；基础在地下水位以下时，应保证地基土不受施工扰动，并采取相应防渗措施。对于软土地基，且槽底处于地下水位以下时，宜铺砾石和砂的混合垫层，其厚度应满足规范的要求，并且应用砂找平。当原状地基为岩石等坚硬土层时，地基面上应铺设满足回填材料要求的砂或砾石垫层；当岩层为易风化岩时，应在管槽开挖后马上铺垫层。

在进行地基处理后，应进行管座的浇筑作业。管座与平基的浇筑方法主要包括分层浇筑和垫块法一次浇筑两种方式。当管座与平基采用分层浇筑的施工方式时，应先将平基凿毛并冲洗干净，用相同强度等级的水泥砂浆将平基与管体相接触的腋角部位填满，并进行充分捣实后，再浇筑混凝土，保证管体与管座紧密结合在一起。当管座与平基采用垫块法一次浇筑的施工方式时，必须先从一侧灌注混凝土，在对侧的混凝土高过管底并且与灌注侧混凝土高度平齐时，两侧再同时浇筑，并始终使两侧混凝土的高度保持一致。

地下排水管道基础有混凝土基础、砂土基础等。砂土基础是指在挖好的管槽底部铺设砂垫层，再在砂垫层上面回填原土，其中管底以下砂土的压实系数应在 0.85～0.90 之间，管底标高以上砂土部分应超过 0.93。一般有 90°、120°、150°、180° 等断面形式。砂土基础断面如图 2-6 所示。砂土基础适用于无地下水的地质条件，一般作为排水管网次要管道和临时性管道的基础。

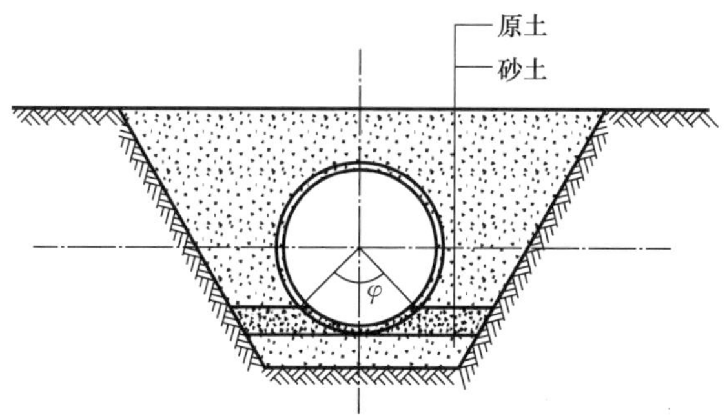

图 2-6　砂土基础断面图

当地下排水管道采用混凝土基础，且管座与平基的混凝土设计无要求时，所采用的混凝土应满足强度等级不低于 C15 且坍落度较低的要求。此外，宜同时浇筑管道平基与井室基础。应采用砌砖，对跌水井上游接近井室基础的区域进行加固，并将平基混凝土浇至井室基础的边缘。

2.4.3 管道敷设与安装

（1）管道敷设

管槽的好坏直接影响管道敷设质量，管槽质量不佳将导致排水效果不良、降低管道的使用寿命等情况出现。因此，在进行管道敷设之前，应对管槽进行全面的清理，避免其中存在的一些碎石或杂物导致管道出现错位、不顺直等可能影响到后续管道对接安装的问题。对于不满足要求的管槽应进行整改，保证管槽空间能满足吊放管道的要求，此外，还应做好管道基础的养护工作，为管道的敷设做好前期准备。

吊管前应选择合适的吊管重心，避免因受力不平衡使管道发生倾斜。为了防止造成管壁损坏，不能使用钢丝绳对管道进行吊装作业，应使用柔性吊索进行下管作业。下管方式主要分为人工下管和机械下管两种类型。下管时应明确排管的顺序，在完成下管工作之后，确保施工管道的稳定，准确地将管节插口与承口进行对接安装，安装完毕后，应采用砂或砾石回填并加以夯实，最终完成管道的施工。

（2）连接处理

1）管节之间的连接

对于管道的连接安装来说，主要是保证排水管道正常使用时不会出现渗漏水等问题。根据管道材料及其结构的特点，合理选择管道的连接方式，采取必要的技术措施使其可靠连接。在安装结束后、通水使用前，应对管道安装的效果进行详细的检查，重点关注排水管道的连接，避免使用后出现质量问题需要重新返工，造成较大的损失。

常用排水管道的基础形式主要有砂石基础、混凝土基础，排水管道接口应根据管道材质和地质条件确定。当排水管道采用砂石基础时，必须采用柔性接口，柔性接口抗震能力较强，适用于不均匀沉降的土层；当排水管道采用混凝土基础时，可采用刚性接口。

常见钢筋混凝土类管道接口主要有承插型和企口型两种类型，承口和插口之间或者企口之间采用橡胶圈连接，如图 2-7 所示。承插型接口属于柔性连接，具有施工快捷的特点，而且接口处的密封性能、止水性能均较好，应采用不连续基础。为了方便管道接口的对接作业，应在排水管道基础的接口部位预留凹槽，在完成接口的连接后，需要用砂填实凹槽的空隙。承插型连接基础如图 2-8 所示。

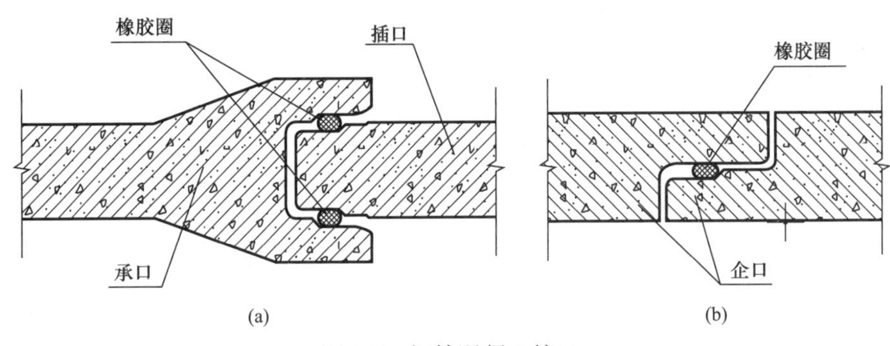

图 2-7 钢筋混凝土接口

（a）承插型接口；（b）企口型接口

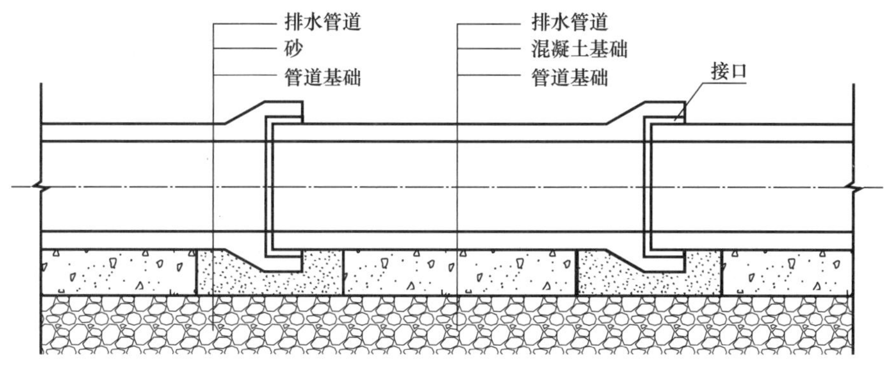

图 2-8　承插型连接基础示意图

2）管道与检查井之间的连接

管道与检查井的连接方式主要有承插式连接、法兰连接、焊接连接、电熔或热熔连接等，相关技术措施应满足《埋地聚乙烯排水管管道工程技术规程》CECS 164 中的要求。检查井与钢筋混凝土管道连接时，应注意进行接头的过渡处理。聚乙烯管道与检查井之间常采用短管过渡，并宜采用热收缩带（套）进行补强。检查井和塑料管道应采用柔性连接，可以根据实际情况选用弹性橡胶密封圈承插连接或焊接、过渡连接管件连接、变径接头连接等方式，必要时应根据规范要求采取补强处理措施。此外，对于不同直径的管道，在检查井内的连接宜采用管顶平接或水面平接的方式。

2.4.4　地下水控制与处理

管槽明挖施工时常会遇到地下水，地下水对管槽的稳定性影响很大，常使管槽出现渗漏、管涌、流土、流砂等情况，容易导致管槽发生坍塌。

地下水主要以结合水、自由水的形态出现，结合水一般与土体结合，渗出量不大，而自由水常溢出。在管槽开挖过程中，土体应力随开挖而发生变化，应力的释放使土体发生局部隆起，地下水容易从土体裂隙中渗出，此外，自由水在水力坡降的作用下，将从管槽侧壁渗出顺边坡流下，集聚和浸泡管槽，使周边土体发生软化，对管槽边坡稳定性的影响较大。在施工过程中加强对自由水的控制显得尤为重要，应使地下水保持在每层土体开挖面以下 0.8～1.0m。

管槽降排设置应在开挖前运行，运行时间应根据深度或固结等情况适当调整；采取措施防止雨水进入基坑，并及时将基坑积水通过排水沟及集水井排除；在存在承压水的情况下，应根据地质勘察报告，在开挖前做好检查及排除承压水的应急处理措施。在管槽明挖支护施工过程中，地下水控制与处理的方法主要有明沟或盲沟排水、截水防渗以及井点降水等。

（1）明沟或盲沟排水

明沟排水是指将槽壁、槽坑底部渗出的地下水、管槽周边地表水及雨天降水等通过排水管槽汇集到附近的集水井，再通过抽水设备将集水井中的汇水进行抽排的一种地下水处理方法，适用于处理地质条件较好、管槽内水量较小、周边水量渗出较少、降水深度不超过 5m 的地下水。采用明沟排水施工时，管槽坡面渗水宜在渗水部位插入导水管排出；沟底应采取防渗措施，排水井宜布置在管槽范围以外，且间距不宜大于 150m。遇到土体稳定性较差、渗水量较大的情况时，宜在排水沟内埋设多排含滤水管或多孔排水管，并且应在排水管道的周围回填卵石和碎石；对于细砂、粉砂等土层，应采取过滤或封闭措施，封底后的集水井井底高程应低于基坑底，宜大于 1.2m。

盲沟排水可以作为明沟排水的一种辅助措施，当管槽开挖至设计标高时，对槽坑底部渗出量较少的地下水进行输排。采用盲沟排出坑底渗出的地下水时，其构造、密实度等应满足主体结构的要求。明沟和盲沟的坡度均应顺向集水井，且不宜小于 0.3%。

排水沟的断面及数量应根据水量及管槽的断面等情况确定。基坑开挖至设计高程、渗水量较大时，宜在排水沟内埋设直径 150～200mm 设有滤水管的排水管道，且排水管两侧和上部应回填卵石或碎石。基坑开挖后，应及时做好坡面的保护及设置排水系统。对于大型管槽分层多阶放坡的情况，宜在每个留台上设置排水沟，以增加排水沟的数量，及时将坡面渗水、积水排除。使用土钉支护的管槽，排水沟不宜紧贴脚部，且应保证排水措施有效，不得浸泡土钉支护脚部以免发生滑动。

（2）截水防渗

截水是防止地下水渗透到管槽内的地下水控制方法之一。采用截水帷幕的目的是切断管槽外的地下水流入管槽内部的通道。截水帷幕的厚度应满足管槽的防渗要求，截水帷幕的渗透系数宜小于 1.0×10^{-6}cm/s。利用旧地下室或存在不同支护时往往出现截水帷幕不闭合或止水不彻底的情况；若深层搅拌桩未能穿过透水层或穿过透水层但进入透水层的深度不够时，容易导致发生渗漏。当周边环境复杂，且基坑底有强透水性砂层分布时，建议做抽水试验，检验止水效果。若基坑底部埋藏有承压水，截水帷幕设计应穿过强透水层和承压含水层，必要时应进行防突涌验算。此外，还应考虑搅拌桩和旋喷桩在土层中的成桩效果。

设计降水深度在管槽范围内不应小于管槽底面以下 0.5m，为防止雨水长时间浸泡导致边坡失稳，管槽外侧应设置截水沟等排水系统。

（3）井点降水

井点降水方式的选用应根据降水深度和土层渗透系数等确定，应符合《给水排水构筑物工程施工及验收规范》GB 50141 的规定，具体如表 2-4 所示。

各类型井点降水方式及特点　　表2-4

降水方式	降水深度（m）	土层渗透系数（m/d）	基本原理	特点
电渗井点	根据选用的井点确定	＜0.1	电渗井点排水是利用井点管本身作阴极，以钢管或钢筋作阳极，用电线将阴阳极连接成通路，并对阳极施加强直流电电流。带负电的土粒向阳极移动，带正电的孔隙水则向阴极方向聚集，从而产生电渗作用	在电渗与真空的双重作用下，强制黏土中的水在井点管附近聚集并快速排出，在井点管连续抽水以降低地下水位。而电极间的土层，则形成电帷幕，电场作用阻止了地下水从四面流入坑内

续表

降水方式		降水深度（m）	土层渗透系数（m/d）	基本原理	特点
轻型井点	单级	3～6	0.1～50	沿基坑四周每隔一定间距布设井点管，井点管底部设置滤水管插入透水层，上部接软管与集水总管进行连接，集水总管周身设置与井点管间距相同的吸水管口，然后通过真空吸水泵将集水管内水抽出。多级井点必须注意各级之间设置重复抽吸降水区间	施工设备简单、施工便捷。减少了管槽开挖土方量，降低了基坑四周的地下水位，保证了已开挖的基底干燥无水，从而提高了基底的承载力。适用于在软土路基、地下水较为丰富的管槽中应用
	多级	6～12（根据井点层数确定）	0.1～50		
喷射井点		8～20	0.1～2	在井点管内部装设特制的喷射器，用高压水泵或空气压缩机通过井点管中的内管向喷射器输入高压水或压缩空气形成水汽射流，将地下水经井点外管与内管之间的缝隙抽出排走，从而达到降低地下水位的目的	喷射井点设备较简单，排水深度大，比多排轻型井点降水设备少，基坑土方开挖量小，具有施工快、费用低的优势。但由于埋在地下的喷射器磨损后不容易更换，所以降水管理难度较大
管井井点		8～30	20～200	管井井点由滤水井管、吸水管和抽水机械等组成，沿基坑每隔20～50m设置一个管井，通过每个管井单独用一台水泵不断抽水的方式来降低地下水位	管井井点设备较简单，排水量大，降水较深，降水效果比轻型井点好，而且水泵设在地面，易维护。适用于渗透系数较大、地下水丰富的砂类土层
深井井点		＞15	10～250	深井井点系统的构造、施工方法等与管井井点相同，为了满足降水深度较大的要求，采用特制的深井泵，以达到降低地下水位的目的	通过加大管井深度，利用带真空的深井泵，解决深层降水的问题。在渗透系数较小的淤泥质黏土中亦能降水

2.5　常见问题及对策

2.5.1　明挖支护问题及对策

（1）放坡开挖常见问题

1）边坡滑动失稳破坏

坡度和高度是坡率法控制的两个主要因素。土层放坡的坡率过陡、放坡的构造土钉（加强土钉）过短且边坡高度很大时，容易导致边坡发生滑动失稳破坏，应按照规范要求分阶放坡并设置过渡平台，以及分别验算基坑边坡的整体稳定性和分阶稳定性。边坡开挖宜采用砂包压脚等方式进行坡脚保护；应采用挂网后抹水泥砂浆或细石混凝土等方式进行坡面处理，且应设置泄水孔及其反滤措施。

2）沿软弱夹层或结构面滑动

根据广东省《建筑基坑工程技术规程》DBJ/T 15-20 岩质边坡岩层层面或主要节理面的倾向与边坡开挖面倾斜方向一致，且二者走向的夹角小于 45° 时，或存在外倾软弱结构面时，应按由软弱夹层或结构面控制的可能滑动面进行验算。

3）其他问题

不同放坡率两区段相交处应采取处理措施；地下水位高于基坑底面时，采取必要的降水以及截排水方法，保证边坡渗流稳定。

（2）支护开挖常见问题

1）地下连续墙支护

① 地下连续墙强度不足

素混凝土地下连续墙抗弯抗裂能力差，具有脆性断裂的缺陷，设计中应考虑雨季雨量大可能导致墙后水土压力陡增的问题，可使用钢筋混凝土地下连续墙，增强墙体的抗弯能力。此外，应特别关注连接节点等薄弱部位的受力情况，避免因局部破坏导致整体失稳。

② 地下连续墙渗水

施工过程中，应高度重视地下连续墙止水帷幕的防渗漏问题，严重渗水会引起基坑外侧土体塌陷，导致支护体系失效，进一步扩大基坑坍塌面积。可通过增加地下连续墙的嵌固深度，形成密闭防渗系统，防止地下水从底部渗漏。此外，应根据土质情况设置地下连续墙导墙。地下连续墙槽段间的连接接头必须先清除干净再浇筑混凝土，应采用止水效果较好的十字橡胶或十字钢板接头改善抗渗流稳定性。

③ 地下连续墙施工质量问题

钢筋笼吊放入槽就位时可能会遇障碍导致偏斜，应对钢筋笼进行纠偏或将槽壁修整后再进行就位。成槽过程的斜孔、塌孔容易使地下连续墙夹带泥土，造成墙体局部强度不足；浇筑施工时，若泥浆流失会导致局部钢筋出露锈蚀，从而降低了墙体的承载力。

2）悬臂式排桩或双排桩支护

① 桩间护壁开裂，桩间土渗水、漏水

采用排桩进行基坑支护时，应根据土体性质选择合适的桩间护壁方式，做好混凝土的防护工作，防止排桩塌落，护壁开裂。排桩应采取可靠的桩间或桩后截水措施，防止桩间土发生渗水、漏水的情况。当侧体土存在砂层时，排桩的净间距过大增加了桩间土塌落和流砂的风险。

对于双排桩而言，为了方便对支护体系进行检修，且保证桩间挡土和止水效果，应将止水帷幕设置在前排桩位置，并在外侧挂网喷射混凝土。

② 桩顶位移过大、桩身失稳

在开挖过程中，应避免桩顶位移过大对基坑周边环境造成较大的影响；应加强对支护桩桩身垂直度的控制措施，避免基坑侧壁倾斜过大；应保证双排桩偏心受力满足规范要求，避免出现偏心失稳。

③ 排桩下沉，冠梁或连梁拉裂

排桩桩端位于基坑开挖深度以内，出现“吊脚桩”的情况，局部竖向承载力不足，容易使排桩出现不均匀沉降，导致排桩之间的冠梁或连梁拉裂。当基坑周边平面变化多、基岩起伏较大且桩的嵌固深度难以掌握时，应增加排桩入岩的深度。

3）土钉墙或复合土钉墙支护

① 地面开裂、沉降，地表水回灌

土钉墙支护设计中土钉的布设、拉拔力不合理，土钉的长度过短，会造成地面开裂，地表水回灌。在砂层等透水性强的场地条件下进行土钉开孔作业时，应采取措施防止塌孔，控制基坑边坡变形以及地面沉降量。

② 超挖引起土钉墙开裂

周边环境对变形要求较高，且开挖深度较大时，土钉支护宜增设超前微型钢管，每段支护体施工完成后，应检查坡顶的沉降及周围建（构）筑物、既有管线等的变形情况。超挖使基坑附近的应力变形超出设计的允许范围，容易使土钉墙局部应力过大而开裂。施工应遵循“分段开挖、分段支护”的原则，不得一次性全部开挖后，再进行土钉墙支护，严禁超挖。

③ 稳定性不足

应对土钉墙或复合土钉墙在开挖过程中的各不利工况进行整体稳定性计算。在基坑阳角处存在土钉交叉作用，可能对基坑的稳定性有不利的影响，应进行验算。采用土钉支护设计时，由于淤泥和饱和砂层等稳定性较差的土层中成孔困难，不宜采用钢筋，宜改用钢花管。

4）钢板桩支护

① 钢板桩变形过大

当采用钢板桩加钢管内支撑时，钢管的间距太大，或围檩与钢管的连接不可靠，或在转角处有悬臂围檩，均会导致钢板桩的变形过大。当钢管跨度太大或对变形要求较高时，应对钢管施加预应力。

② 钢板桩打入困难，或出现偏斜

在标贯击数 15 击以上的坚硬土设计钢板桩时，应考虑钢板桩的打入困难问题。在对垂直度有较高要求的基坑支护工程中，应采用钢板桩导向架等辅助措施。地下存在孤石、坚硬岩石等情况时，容易使钢板桩打入遇阻从而产生偏斜。

遇到岩层面较难打入时，采用在钢板桩中间位置引孔的施工方式，有效地降低了钢板桩入土的摩阻力，在引孔打桩的过程中，需要采用粗砂将孔与桩之间的空隙回灌至密实。

5）水泥土挡墙支护

① 挡墙强度不足，墙体开裂、渗水

水泥和土料相结合的强度与水泥强度和土料强度有关，水泥土挡墙完成后应经过取芯检测强度是否满足要求；施工中严格控制水泥土比例，使其满足设计要求。

在水泥土挡墙中合理的部位留置施工缝，分段施工时应避免衔接不良，防止挡墙开裂。一般根据实际情况采用高压旋喷桩来处理施工缝的问题，使挡墙整体质量满足要求。勘察难以完全探明地下障碍物范围，施工时应根据实际地质条件分析挡墙的抗渗能力。

② 挡墙整体失稳、倾覆、抗滑稳定性不足

重力式水泥土挡墙墙底标高偏高使墙身自重降低，若挡墙自重较轻，对整体稳定不利。当水泥土挡墙不可避免地需要在土质不良的明沟、洼地等处使用时，应先将水抽干并清除淤泥，然后回填素土，经夯实后再施工挡墙。

③ 墙后积水严重

水泥土挡墙应在墙身设置排水孔，数量、位置、孔口大小应根据土质、墙身高度、挡墙强度等情况进行合理设计，以满足排水的要求。设置排水沟以减少墙后积水，防止水渗入增大墙后水土压力。应避免墙后超载，减少墙后主动土压力，保证墙体的稳定性。

6）内支撑

① 支撑承载力不足

当钢支撑出现焊点开裂、局部压曲等异常情况时，应逐步卸除钢支撑的压力，并对其薄弱部位进行加固处理后，方可继续对其逐步施加压力，卸载和加压时不能一次到位。当钢支撑压力出现损失时，应再次施加压力。

基坑凸出的阳角一边有支撑一边没有支撑，或者在进行拆撑换撑的过程中，应采取支撑与主体结构之间的可靠传力过渡措施，待支撑承载力达到换撑要求后再进行施工，以避免出现受力不平衡的情况。

应考虑支撑平面外的稳定，将支撑杆作为受弯构件分析时应考虑支撑轴向力对其的不利影响，水平支撑构件应进行偏心受压承载力验算。

② 连接节点处理问题

第一道内支撑太低，导致上部悬臂过大。支撑杆的跨度过大，或布置过密以致一个交点有多条支撑杆相交，其质量难以保证，并影响出土。

7）锚杆（索）

① 锚杆（索）抗拔设计承载力过大，锚杆（索）失效

土层锚杆（索）的抗拔设计承载力应合理，不可过大，锚杆（索）的预应力锁定值与锚杆（索）抗拉设计值之比应满足规范要求。排桩嵌固端位于软弱土层时，可能出现桩体下降导致预应力锚杆（索）失效。阳角处两边采用锚杆，没有考虑锚杆施工时相互碰撞的影响，应调整两边锚杆的入射角度。当内设角板时应考虑角板传来的力增加锚杆的受荷能力。锚杆的入射角偏小，在条件允许的情况下，应以尽早入岩为原则。

② 滑动失稳破坏

锚杆的自由段长度及分布应根据滑移面的相对位置进行确定。通常情况下，锚杆的自由段长度应大于 5m 并应超过潜在滑动面不小于 1.5m；锚固长度应按嵌入土层、岩石情况和锚杆类型来确定。施工应遵循“分段开挖、分段支护”的原则，不得一次性全部开挖后，再打锚杆进行支护。

③ 腰梁设置不满足要求

腰梁计算应取两桩间距和两锚杆间距的不利情况进行设计和计算跨度。预应力管桩作为支护桩时，腰梁的固定不牢靠。当不同区段的锚杆排数不同时，或不同支护类型时，腰梁不闭合，存在悬臂腰梁的问题。

2.5.2 水文地质问题及对策

（1）地基扰动问题

《给水排水构筑物工程施工及验收规范》GB 50141 规定：当地基超挖超过允许值或者因排水不良导致地基局部扰动时，应全部清除扰动部分土石方，并用卵石、碎石或者级配砾石回填；岩土地基局部超挖时，应全部清除基底碎渣，回填低强度等级混凝土或碎石。

1）对超挖的处理对策：

① 当超挖深度不超过150mm时，可用挖槽原土回填并夯实，保证压实度不低于原地基土的密实度。

② 超挖深度在150mm以上者，可用灰土分层夯实，其密实度在95%以上。

③ 若是槽底存在地下水或地基土含水量较大，不宜压实时，应采取换填的方法进行处理。

④ 槽底原状地基土不得扰动，当超挖或局部扰动或者受水浸泡软化时，宜采用天然级配砂砾石或者石灰土回填。

⑤ 岩石地基局部超挖时，应将基底碎渣全部清理，回填低强度等级混凝土或粒径10～15mm的砂石并分层夯实，使其达到设计标高。

2）对排水不良的处理对策

① 扰动深度在100mm以内，宜采用天然级配砂石或砂砾进行回填处理。

② 扰动深度在300mm以内，但是下部坚硬时，宜用卵石或块石回填，再用砾石填充空隙并找平表面。

（2）软土基坑工程问题

1）不均匀沉降导致管段或接口发生断裂

《室外排水设计标准》GB 50014对检查井与管渠接口处的处置措施作出了规定：在地基松软或不均匀沉降地段，检查井与管渠结构处常发生断裂。应做好检查井与管渠的地基和基础处理，防止两者产生不均匀沉降；在检查井与管渠接口处，采用柔性连接，消除地基不均匀沉降的影响。

2）支护结构位移大

软土具有抗剪强度低、变形大、难施工等特点。基坑存在较厚淤泥且主体结构桩基的抗侧刚度较弱（如预应力管桩等），在基坑开挖时对桩基的安全性影响较大，宜对基坑底进行固化处理。

3）基坑底隆起破坏，深层抗滑稳定性差

当基坑底部存在软土地层时，基坑底容易产生较大隆起变形，应进行抗隆起稳定性分析。当基坑存在较厚软弱夹层且其层面向基坑方向倾斜时，还应沿软土层面进行整体滑动稳定性计算。淤泥或淤泥质土等软土基坑，不宜采用单一的坡率法，基坑周边距离三倍深度范围内严禁堆土。

4）孔口冒水，锚固力不足

由于淤泥或淤泥质土等软土含水量较大，在软土基坑中使用锚杆或土钉时，淤泥及淤泥质土摩擦系数很小，在很大程度上降低了锚杆或土钉的锚固力。开孔时应采取措施防止锚杆孔口出现冒水的情况，封堵孔口应密实有效。

（3）基坑存在管涌、流砂、渗漏问题

1）管涌

对于土层中缺少某些中间粒径、级配不良的非黏性土，当基坑外侧地下水位升高、出逸点的渗透坡降大于土的允许值时，土体中的较细土颗粒被渗流推动带走形成管涌。管涌使土体的强度降低，可能导致坑壁失稳。因此，基坑底部有砂层，或基坑位于溶岩区，应进行管涌计算和采取相应的技术措施。

2）流砂

当基坑开挖到地下水位以下时，若单位土颗粒向上的渗流力与其自重达到平衡状态时，土颗粒处于悬浮状态。若所受到的渗流力大于其自重时将发生移动，此时坑底土进入流动状态，随地下水涌入基坑而产生流砂现象，此时基坑底部土体完全丧失承载能力和稳定性。

一般而言，当非黏性土（特别是砂土）具有细颗粒、颗粒均匀、松散、饱和等特征时，容易出现流砂现象。在基坑开挖的过程中要做好排水措施，根据土质、基坑开挖深度、地下水位等情况，在基坑周边合理选用吸砂泵或离心式水泵，在地下水流的上游一侧设置集水井。基坑内的砂层，可采取先用人工清理、再用块石换填的方法处理。采用排桩加锚杆支护形式，当侧体土层存在饱和砂层时，应采取相应措施防止钻杆施工时砂和水流失。

3）渗漏

当坑底附近存在粉土、粉砂、细砂层或坑底下面存在承压水时，容易因渗漏问题而诱发基坑坍塌，应进行抗渗流稳定性计算。

多起基坑坍塌事故表明，岩层含水量较大也是诱发基坑坍塌的重要因素之一。在进行深基坑开挖作业时，挖土深度较大，加上雨季降水量较大时，若排水措施不完善，地下水和地表水将会在基坑内或者坡后土体出现大面积积水现象，土体浸泡时间过长将使土体强度大大降低，水土压力的增加对基坑支护结构产生较大的主动土压力，可能造成支护结构承载力不足而失效。因此，基坑开挖时必须充分考虑基坑内和基坑顶地面的截排水措施，防止大量水渗入基坑。

当地面出现裂缝时，必须及时采用黏土或水泥砂浆进行封堵；遇到雨季等恶劣气候条件时，应及时抽排积水；水量较大时，应在支护墙背开挖到漏水位置合理范围内，再浇筑水下速凝混凝土进行处理。

2.5.3 其他常见问题及对策

（1）管槽周围地面超载致使土体失稳破坏

在基坑开挖过程中会产生大量的弃土，堆放于基坑边合理范围内；大型垂直运输机械以及常规施工设备等靠近基坑边时也可能会产生超载；当基坑边邻近交通主干道时，车辆荷载对基坑的影响不容忽视。以上类型超载会增加支护结构的主动土压力，加大了支护结构失稳的风险。

在基坑支护设计及施工方案中，计算支护结构承载力以及土体的稳定性时，要充分考虑超载的影响，控制基坑顶地面堆土、放置设备等荷载大小，对于载重车辆频繁通过的基坑周边道路应进行硬化和加固处理。

（2）打桩产生的挤土效应导致土体强度下降

采用打桩机将桩打进土体时，由于桩在入土过程中会使土体产生体积压缩，应力状态发生变化。在挤土作用和动力波作用下，土体将产生较大的孔隙水压力，而有效应力降低，当有效应力完全消失时，土体抗剪强度接近于零，砂土颗粒将处于悬浮状态而产生液化。此外，挤土作用也会导致基坑土体隆起，支护结构位移，当两桩距离较近时，后打的桩有可能使已打入的桩挤压上浮或者侧移，容易使基坑坍塌。

（3）管槽开挖与支护施工对周边环境的影响

1）管槽开挖引起周边环境变化

① 当基坑周边存在高边坡、已建基坑、在建基坑、未建基坑或地下室时，应考虑施工的相互影响和注意不平衡力对二者的不利影响，并采取有效处理措施；若要考虑已建地下室作为主动区或支撑的传力点，应了解地下室侧壁处回填土的密实性。

② 基坑距已有边坡较近，计算分析只将已有边坡按地面超载处理，而没有对已有边坡加上新基坑的整体稳定性进行计算分析。

2）支护结构施工对周边环境的影响

① 在基坑开挖影响范围内，支护结构体系应能满足邻近既有建（构）筑物的变形控制要求，不影响其正常使用。若基坑支护结构设计难以保证其变形控制要求，宜对其进行预加固处理。

② 锚杆锚入方式对基坑周边土体产生不同的影响，进而使周边既有建筑、管线等产生位移。在设计时应充分考虑锚杆的设置位置（标高、倾角），满足支护结构功能的同时，避免对周边环境的影响。当基坑周边较近处有地下室或建筑物的桩基础（尤其桩较密时），预应力锚杆可能会打穿相邻地下室或桩基础，通常的做法是：改为内支撑，或增加锚杆排数以合理减短锚杆长度，或在已建桩基空隙设计锚杆束，而锚杆束之间用较大的腰梁顶住侧向压力。

③ 当钢板桩与旧危房屋或管线较近时，应考虑钢板桩打入和拔出对其的不利影响，并做好相应的保护。

本章参考文献

[1] 中华人民共和国住房和城乡建设部. 给水排水管道工程施工及验收规范 GB 50268—2008 [S]. 北京：中国建筑工业出版社，2009.

[2] 中华人民共和国住房和城乡建设部. 给水排水构筑物工程施工及验收规范 GB 50141—2008 [S]. 北京：中国建筑工业出版社，2009.

[3] 中华人民共和国住房和城乡建设部. 化学工业给水排水管道设计规范 GB 50873—2013 [S]. 北京：中国计划出版社，2014.

[4] 中华人民共和国住房和城乡建设部. 室外排水设计标准 GB 50014—2021 [S]. 北京：中国计划出版社，2021.

[5] 中华人民共和国住房和城乡建设部. 城市工程管线综合规划规范 GB 50289—2016 [S]. 北京：中国建筑工业出版社，2016.

[6] 中华人民共和国住房和城乡建设部. 建筑地基基础设计规范 GB 50007—2011 [S]. 北京：中国建筑

工业出版社，2012.
[7] 中华人民共和国住房和城乡建设部. 建筑边坡工程鉴定与加固技术规范 GB 50843—2013 [S]. 北京：中国建筑工业出版社，2013.
[8] 中华人民共和国住房和城乡建设部. 塑料排水检查井应用技术规程 CJJ/T 209—2013 [S]. 北京：中国建筑工业出版社，2014.
[9] 中华人民共和国住房和城乡建设部. 建筑基坑支护技术规程 JGJ 120—2012 [S]. 北京：中国建筑工业出版社，2012.
[10] 中华人民共和国住房和城乡建设部. 建筑深基坑工程施工安全技术规范 JGJ 311—2013 [S]. 北京：中国建筑工业出版社，2014.
[11] 广东省住房和城乡建设厅. 建筑基坑工程技术规程 DBJ/T 15—20—2016 [S]. 北京：中国城市出版社，2017.
[12] 广东省建设厅. 土钉支护技术规程 DBJ/T 15—70—2009 [S]. 北京：中国建筑工业出版社，2009.
[13] 广州市质量技术监督局，广州市住房和城乡建设局. 城市综合管廊工程施工及验收规范 DB 4401/T3—2018 [S].2018.
[14] 深圳市住房和建设局. 基坑支护技术标准 SJG 05—2020[S].2020.
[15]《工程地质手册》编委会. 工程地质手册 [M].5 版. 北京：中国建筑工业出版社，2018.
[16] 焦永达. 排水管道快速施工技术发展与探讨 [J]. 市政技术，1994（Z1）：79-86.
[17] 陈卫权. 沟槽支护浅淡 [J]. 市政技术，1995（04）：57-63.
[18] 刘福芳. 排水管道深沟槽支护施工与计算 [J]. 公路交通科技（应用技术版），2009，5（04）：92-94.
[19] 王海波，蔡志刚. 我国深基坑工程发展现状与展望 [J]. 天津建设科技，2013，23（04）：32-33.
[20] 赵茅涧. 深基坑开挖支护技术的现状及前景展望 [J]. 施工技术，2014，43（S1）：590-592.
[21] 刘毛军，金佳伟. 新形势下市政排水管道施工技术探微 [J]. 信息化建设，2016（01）：395+398.
[22] 黄定江. 市政工程常用基坑支护结构的类型及设计原则 [J]. 城市道桥与防洪，2014（03）：177-179+14.
[23] 钱逢龙. 基坑支护结构设计原则及结构选型浅析 [J]. 城市勘测，2011（03）：174-176.
[24] 曹掌霞. 浅谈钻孔灌注桩施工工艺 [J]. 农业科技与信息，2021（01）：122-123+125.
[25] 范建明，刘明发. 深基坑支护施工原则与比较分析 [J]. 科技创新导报，2008（36）：70.
[26] 高云飞. 钢筋混凝土预制桩技术措施在建筑工程领域中得到的应用 [J]. 城市建设理论研究（电子版），2017（14）：101.
[27] 肖西卫，满高峰. 深层水泥土搅拌桩在基坑支护中的应用 [C].2014 全国工程勘察学术大会论文集，2014.
[28] 陈能文. 钢板桩嵌套模板支护法在石狮市引水二期工程石狮段管槽开挖边坡支护中的应用 [J]. 水利科技，2018（01）：19-21.
[29] 符明会. 关于市政给排水管道施工技术的探讨 [J]. 城市建设理论研究（电子版），2017（25）：176-177.
[30] 马欢. 探讨市政给排水管道施工技术要点 [J]. 绿色环保建材，2019（04）：180.
[31] 曹方意，杨初阳. 市政工程给排水管道施工技术浅谈 [J]. 城市建设理论研究（电子版），2017（27）：179.
[32] 杨前. 一种电渗井点 [P]. 上海：CN202181548U，2012-04-04.
[33] 李大龙，邓祥发. 地基基础工程施工技术·质量控制·实例手册 [M]. 北京：中国电力出版社，

2008.

[34] 宋功业 . 井点降水施工技术与质量监控 [M]. 北京：中国电力出版社，2014.

[35] 陈文建 . 建筑施工技术 [M]. 北京：北京理工大学出版社，2014.

[36] 杨臣，王士兰，李军才 . 管井井点降水法综述 [J]. 水利科技与经济，2009，15 (03)：269-271+273.

[37] 白建国，边龙喜，董青海 . 市政管道工程施工 [M].4 版 . 北京：中国建筑工业出版社，2019.

[38] 薛昆，等 . 东莞市大朗—松山湖南部污水处理厂截污主干管修复工程（松山湖 Wx 段）初步设计说明书 [R]. 长春：中国市政工程东北设计研究总院有限公司，2019.

[39] 康旺儒，等 . 莞惠路大朗段截污主干管破损修复工程可行性研究报告 [R]. 兰州：中国市政工程西北设计研究院有限公司，2016.

[40] 广东省住房和城乡建设厅广东省城镇排水管网设计施工及验收技术指引（试行）[S].2021.

[41] 周书东 . 基坑工程复合土钉支护技术与设计分析 [J]. 土工基础，2013，27 (03)：29-32.

[42] 马强 . 深基坑支护中常见问题及处理对策 [J]. 建筑技术开发，2018，45 (16)：161-162.

[43] 范昭正 . 建筑基坑支护施工常见技术问题的分析与处理 [J]. 建筑技术开发，2018，45 (21)：115-116.

[44] 吴德锋 . 岩土工程基坑支护工程中常见的问题及对策 [J]. 西部探矿工程，2019，31 (05)：1-2.

[45] 杨丽君，周卫东 . 深基坑工程中常见的问题和处理对策 [J]. 西部探矿工程，2003 (08)：58-64.

[46] 陈鉴泉 . 分析房建工程深基坑施工常见问题及施工技术 [J]. 中华建设，2019 (01)：172-173.

[47] 周书东 . 基坑工程双排桩支护设计与实践 [A].// 中国建筑设计集团，中国建筑学会工程建设学术委员会，《施工技术》杂志社 . 第三届全国地下、水下工程技术交流会论文集 [C]. 中国建筑设计集团，中国建筑学会工程建设学术委员会，《施工技术》杂志社：施工技术编辑部，2013.

[48] 钟春玲，张广达 . 深基坑支护常见问题及处理对策 [A].// 中国建筑设计集团，中国建筑学会工程建设学术委员会，《施工技术》杂志社 . 第三届全国地下、水下工程技术交流会论文集 [C]. 中国建筑设计集团，中国建筑学会工程建设学术委员会，《施工技术》杂志社：施工技术编辑部，2013.

[49] 杨志银，付文光，吴旭君等 . 深圳地区基坑工程发展历程及现状概述 [J]. 岩石力学与工程学报，2013，32 (S1)：2730-2745.

[50] 孙长帅 . 基坑开挖阶段地下连续墙常见施工问题及处理措施 [J]. 中国标准化，2019 (12)：43-44.

第 3 章　沉井设计与施工

3.1　概述

沉井是一种在地面制作后，通过开挖井内土体使其下沉至预定标高的支护结构。沉井结构具有埋置深度大、整体性强、强度高、变形小等优点，几乎可适用于各种复杂地质条件，因此在顶管工作井、盾构工作井和桥梁基础等工程中得到了广泛应用。例如，20世纪 60 年代建成的南京长江大桥由于桥址地质复杂，在浅水面墩址处下沉了底面尺寸为 20.2m × 24.9m 的重型混凝土沉井用作基础结构。该结构穿越了最大深度为 54.87m 的覆盖层，创造了当时的中国纪录。

目前，国内积累了系统的沉井设计理论、技术和经验，并有了相关的设计规程和施工验收规范。沉井的设计、施工依然存在沉井下沉困难、突然下沉、超沉、倾斜、干扰周边环境等常见问题。为了解决设计、施工难点，国内外学者从理论、数字模拟分析和试验等方面开展了大量的研究。例如，理论推导方面，先后提出了滑移线理论、统一强度理论等；数值分析方面，开发了 ABAQUS、PLAXIS 3D、FLAC3D 等适用于沉井有限元分析的数值模拟软件；试验研究方面，开展了基于试验模型的沉井承载力、侧摩阻力、沉降等研究。可以预料，随着工程应用范围的不断扩大，沉井的设计和施工技术必将得到更为迅速的发展。

沉井的类型较多，本章内容主要针对市政管网工程顶管施工时的临时工作井、接收井。顶管施工时常采用钢筋混凝土沉井，因为它的抗拉、抗压性能都较好，应用更为广泛。

3.2　沉井设计

3.2.1　设计要点

（1）场地选择

1）沉井场地应尽可能选在平缓和开阔地带，如果场地坡度太大，则沉井周边土压力的不均匀可能导致下沉时发生倾斜；

2）沉井不应布置在地质不均匀或地下障碍物未完全探明的场地，以免造成下沉作业的困难；

3）沉井不应建造在边坡上或过于靠近边坡处，如果不能避免，则应进行边坡稳定分析或采取其他保证安全和平稳下沉的措施；

4）沉井下沉时将带动周边一定范围内的土体下沉，如果在此范围内有已建的建（构）筑物或其他设施，则这些建（构）筑物或设施的安全或正常使用将可能受到影响，因此，应尽可能避免在这种环境中建造沉井，如果不能避免，则应采取相应的保护措施。

（2）施工方法选择

沉井的施工方法与沉井的设计计算有着直接的关系，应根据场地的工程地质及水文地质资料，结合施工条件决定。

1）排水下沉

当地下水位不高，或是虽有地下水但沉井周边的土层为不透水层或弱透水层，涌入井内的水量不大且排水不困难时，可采用排水下沉法，以达到节省费用和缩短工期的目的。

2）不排水下沉

下列情况宜按不排水下沉设计：

① 在下沉深度范围内存在粉土、砂土或其他强透水层而排水下沉有可能造成流砂或补给水量很大导致排水困难时；

② 沉井附近有已建的建（构）筑物及其他设施，排水施工可能造成其沉降及导致倾斜而难以采取其他措施防止时。

3）分次下沉

根据沉井的高度、地基承载能力、施工条件和设计需要，沉井可沿高度方向一次浇筑下沉，或分段浇筑一次下沉，或分段浇筑分次下沉。

（3）沉井井体厚度的确定

沉井井体各部分的厚度由几方面的因素确定：

1）下沉需要

设计中一般应优先考虑沉井依靠其自重克服土层的摩阻力而下沉到设计标高的原则。当重量不足时，应采取外加压重或其他助沉措施。因此，沉井井体应有适当的厚度。反之，当井体过重，下沉系数过大或地基承载力不足时，则应适当减薄井壁厚度。

2）满足受力要求及适用性要求

在施工阶段，井体的各部分厚度应满足受力的要求。在使用阶段，井体作为结构的一部分，则除应满足强度要求外，尚应满足相应的适用性要求。

3）抗浮要求

在许多情况下，当井位处于水中或存在地下水的场地时，沉井须满足抗浮的要求，因此依靠自重抗浮的井体各部分也要有适当的厚度。

3.2.2　作用效应

（1）作用分类

沉井结构上的作用可分为永久作用和可变作用两类。永久作用包括结构自重、上部建筑荷重、土的侧向压力、沉井内的静水压力；可变作用包括沉井顶板和平台上的活荷载、地面活荷载、助沉加载、地下水压力（侧压力、浮托力）、顶管的顶力、流水压力等。

（2）永久作用标准值

永久作用标准值取值参见表 3-1。

永久作用标准值参数简表　　表3-1

<table>
<tr><td rowspan="3">自重</td><td colspan="2">钢筋混凝土沉井</td><td colspan="2">$25kN/m^3$</td></tr>
<tr><td colspan="2">素混凝土沉井</td><td colspan="2">$23kN/m^3$</td></tr>
<tr><td colspan="2">井上设备</td><td colspan="2">设备自重与设备轴向动力乘以动力系数（可取2.0）</td></tr>
<tr><td rowspan="5">侧向主动土压力</td><td rowspan="4">砂性土</td><td rowspan="4">水土压力分算</td><td>水压力</td><td>$F_w=k_a\gamma_w z_w$</td></tr>
<tr><td rowspan="3">土压力</td><td>地下水位以上：$F_w=k_a\gamma_s z$ 、 $k_a=\tan^2(45^\circ-\varphi/2)$</td></tr>
<tr><td>地下水位以下：$F'_{ep,k}=k_a[\gamma_s z_w+\gamma'_s(z-z_w)]$</td></tr>
<tr><td>多层土层：$F_{epn,k}=k_{an}\sum_{i=1}^{n-1}\gamma_{si}h_i+k_{an}\gamma_{sn}\left(z_n-\sum_{i=1}^{n-1}h_i\right)$</td></tr>
<tr><td>黏性土</td><td>水土压力合算</td><td colspan="2">$F_{W+E}=\gamma_s z\tan^2(45^\circ-\varphi/2)$</td></tr>
</table>

（3）可变作用标准值

1）地面活荷载作用在沉井壁上的侧压力标准值

① 地面活荷载可分为地面堆积荷载和地面车辆荷载；

② 地面堆积荷载作用在沉井壁上的侧压力强度标准值，可将该荷载标准值折算为等效的土层厚度进行计算，当无明确要求时，地面堆积荷载标准值一般取 $10kN/m^2$；

③ 地面车辆荷载作用在沉井壁上的侧压力强度标准值，为该荷载标准值传递到计算深度处的竖向压力标准值乘以计算深度处土层的主动土压力系数进行计算；

④ 地面堆积荷载和地面车辆荷载作用在沉井井壁上的侧压力标准值，取二者中的大值。

2）地下水对沉井作用的标准值和准永久值

① 沉井侧壁上的水压力标准值应按静水压力计算；

② 计算地下水压力标准值的设计水位，应按施工阶段和使用阶段当地可能出现的最高和最低水位采用；

③ 水压力标准值的相应设计水位，应根据对结构的作用效应确定取最低水位或最高水位。当取最低水位时，相应的准永久值系数应取 1.0；当取最高水位时，相应的准永久值系数可取平均水位与最高水位的比值。

3）顶管顶力标准值

给水排水工程中，沉井往往用作顶管的工作井，因此沉井要承受顶管后背的顶推力。此顶推力应根据管段结构强度、沉井本体结构强度和被动土压力等因素综合考虑。其计算公式较多，部分代表性的计算公式如表 3-2 所示。

顶管顶力标准值计算公式　　表3-2

顶推力	无减阻措施	$F_k=\frac{\pi}{4}\mu\gamma D_1\left[2H+(2H+D_1)\tan\left(45^\circ-\frac{\varphi_K}{2}\right)+\frac{G_K}{\gamma D_1}\right]L+N_F$
	减阻措施	$F_k=\pi D_1 L f'+N_F$
顶进工具管迎面阻力	手工掘进及挤压法	$N_F=\pi D_{av} t R_1+\pi D_1^2 R_2/4$
	网格挤压法	$N_F=a\pi D_1^2 R_1/4+\pi D_1^2 R_2/4$

3.2.3　荷载分项系数与作用效应组合

荷载分项系数取值参见表 3-3。

荷载分项系数　　表3-3

项目	荷载类型	分项系数
永久荷载	结构自重	1.20；当对结构有利时取1.00
	沉井内水压	1.27；当对结构有利时取1.00
	沉井外土压	1.27；当对结构有利时取1.00
可变荷载	顶板和平台活荷载	1.40
	地面活荷载	1.40
	地下水压力	1.27
	顶管的顶力	1.30

强度计算的作用效应基本组合设计值，应根据沉井所处的环境及其工况取不同的作用项目。不同工况的项目组合可按表 3-4 确定。

不同工况的作用组合　　表3-4

项目			永久作用			可变作用		
			结构自重 G_1	沉井内水压 G_2	沉井外土压 G_3	沉井外水压 Q_1	顶板活荷载Q_2	顶管顶力 Q_3
工作井或接收井	施工期间	工作井	√	△	√	√		√
		非工作井	√	△	√	√		
	使用期间	沉井内无水	√		√	√	√	
		沉井内有水	√	√	√	√	√	

注：“√”表示排水下沉沉井的作用项目，“△”表示带水下沉沉井的永久作用项目。

3.2.4　沉井结构设计计算

沉井在下沉时，是一种工具性的围护结构，在终沉封底或填充后又常成为深埋基础或地下构筑物的组成部分。因此，在各个不同阶段，从制作、下沉直到建成投产使用，沉井各部位的传力体系、所承受的外力及作用情况都在不断变化。所以，沉井结构的设计计算应按从施工到使用的各个阶段分别依序进行，以保证沉井结构能满足在施工、运行等各个阶段的强度、刚度和稳定性的要求。

（1）设计计算的内容和步骤

沉井结构的设计计算可分为 4 个阶段，计算内容和步骤如图 3-1 所示。

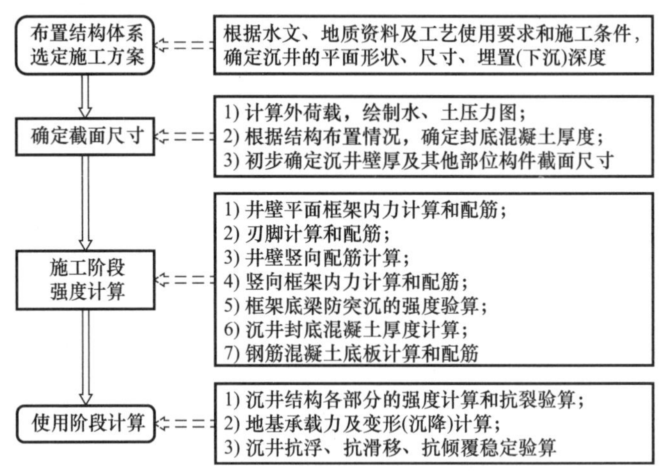

图 3-1　沉井结构的设计计算内容和步骤

（2）沉井尺寸设计

1）井顶标高

沉井顶面的设计标高，除应符合工艺、使用要求外，由于在终沉后，尚需进行封底及内部充填及安装作业，一般情况下，沉井顶面标高都应高于地面 0.3m 以上，而位于岸边构筑物的井顶设计标高应高于施工期间最高水位 0.5m 以上。

2）沉井刃脚踏面标高

在确定沉井刃脚踏面设计标高（即埋置深度）时，应注意以下几点：

① 用于地下或水中的空腹式构筑物，应按使用净空要求确定沉井刃脚踏面设计标高。

② 根据抗冲刷计算，沉井的刃脚应埋置在冲刷线以下足够深度，并且满足抗倾覆、抗滑移等稳定性要求。

③ 根据地基承载力及变形（沉降）计算，选择较好的持力层。

④ 沉井在终沉时，刃脚踏面标高由于超沉或未到设计位置，按《给水排水工程钢筋混凝土沉井结构设计规程》CECS 137 规定的施工允许误差，应在设计时预留。

3）沉井平面尺寸

沉井在平面上的内部净空尺寸除应满足使用要求外，尚应计入沉井下沉的施工允许竖向偏斜和水平位移，而且两项偏差可能同时存在。根据规范规定，沉井四角（圆形沉井为相互垂直两直径与圆周的交点）中任何两角的刃脚底面高差，不得超过该两角间水平距离的 1%，最大不得超过 300mm；如两角间水平距离小于 10m 时，其刃脚高差允许为

100mm。沉井的水平位移，不得超过下沉总深度的1%，但下沉总深度小于10m时，其水平位移允许为100mm。因此，按施工需要扩大沉井的平面尺寸，对于空腹式构筑物，应扩大内部净空尺寸；用于填充实体式基础，可扩大外沿预留裙边的尺寸。

4）沉井井壁厚度和各部位的截面尺寸

沉井井壁厚度及各部位的截面尺寸应满足：①下沉要求；②沉井结构在各个阶段的稳定要求（如抗浮、抗滑移、抗倾覆）；③沉井结构在各个阶段的强度及刚度要求；④使用阶段的抗渗要求。

（3）沉井下沉计算

为了选择适当的井壁厚度和各部位截面尺寸，使沉井有足够的重量克服摩阻力，顺利下沉至设计标高，应进行下沉计算，保证沉井有一定的下沉系数及满足下沉稳定要求。

1）井壁与土体的摩阻力计算

① 单位面积摩阻力的选用

沉井外壁单位面积摩阻力，应根据工程地质条件、井壁外形和施工方法等，通过试验或对比积累的经验资料确定。当无试验条件或无可靠资料时，可按表3-5中的数值参考使用。

单位摩阻力标准值　　表3-5

土层类别	f_k（kPa）
流塑状态黏性土	10～15
可塑、软塑状态黏性土	10～25
硬塑状态黏性土	25～50
泥浆套	3～5
砂性土	12～25
砂砾石	15～20
卵石	18～30

② 井壁摩阻力分布图形

沉井井壁摩阻力沿井壁深度方向的分布，根据工程经验和习惯用法，一般可按如下假定计算：在深度0～5m范围内，单位面积摩阻力按直线规律自零值起逐渐增加，在深度大于5m处，单位面积摩阻力为一常数。根据这样的假定，单位面积摩阻力沿井壁高度的分布图形，主要有如下两种图形，如图3-2所示。

③ 井壁总摩阻力计算

一般情况下，沿沉井深度的土层为多种类别，计算不方便，一般可取各层土的单位摩阻力标准值的加权平均值，即按式（3-1）计算：

$$f_{ka}=\frac{\sum_{i=1}^{n}f_{ki}h_{si}}{\sum_{i=1}^{n}h_{si}} \tag{3-1}$$

式中　f_{ka}——多土层的加权平均单位摩阻力标准值（kPa）；

f_{ki}——i 层土的单位摩阻力标准值（kPa），可按表 3-5 选用；

h_{si}——i 层土的厚度（m）；

n——沿沉井下沉深度不同类别土层的层数。

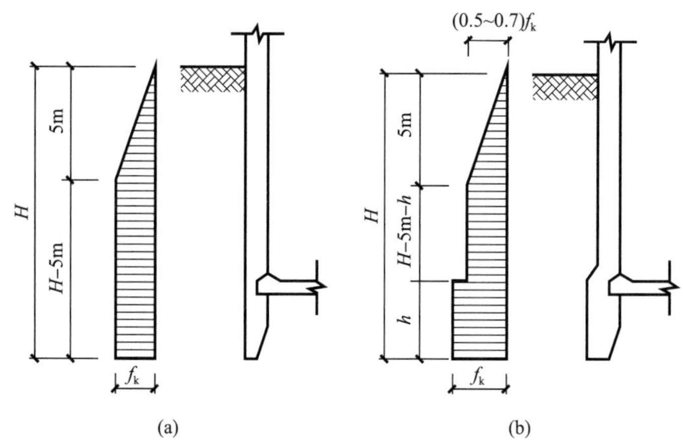

图 3-2 井壁外侧摩阻力分布图

（a）井壁外侧为直壁式；（b）井壁外侧为阶梯式

沉井下沉时，土与井壁的总摩阻力按式（3-2）计算：

$$f_{fk}=Uf_A \tag{3-2}$$

式中 U——井壁的外围周长（m）；

f_A——单位周长摩阻力（kN/m）。

f_A 分别按下列各式计算。

对于图 3-2（a）：$f_A=(H-2.5)f_k$

对于图 3-2（b），可根据不同的阶梯尺寸和台阶设置进行计算。

2）下沉计算

① 下沉系数

为了保证沉井能顺利下沉，沉井下沉系数 k_{st} 应满足式（3-3）的条件。

$$k_{st}=(G_{1k}-F_{fw,k})/F_{fk}\geqslant 1.05 \tag{3-3}$$

式中 k_{st}——下沉系数；

G_{1k}——井体自重标准值（包括必要时外加助沉重量的标准值，kN）；

$F_{fw,k}$——下沉过程中水的浮力标准值（kN）；

F_{fk}——井壁总摩阻力标准值（kN）。

根据以往的施工经验，沉井下沉时的正常下沉系数，一般小于 1.25 为好。

② 下沉稳定系数

沉井在软弱土层中下沉，当下沉系数较大（一般大于 1.5 时），或在下沉过程中遇有特别软弱土层时，需进行下沉稳定验算，以防止突沉或下沉标高不能控制。沉井下沉稳定系数 $k_{st,s}$ 应满足式（3-4）的条件。

$$k_{st,s}=\frac{(G_{1k}-F'_{fw,k})}{F'_{fk}+R_b} \tag{3-4}$$

式中　$k_{st,s}$——下沉稳定系数，可取0.8～0.9；

$F'_{fw,k}$——验算状态下水的浮力标准值（kN）；

F'_{fk}——验算状态下井壁总摩阻力标准值（kN）;

R_b——沉井刃脚、隔墙和横梁下地基土极限承载力之和（kN），可参照表3-6选用。

地基土的极限承载力　　表3-6

土的种类	极限承载力（kPa）	土的种类	极限承载力（kPa）
淤泥	100～200	软可塑状态粉质黏土	200～300
淤泥质黏土	200～300	坚硬、硬塑状态粉质黏土	300～400
细砂	200～400	软可塑状态黏性土	200～400
中砂	300～500	坚硬、硬塑状态黏性土	300～500
粗砂	400～600		

3）抗浮验算

沉井抗浮稳定应按沉井封底和使用两阶段，分别根据实际可能出现的最高水位验算。

① 在施工阶段，当沉井下沉到设计标高并浇筑封底混凝土后或干封底时在浇筑底板后，应进行抗浮稳定验算，满足式（3-5）的条件。

$$k_{fw}=\frac{G_{1k}}{F^{b}_{fw,k}}\geqslant 1.0(\text{不计侧壁摩阻力时}) \tag{3-5}$$

式中　k_{fw}——下沉稳定系数；

$F^{b}_{fw,k}$——验算状态下水的浮力标准值（kN）。

当封底混凝土与底板间有拉结钢筋等可靠连接时，封底混凝土的自重可作为沉井使用阶段抗浮重量的一部分。

一般沉井依靠自重获得抗浮稳定。当井体重量不能抵抗浮力时，施工期间除可增加自重外，尚可采取临时降低地下水位、配重等方法。

② 在正常使用阶段，应按照使用期内可能出现的最高地下水位进行抗浮稳定验算。抗浮重量应考虑沉井在使用阶段上部建筑的重量。如果抗浮仍不能满足，可采用设抗浮板或拉锚等措施。

4）抗滑移及抗倾覆验算

位于江（河、湖、水库、海）岸的沉井，如果前后两侧水平作用相差较大，应验算沉井的滑移和倾覆稳定性。

① 抗滑移验算，按式（3-6）计算：

$$k_s=\frac{\eta E_{pk}+F_{bf,k}}{E_{ep,k}}\geqslant 1.30 \tag{3-6}$$

式中 k_s——沉井抗滑移系数；

η——被动土压力利用系数，施工阶段取 0.8，使用阶段取 0.65；

$E_{ep,k}$——沉井前侧被动土压力标准值之和（kN）；

E_{pk}——沉井后侧主动土压力标准值之和（kN）；

$F_{bf,k}$——沉井底面有效摩阻力标准值之和（kN）。

② 抗倾覆验算，按式（3-7）计算：

$$k_{ov}=\frac{\sum M_{aov,k}}{\sum M_{ov,k}}\geqslant 1.50 \tag{3-7}$$

式中 k_{ov}——沉井抗倾覆稳定系数；

$\sum M_{aov,k}$——沉井抗倾覆弯矩标准值之和（kN·m）；

$\sum M_{ov,k}$——沉井倾覆弯矩标准值之和（kN·m）。

靠近江（河、海）岸边的沉井，尚应进行土体边坡在沉井荷重作用下整体滑动稳定性的分析验算。

（4）沉井井壁计算

1）荷载假定

沉井结构虽然是个空间体系，但实际上常简化成平面体系计算其内力和配筋，而以构造措施来保证其空间整体受力。沉井井壁按平面结构内力计算的方法是沿井壁竖直方向切取单位高度的井壁结构，这一单位高度井壁外部或内部承受土压力、水压力荷载，其作用如同一个水平框架，所以，就井壁部分来说，其水平方向常作为框架来计算内力。在井壁与底板和顶板连接处则设齿槽或加构造钢筋，以保证弹性或刚性连接。

沉井沿深度方向荷载有变化，截面厚度也可能不同，通常沿沉井井壁深度不同位置，截取若干水平框架分别计算。

在稳定下沉的条件下，井壁所承受的水平荷载为均布荷载，计算得出的弯曲应力往往不大，一般只需要构造配筋。但是，由于井外土质及扰动程度并非均匀，而且在下沉过程中总要发生偏斜，从而使井壁在同一水平圆环上的土压力呈不均匀分布，导致井壁的弯矩相当大。

2）圆形沉井内力计算及截面设计

目前圆形沉井内力计算最常用的方法，是将井体视作受对称不均匀压力作用的封闭圆环，取其四分之一圆环进行计算。假定 90° 井圈上两点处土的内摩擦角差值 5° ～10°（一般情况下地下给水排水管道工程的沉井取 10°）。圆形沉井内力分析图如图 3-3 所示，内力图如图 3-4 所示。井圈上任意一点的土压力按式（3-8）和式（3-9）计算。

$$p_\theta=p_A\left[1+(\omega-1)\sin\theta\right]=p_A\left[1+\omega'\sin\theta\right] \tag{3-8}$$

$$\omega'=\frac{p_B}{p_A}-1 \tag{3-9}$$

式中 p_A——由 p_A 渐变为 p_B 时，井壁上任意点的土压力强度值（kPa）；

ω'——土压力不均衡度，$\omega'=\omega-1$。

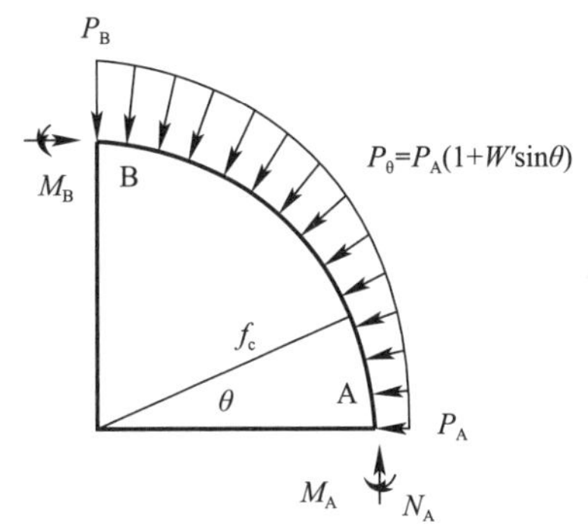

图 3-3　圆形沉井内力分析图

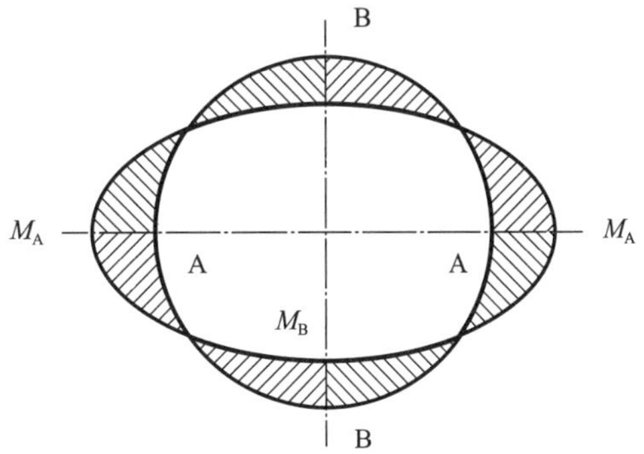

图 3-4　圆形沉井内力图

这种假定土内摩擦角有差值的计算方法比较简单，也比较常用。但不十分合理，有待进一步改进。

内力计算按式（3-10）～式（3-13）进行：

$$N_A=p_A r_c(1+0.7854\omega') \tag{3-10}$$

$$N_B=p_A r_c(1+0.5\omega') \tag{3-11}$$

$$M_A=-0.1488 p_A r_c^2\omega' \tag{3-12}$$

$$M_B=-0.1366 p_A r_c^2\omega' \tag{3-13}$$

式中　N_A——较小侧压力的 A 截面上的轴力（kN）；

M_A——较小侧压力的 A 截面上的弯矩（kN·m），以井壁外侧受拉取负值；

N_B——较大侧压力的 B 截面上的轴力（kN）；

M_B——较大侧压力的 B 截面上的弯矩（kN·m）；

p_A，p_B——井壁 A、B 点外侧的水平向土压力强度（kPa）；

r_c——沉井井壁的中心半径（m）。

由同一截面上 M 和 N 最不利组合计算环向钢筋。p_A、p_B 并非在确定的位置，故以此作为内外层配筋计算。对于依靠自重下沉的沉井一般井壁较厚，配筋率较小，但不得小于最小配筋率。

计算截面的选取：一般对不太深的沉井（5～6m 以内），通常只计算井壁下部、刃脚上面 1.5 倍壁厚圆环截面的内力，并依此布置井壁钢筋；对于较深的沉井（H>6m），计算截面沿高度分成两段或多段。

3）矩形沉井内力计算及截面设计

计算要点：

① 计算跨度一般取支承中心线距离。

② 节点支承条件，井壁转角处为刚性节点；井壁支承于框架壁柱或水平框架时，框架壁柱或水平框架可作为井壁的不动铰支座。

③ 矩形沉井下沉时，按井壁与隔墙组成的水平框架计算。

④ 计算截面一般沿井壁每隔 2～3m 或于变截面处划分为若干水平区段进行计算。水

平荷载按各段下端 1.0m 内的平均值计算。

⑤ 位于刃脚端部以上，高度等于井壁厚度的一段井壁，由于该段井壁是刃脚按悬臂梁计算时的嵌固端，在施工阶段作用于该段的水平荷载，除本身所受水平荷载外，还包括由刃脚传来的水平剪力。

⑥ 框架内力可采用弯矩分配法计算。

矩形沉井内力分析图如图 3-5 所示，内力图如图 3-6 所示。

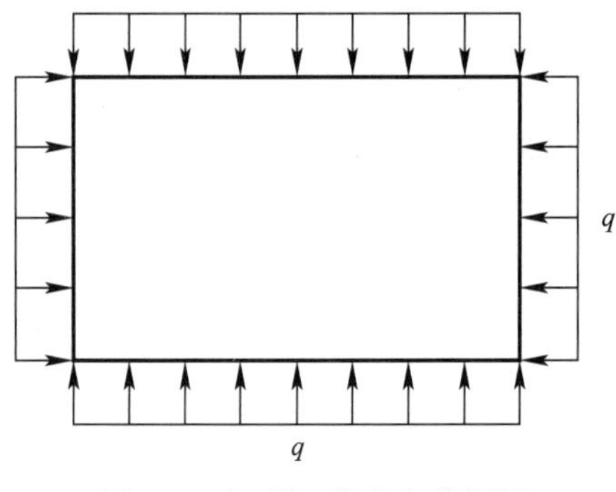

图 3-5　矩形沉井内力分析图

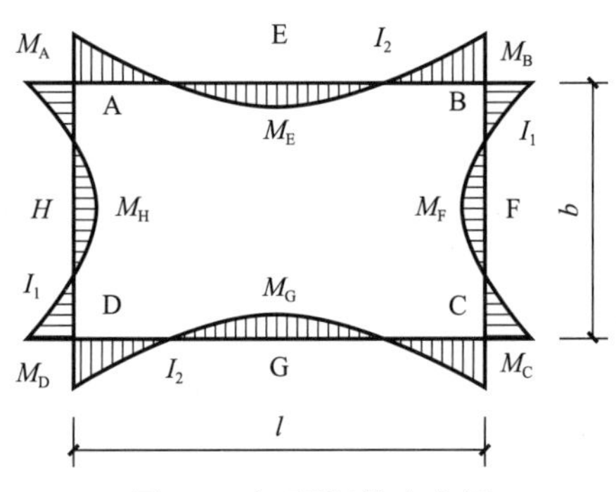

图 3-6　矩形沉井内力图

矩形沉井的内力按式（3-14）和式（3-15）计算。

$$\alpha=\frac{I_2}{I_1}\cdot\frac{b}{l} \tag{3-14}$$

$$\beta=\frac{b}{l} \tag{3-15}$$

式中　I_1——沉井短边的惯性矩（m^4）；

I_2——沉井长边的惯性矩（m^4）；

l——沉井长边长度（m）；

b——沉井短边长度（cm）。

转角处的弯矩，按式（3-16）计算：

$$M_A=M_B=M_C=M_D=-\frac{ql^2}{12}\cdot\frac{1+\beta^2\alpha}{1+\alpha} \tag{3-16}$$

长边跨中弯矩，按式（3-17）计算：

$$M_E=M_G=0.125ql^2+M_A \tag{3-17}$$

短边跨中弯矩，按式（3-18）计算：

$$M_F=M_H=0.125qb^2+M_A \tag{3-18}$$

作用在长边的轴向力，按式（3-19）计算：

$$N_{AB}=N_{CD}=0.5qb \tag{3-19}$$

作用在短边的轴向力，按式（3-20）计算：

$$N_{AD}=N_{BC}=0.5ql \tag{3-20}$$

（5）施工阶段的井壁竖向抗拉验算

施工阶段的井壁竖向抗拉计算，是假定当沉井下沉接近设计标高（此时为最不利位置），刃脚下已被掏空（没有支承反力），沉井靠井壁与土体之间的摩阻力来维持平衡，井壁自重产生竖向拉力。或者沉井井壁在上部某处被土层卡住，下部处于悬吊状态，因而井壁可能出现较大的竖向拉力。

沉井井壁的竖向抗拉验算，根据下述情况确定：

1）在土质较好、下沉系数接近 1.0 时，假定井壁阻力呈倒三角形分布，最危险断面在入土深度的一半处，等截面井壁的最大拉断力 N_{max} 按式（3-21）计算：

$$N_{max}=\frac{G}{4} \tag{3-21}$$

式中　G——沉井下沉时的总重量设计值（kN），自重分项系数取 1.20。

2）在土质均匀的软土地基，沉井下沉系数较大（1.5）时，可不进行竖向拉断计算，但竖向配筋必须满足最小配筋率及使用阶段受力要求。

3）根据地质资料，某个土层有岩石或大块石分布，沉井有可能被卡住，而处于悬空状态，必须针对实际情况进行抗拉验算。

（6）刃脚计算

刃脚计算是指在沉井下沉阶段，选择最不利情况，分别计算刃脚内侧和外侧的竖向钢筋及水平钢筋。其计算荷载为沉井下沉时，作用在刃脚侧面的水、土压力，以及沉井自重在刃脚踏面和斜面上产生的竖向反力和水平推力。

1）竖向内力计算

① 刃脚向外弯曲计算

当沉井始沉时，刃脚已插入土内，刃脚下部承受到较大的正面及侧面阻力，而井壁外侧土压力并不大（图 3-7），此时在刃脚根部将产生向外弯曲力矩。

假定刃脚切入土中，深度为 h_s（一般假定 h_s=1.0m），刃脚外侧水、土压力可忽略不计。当沉井高度较大时，可使用分节浇筑、多次下沉的方法，减小刃脚竖向向外弯曲受力。刃脚下土的竖向反力 R_j 按式（3-22）～式（3-26）计算：

$$R_j=R_{j1}+R_{j2} \tag{3-22}$$

$$M_l=P_l\left(h_l-\frac{h_s}{3}\right)+R_jd_l \tag{3-23}$$

$$N_l=R_j+g_l \tag{3-24}$$

$$P_l=\frac{R_jh_s}{h_s+2a\tan\theta}\tan(\theta-\beta_0) \tag{3-25}$$

$$d_l=\frac{h_l}{2\tan\theta}-\frac{h_s}{6h_s+12a\tan\theta}(3a+2b) \tag{3-26}$$

式中　R_j——刃脚底端的竖向地基反力（kN），即为沉井每延米长的重量；

M_l——刃脚根部的竖向弯矩计算值（kN·m）；

N_l——刃脚根部的竖向轴力计算值（kN）;

P_l——刃脚内侧的水平推力之和（kN）;

h_l——刃脚的斜面高度（m）;

h_s——沉井开始下沉时刃脚的入土深度（m），可按刃脚的斜面高度计算，当 $h_s>$ 1.0m 时，可按 1.0m 计算;

g_l——刃脚的结构自重设计值（kN/m）;

a——刃脚的底面宽度（m）;

b——刃脚斜面入土深度的水平投影宽度（m）;

θ——刃脚斜面的水平夹角;

β_0——刃脚斜面与土的外摩擦角，可取等于土的内摩擦角，硬土一般可取 30°，软土一般可取 20°;

d_l——刃脚底面地基反力的作用点至刃脚根部截面中心的距离（m）。

② 刃脚向内弯曲计算

当沉井下沉至最后阶段，刃脚踏面下的土被全部挖空（图 3-8），即为刃脚向内弯曲的最不利情况。此时，在刃脚根部水平截面上将产生最大的向内弯矩，计算公式为:

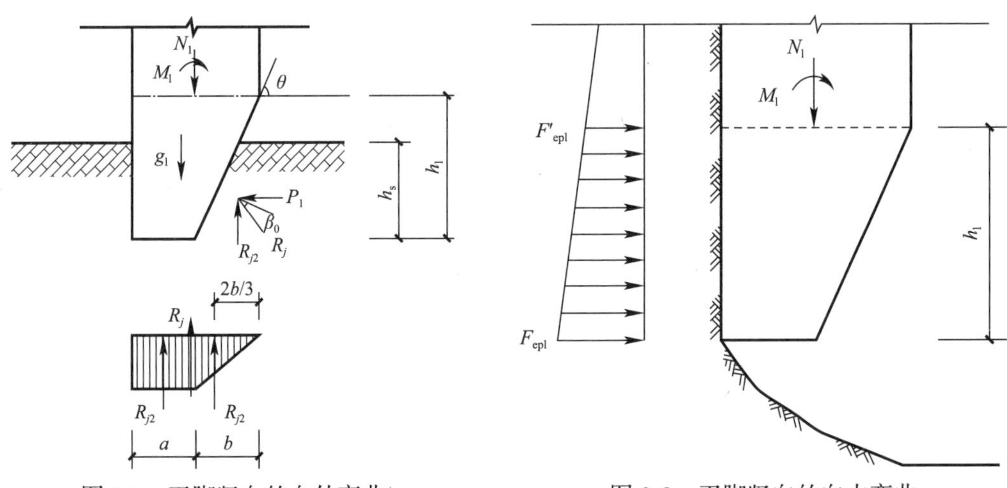

图 3-7　刃脚竖向的向外弯曲

图 3-8　刃脚竖向的向内弯曲

$$M_l=\frac{1}{6}(2F_{\mathrm{ep}l}+F'_{\mathrm{ep}l})h_l^2 \tag{3-27}$$

式中　$F_{\mathrm{ep}l}$——沉井下沉到设计标高时，沉井刃脚底端处的水平向侧压力（kN/m²）;

$F'_{\mathrm{ep}l}$——沉井下沉到设计标高时，沉井刃脚根部处的水平向侧压力（kN/m²）。

2）水平内力计算

① 圆形沉井

根据圆形沉井始沉时所求得的水平推力，求出作用在水平圆环上的环向拉力:

$$N_\theta=P_1r_s \tag{3-28}$$

式中　N_θ——刃脚承受的环向拉力（kN）;

r_s——刃脚的计算半径（m），可按刃脚截面的平均中心处计算。

② 矩形沉井

对于矩形沉井，在刃脚切入土中时，由于斜面上的土体反力产生的横推力，在转角处使相互垂直的刃脚产生拉力。如果刃脚水平筋钢配置较少，在构造上应采取措施，防止刃脚转角处开裂。

3）作用在刃脚上水平外力的分配

沉井刃脚一方面可以看作是根部嵌固的竖向悬臂梁，梁长等于外壁刃脚斜面部分的高度。另一方面又可以看作是一个封闭的水平框架。因此，作用在外壁刃脚上的水平外力，必由其悬臂和框架两种作用共同承担，一部分水平外力是垂直向传至刃脚根部，其余部分由框架自身承担。当内隔墙或底梁的底面至刃脚底面的距离不超过 50cm，或大于 50cm 而有垂直支托时，作用于刃脚上的水平荷载应进行分配。其分配系数按下列公式计算：

悬臂作用

$$\alpha = \frac{0.1l_1^4}{h_l^4 + 0.05l_2^4} \quad （当 \alpha>1 时，取 \alpha=1） \tag{3-29}$$

框架作用

$$\beta = \frac{h_1^4}{h_l^4 + 0.05l_2^4} \tag{3-30}$$

式中　l_1——井外壁最大计算跨度（m）；

l_2——井外壁最小计算跨度（m）；

h_l——刃脚斜面部分的高度（m）。

（7）沉井封底混凝土厚度计算

沉井沉至设计标高，在浇筑钢筋混凝土底板之前，先浇筑封底混凝土。根据不同的施工方法、工程地质及水文地质条件，封底可采用干封底和水下封底。

1）干封底

沉井下沉到设计标高后，井内封底无水，或者虽然有水，但采取排水或其他降水措施后，能够做到井底基本无水，无翻砂等现象，并且在浇筑底板混凝土及养护期间能够排干积水时，沉井可以采取干封底。

干封底混凝土的厚度，可按具体情况而定，一般能保证钢筋混凝土底板顺利施工即可。如果有地下水而在浇筑钢筋混凝土底板之前又停止降水时，则必须进行封底混凝土强度计算，以确定适当的封底厚度。

2）沉井采用水下混凝土封底

当沉井所处的条件不允许采用干封底时，则必须进行水下混凝土封底。由于一般沉井在水下封底并养护后，都要将井内的水排干，进行底板的钢筋绑扎和混凝土浇筑工作，所以水下封底混凝土的厚度应根据强度和沉井抗浮两个条件来确定。

① 水下封底混凝土的弯矩计算

A. 封底混凝土受浮力作用，其向上作用的标准值，即为地下水头高度减去单位面积封底混凝土的重量。作用在素混凝土板上的向上均布荷载，按下式计算：

$$q=\gamma_w h_w-q_1 \tag{3-31}$$

式中 γ_w——水的重度，取 10kN/m^3；

h_w——作用在封底混凝土板底的水头（m）；

q_1——单位面积上素混凝土板的重量（kN/m^2）。

B. 沉井自重反力作用。沉井封底后仍可能继续下沉，沉井自重将对封底混凝土产生反力，计算时假定自重反力均匀分布。反力与浮力进行比较，取其中大值计算弯矩。计算反力时应扣除封底混凝土自重。

C. 计算弯矩时，一般假定封底素混凝土板与刃脚斜面连接为简支。

圆形板周边简支时，跨中最大弯矩为：

$$M=0.1979qr^2 \tag{3-32}$$

式中 q——均布荷载（kN·m）；

r——圆板的计算半径（m），一般取值至刃脚斜面水平投影的中点。

矩形板周边简支时，根据实际情况可按单向板或双向板进行计算。

② 封底混凝土厚度的计算

封底混凝土的厚度按下列两种方法计算。按受弯计算控制跨中厚度，按冲剪验算控制边缘厚度。

A. 封底混凝土厚度按无筋混凝土受弯构件计算：

$$h_t=\sqrt{\frac{5.72M}{bf_t}}+h_u \tag{3-33}$$

式中 h_t——水下封底混凝土厚度（mm）；

M——每 m 宽度内最大弯矩的设计值（N·mm）；

b——计算宽度（mm），取 1000mm；

f_t——混凝土轴心抗拉强度设计值（N/mm^2）；

h_u——附加厚度（mm），可取 300mm。

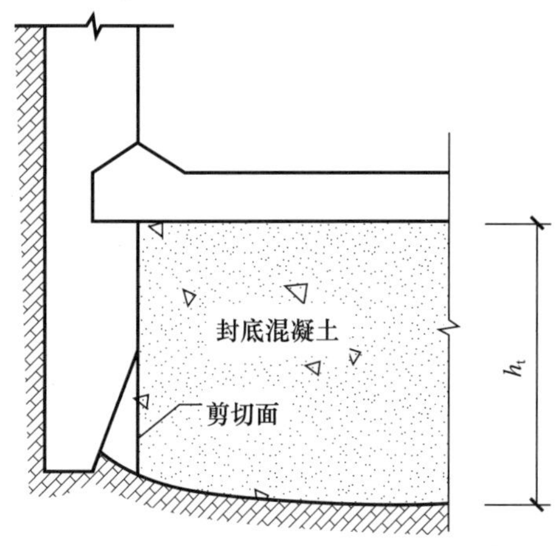

图 3-9 沉井封底混凝土示意图

B. 按封底混凝土冲剪验算（图 3-9），即是计算井孔范围内封底混凝土板承受基底反力沿刃脚斜面高度的截面上产生的剪应力，验算冲剪面是否满足混凝土的抗剪强度，若剪应力超过其抗剪强度，则应提高封底混凝土强度等级或加大边缘封底混凝土厚度。

此外，在浇筑水下封底混凝土前进行水下清基时，沉井底部常形成一个锅底坑，设计时应限定剪切面处封底混凝土的最小厚度。通常情况下，如果封底混凝土厚度按最大弯矩计算取值，边缘厚度不减薄的情况下，不必进行抗冲剪计算。

（8）钢筋混凝土底板计算

1）沉井底板的荷载计算

沉井钢筋混凝土底板的计算荷载，应与封底素混凝土板的计算荷载基本相同，取浮力、地基反力两者中数值较大者为计算荷载进行结构计算。但需注意如下两点：

① 当选用浮力作为外荷载计算时，一般不考虑封底素混凝土作用，全部由钢筋混凝土底板承担。计算水头应从沉井外历史最高地下水位算至钢筋混凝土底板底。计算时尚应扣除底板的重量和封底混凝土的重量（当封底混凝土中设拉结钢筋与底板连系时）。

② 按整个沉井结构的最大荷载（沉井本身的静载及活载）来计算均布反力。在计算均布反力时，不计井壁侧面摩阻力和底板自重及封底重。

2）沉井底板的内力计算

沉井钢筋混凝土底板的内力计算，可按单跨或多跨板计算。沉井底板的边界支承条件，依据沉井井壁及底梁的预留凹槽和是否有水平插筋的具体情况而定，在边界有预留受力钢筋时，可视为固定支承。仅预留凹槽时，应视为简支。

3）圆形沉井底板计算

周边简支圆板的受力情况如图 3-10 所示，周边固定圆板的受力情况如图 3-11 所示。

径向弯矩：

$$M_r = k_r q r_c^2 \tag{3-34}$$

切向弯矩：

$$M_t = k_t q r_c^2 \tag{3-35}$$

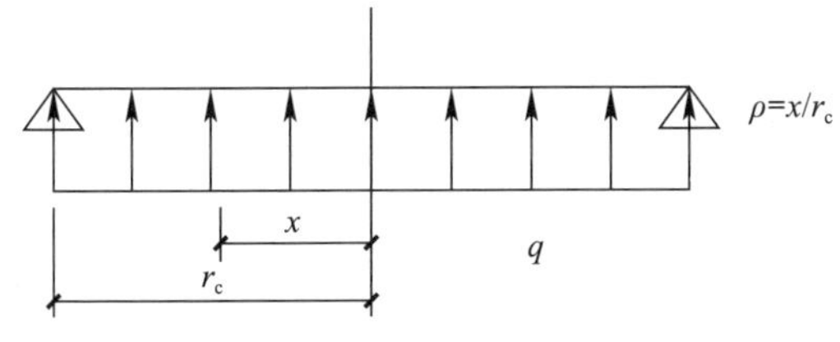

图 3-10　周边简支圆板受力示意图

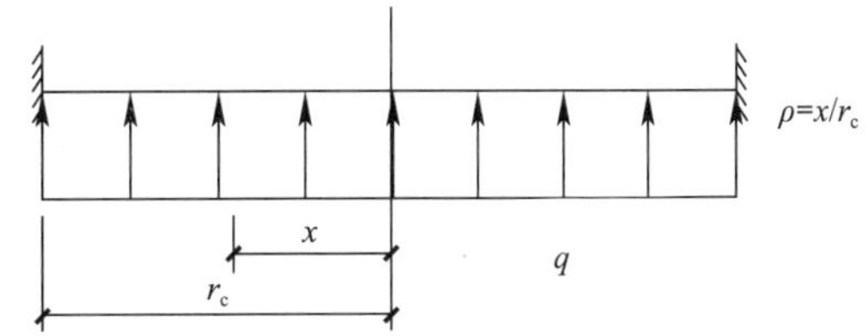

图 3-11　周边固定圆板受力示意图

内力系数 k_r 及 k_t 可从表 3-7 和表 3-8 查得。

周边简支圆板弯矩系数表　　表3-7

ρ	0.0	0.1	0.2	0.3	0.4	0.5
k_r	0.1979	0.1959	0.1900	0.1801	0.1662	0.1484
k_t	0.1979	0.1970	0.1942	0.1895	0.1829	0.1745
ρ	0.6	0.7	0.8	0.9	1.0	
k_r	0.1267	0.1009	0.0712	0.0376	0.000	
k_t	0.1642	0.1520	0.1379	0.1220	0.1042	

周边固定圆板弯矩系数表 表3-8

ρ	0.0	0.1	0.2	0.3	0.4	0.5
k_r	−0.0729	−0.0709	−0.0650	−0.0551	−0.0412	−0.0234
k_t	−0.0729	−0.0709	−0.0692	−0.0645	−0.0579	−0.0495
ρ	0.6	0.7	0.8	0.9	1.0	
k_r	−0.0167	0.0241	0.0588	0.0874	0.1250	
k_t	−0.0392	−0.0270	−0.0129	−0.0030	−0.0208	

4）矩形底板计算

一般情况下，给水排水工程沉井底板多为双向板。在多跨连续双向板计算时，可以认为各跨都固定在中间支座上。边区格双向板可视为边支座简支、中间支座为固定支承。

（9）顶管工作井井壁计算

利用沉井井壁作后背时，可近似按平面框架分析内力。井壁上的土反力图形，视沉井形状及施工实际，可采用不同的假设。圆形沉井后背的土压力图形比较复杂，较合理的假定是抛物线分布。目前一般简化为三种反力图形：即向心均匀分布、三角形分布和正弦曲线分布。矩形沉井三角形顶力的反力图形可假设为均匀分布作用在井壁上。

1）圆形沉井在顶力作用下的内力计算

① 当井壁上的土反力按向心均匀分布假定

沉井在顶力作用下，土体对井壁的反力，假定向心均匀分布在半圆上，如图 3-12 所示。

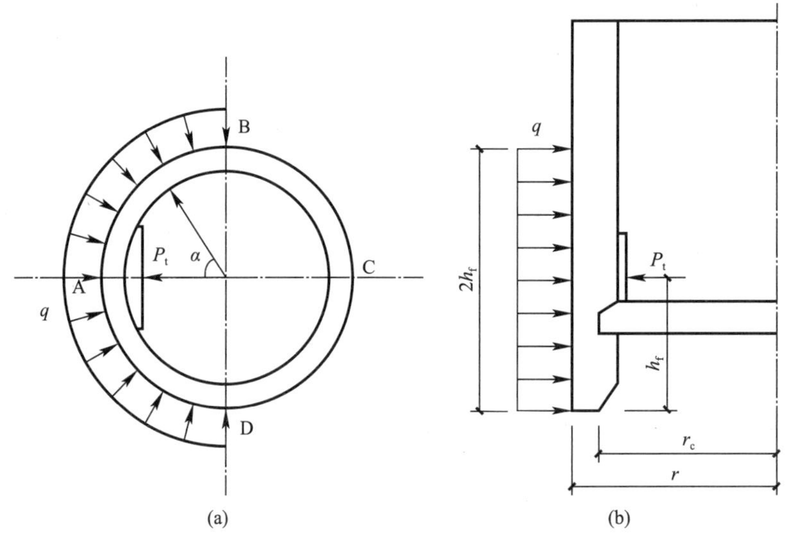

图 3-12　土体反力均匀分布于沉井侧壁

（a）水平向分布；（b）竖直向分布

$$q=\frac{P_t}{4rh_f} \tag{3-36}$$

式中　q——向心均匀分布反力（不大于土的被动土压力，kN/m^2）；

P_t——总顶力设计值（kN）；

r——沉井外壁半径（m）；

r_c——沉井平均半径（m）；

h_f——顶管力至刃脚底的距离（m）。

井壁任意水平截面的内力按下式计算：

$$M_1=-\frac{1}{2}qr_c^2 \tag{3-37}$$

$$N_1=qr_c\left(\frac{1}{\pi}-1\right) \tag{3-38}$$

当 $0\leqslant\alpha\leqslant\pi/2$ 时：

$$M=M_1-N_1r_c(1-\cos\alpha)-qr_c^2(1-\cos\alpha-\sin\alpha) \tag{3-39}$$

$$N=N_1\cos\alpha+qr_c(\sin\alpha+\cos\alpha-1) \tag{3-40}$$

$$Q=-N_1\sin\alpha+qr_c(\cos\alpha-\sin\alpha) \tag{3-41}$$

当 $\pi/2\leqslant\alpha\leqslant\pi$ 时：

$$M=M_1-N_1r_c(1-\cos\alpha)+qr_c^2\cos\alpha \tag{3-42}$$

$$N=N_1\cos\alpha+qr_c\cos\alpha \tag{3-43}$$

$$Q=N_1\sin\alpha-qr_c\sin\alpha \tag{3-44}$$

式中　α——截面上任意点与水平对称轴的中心夹角（°）。

② 反力按正弦曲线分布假定

沉井在顶力作用下的土反力沿竖直方向按三角形分布，沿水平方向按余弦分布假定，如图 3-13 所示。

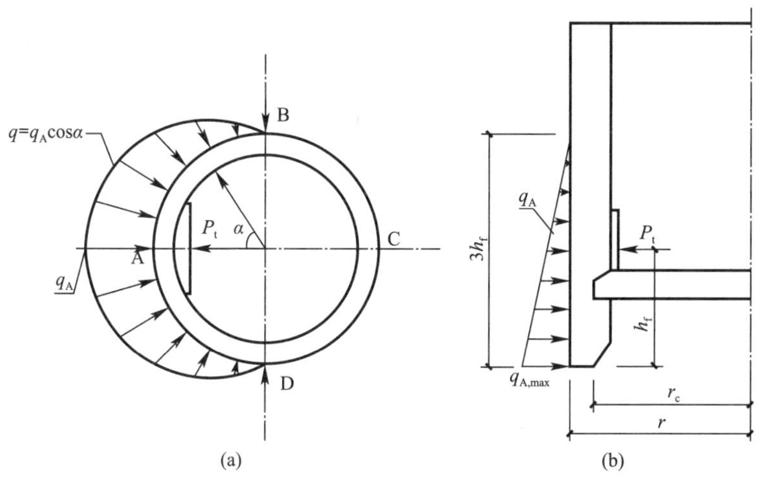

图 3-13　土体反力正弦曲线分布于沉井侧壁

（a）水平向分布；（b）竖直向分布

$$q_{A,\max}=\frac{4P_t}{3\pi r h_f} \tag{3-45}$$

$$P_t=\gamma_p P_{tk} \tag{3-46}$$

$$M_A=-0.307q_A r_c^2 \tag{3-47}$$

$$N_A=-0.307q_A r_c \tag{3-48}$$

$$M_B=0.068q_A r_c^2 \tag{3-49}$$

$$N_B=0 \tag{3-50}$$

$$M_A=-0.057q_A r_c^2 \tag{3-51}$$

$$N_A=-0.125q_A r_c \tag{3-52}$$

式中　$q_{A,\max}$——壁板后土抗力设计值的最大值（kN/m^2）;

q_A——A 点任意高度上的土抗力（kN/m^2）;

P_{tk}——顶力标准值（kN）;

γ_p——顶力标准值分项系数，取 1.3;

P_t——顶力的设计值（kN）;

r——沉井外壁半径（m）;

r_c——沉井中心半径（m）。

2）矩形沉井在顶力作用下的内力计算

矩形沉井作为顶管工作井时，顶推力作用下的壁板一般根据不同的顶管千斤顶后座尺寸，分别按以下规定计算：

① 顶管千斤顶后座尺寸通常为 3m×3m。顶力后座示意图如图 3-14 所示，其等效荷载在壁板上的分布高度可按以下公式计算：

A. 当 $3000+2t\leqslant 0.6L_{l0}$ 时：

$$b=3000+2t+0.7L_{l0} \tag{3-53a}$$

B. 当 $0.6L_{l0}\leqslant 3000+2t\leqslant L_{l0}$ 时：

$$b=0.6\times(3000+2t)+0.94L_{l0} \tag{3-53b}$$

式中　b——土抗力分布高度（mm）;

t——壁板厚度（mm）;

L_{l0}——侧壁的中心距（mm）。

② 当顶力作用线与刃脚底的距离 $h_f\geqslant b/2$ 时，土抗力分布范围如图 3-15 所示。

3）当顶力作用线与刃脚底的距离 $h_f<b/2$ 时，土抗力分布范围如图 3-16 所示。在此取 $b'=b/2+h_f$。

4）顶力作用在壁板中轴位置上时，壁板后的土抗力如图 3-17 所示，土抗力按下式计算：

$$q_{\max}=\frac{2P_t}{3l_b h_f} \tag{3-54}$$

式中　q_{max}——壁板后土抗力设计值的最大值（kN/m^2）；

h_f——顶力至刃脚底距离（m）；

l_b——沉井的水平外包宽度（m），$l_b=L_{l0}+t$；

P_t——顶力设计值（kN）。

（10）顶管工作井稳定验算

在软土地基沉井作为顶管工作井时，当沉井的入土深度较浅，同时顶力较大时，往往会产生较大的被动土压力。如果位移较大，就会产生施工失稳，因而需要进行稳定验算。

沉井在顶力作用下（图3-18、图3-19），土体的稳定可按下式计算：

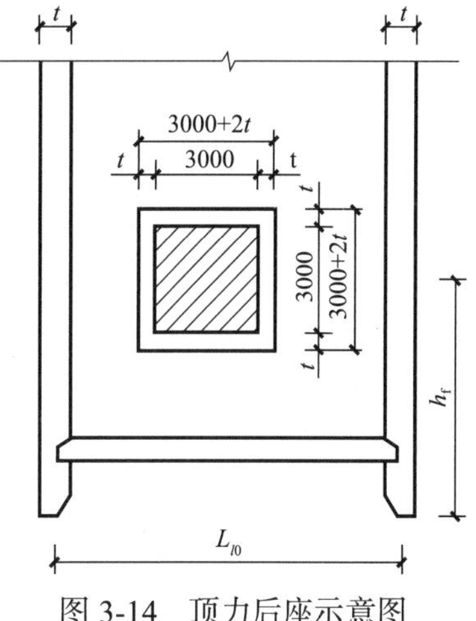

图3-14　顶力后座示意图

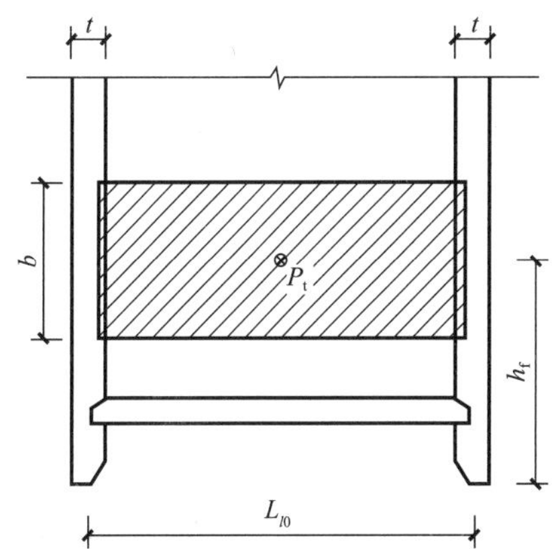

图3-15　$h_f \geqslant b/2$时顶力等效荷载分布高度图

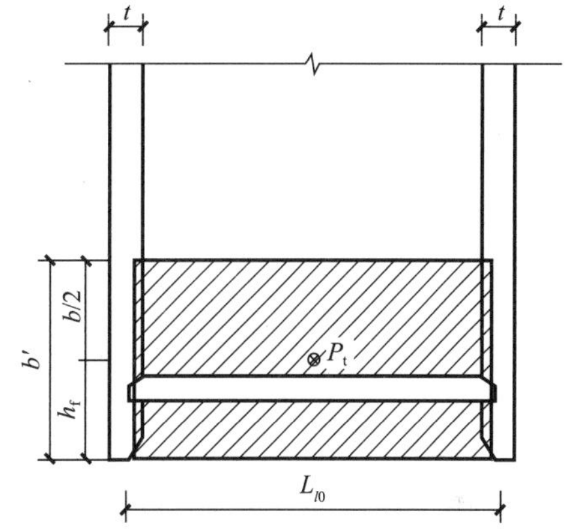

图3-16　$h_f < b/2$时顶力等效荷载分布高度图

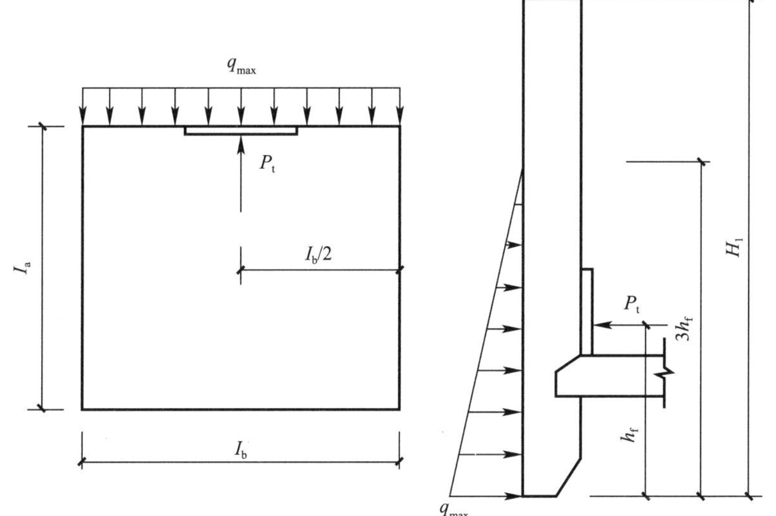

图3-17　顶力作用在壁板中轴上的土抗力分布图

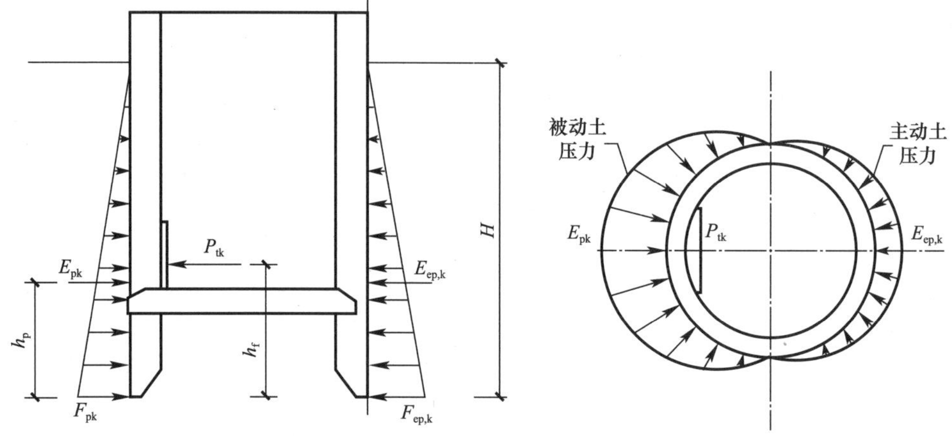

图 3-18　圆形沉井顶力作用下土体稳定计算图

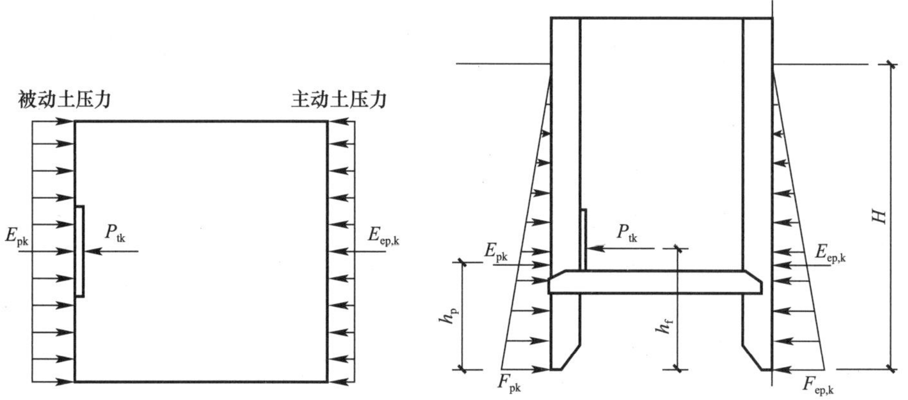

图 3-19　矩形沉井顶力作用下土体稳定计算图

$$p_{tk}=\xi(0.8E_{pk}-E_{ep,k}) \tag{3-55}$$

式中　ξ——考虑合力作用点可能不一致的折减系数，$\xi=(h_f-|h_f-h_p|)h_f$；

E_{pk}——圆形沉井前方主动土压力合力标准值（kN），$E_{pk}=3/4\pi rh_fF_{pk}$；

$E_{ep,k}$——圆形沉井后方主动土压力合力标准值（kN），$E_{ep,k}=3/4\pi rh_fF_{ep,k}$。

3.3　沉井构造与施工概述

3.3.1　沉井一般构造规定

（1）沉井平面及竖向布置

沉井平面应尽可能对称布置，以利沉井稳定下沉。如果平面上不对称，造成沉井的偏心，令沉井作业困难，向哪边偏心就有可能向哪边倾斜。同样，沉井的竖向布置也应使重心尽可能居中。

（2）矩形沉井长宽比

矩形沉井长宽比不宜大于 2，高宽比不宜大于 2.5。当长宽比和高宽比过大时，需要采取措施，以加强结构刚度和稳定性。

（3）刃脚形式和构造

1）刃脚形式

五种常用的刃脚形式如图 3-20 所示。其中，刃脚（a）适用于干封底情况，在无地下水时可以采用，不适用于软土地区；刃脚（b）是常用的形式，适用于水下封底；刃脚（c）外壁设台阶，可以减少下沉阻力，适用于下沉系数较小而难以下沉的沉井；刃脚（d）适用于在硬土地区下沉的沉井，角钢护角下沉阻力小，并能保护混凝土刃脚下沉时不受损坏；刃脚（e）采用钢板包裹保护，刃脚适用于采取爆破法清除障碍物的情况。

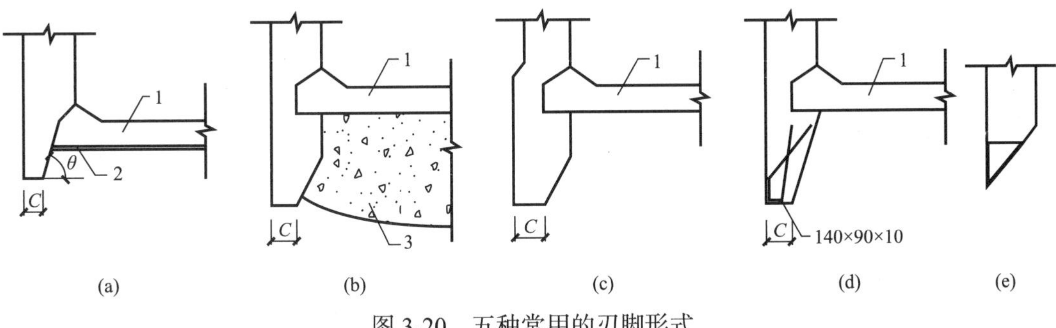

图 3-20　五种常用的刃脚形式

θ—刃脚斜面倾角；C—刃脚底宽；1—底板；2—垫层；3—封底混凝土

2）刃脚尺寸

刃脚下的水平支承面称为踏面，踏面宽度 C 可随土质的软硬调整。一般情况下，软土地基 C 值取 0.4～0.6m，硬土地基 C 值取 0.15～0.30m。如可能遇到厚的卵石层或风化岩时，为防止刃脚损坏，踏面上需埋深角钢或钢板加强。当考虑有可能采用爆破作业下沉时，刃脚还要用钢板包裹。

刃脚斜面与水平面的夹角θ通常取50°～60°，一般取60°，不可小于50°，以确保抽垫木和挖土下沉时的人身安全。

刃脚的高度随沉井壁厚度和封底混凝土厚度变化而变化，并且不得小于封底混凝土边缘的计算厚度。

3）刃脚配筋

为方便施工，刃脚外侧水平钢筋宜置于竖向钢筋外侧，内侧水平钢筋宜置于竖向钢筋内侧。刃脚竖向钢筋应锚入刃脚根部以上。刃脚底内外层竖向钢筋之间，要设 $\phi6$～$\phi8$ 的拉筋，拉筋间距可取 300～500mm。

刃脚的踏面需配置数根粗钢筋加强。刃脚外侧水平钢筋面积，可计入刃脚以上 1.5 倍壁厚宽度的水平框架负弯矩配筋所需面积；刃脚内侧水平钢筋则一般由水平框架正弯矩配置的钢筋延续。

4）刃脚打毛

刃脚内侧和为浇筑钢筋混凝土底板而设置的凹槽在沉井下沉之前必须进行打毛，以利封底混凝土与刃脚的结合及钢筋混凝土底板与凹槽的结合，防止周边结合处渗水。有些沉井在封底后发现周边渗水，可能是刃脚混凝土未打毛或打毛不符合要求导致。当然，在接合面存在泥土也会导致渗漏。

（4）井壁构造

1）井壁厚度

井壁厚度除考虑其结构强度，抗渗、刚度和抗浮需要外，尚应根据沉井有足够的自重能顺利下沉的条件确定，所以常先假定井壁厚度验算抗浮，然后再计算配筋。

对于薄壁沉井，由于自重较轻，应采用触变泥浆套及壁外喷射高压空气等措施，以降低沉井下沉时的摩阻力。但对于这种薄壁沉井的抗浮问题，应认真进行验算，如果不能满足要求，需采取适当措施（包括设置抗浮板、抗拔桩等）。

2）井壁配筋

① 沉井井壁的竖向钢筋一般不宜小于 $\phi 10$，在台阶处钢筋交叉搭接的延伸长度不小于锚固长度。

② 矩形沉井井壁的配筋，为方便施工，一般将外壁水平钢筋设在竖向钢筋的外侧，但在井壁内侧水平钢筋一般宜设在竖向钢筋的里侧。

③ 井壁顶和井壁底需配若干粗钢筋加强。分次浇筑、分段下沉的井壁顶部也需设钢筋加强。

3）井壁与底板的连接

当井壁与底板通过凹槽连系时，凹槽深度 150～200mm。深度过大，则过分削弱井壁截面；深度过小，则底板支承面不足。通过凹槽连接的节点按铰支计算，如果需要按弹性固定考虑，凹槽内必须予插足够的钢筋。

井壁与底板的连接，要求构造上能可靠传力，底板的反力通过连接点传给井壁。连接点处也不允许漏水。通常的办法是在沉井壁上设凹槽或凸缘，凹槽适用于厚壁沉井，凸缘适用于薄壁沉井。

（5）底板及底部构造

1）干封底

沉井建造场地无地下水或通过降水措施把水位降至封底底标高以下 50cm 时，可进行干封底，先浇筑素混凝土垫层，再浇筑钢筋混凝土底板。

通过降水进行干封底时，应待底板混凝土强度达到设计要求，方可停止降水。或者在底板混凝土终凝前降水，终凝后对井内灌水，以平衡水的浮托力。

2）水下封底

带水下沉的沉井，采用水下混凝土封底，待水下封底混凝土的强度等级达到设计要求时，方可将井内水抽除。水下封底混凝土计算厚度不应包括上表面的疏松层和下表面与泥土混合的附加层。封底前需有潜水员水下抛石和整平。

3）底板构造

大型沉井底板与沉井壁板的连接可在壁板中设凹槽。凹槽上口不能平，必须向上倾45º 角，以方便凹槽中的混凝土浇筑。沉井壁板在底板厚度范围内设凹槽时，其深度一般宜不小于 150mm。作为顶管工作井的沉井承受顶力的壁板凹槽内必须预留插筋（或采用植筋）与沉井底板连接，避免顶管时此处拉开。沉井壁板在底板面上侧设凸缘时，凸缘宽度不应大于 150mm。

（6）受力钢筋的混凝土净保护层最小厚度

混凝土保护层的最小厚度如表 3-9 所示。

混凝土保护层最小厚度（mm）　表3-9

构件类别	工作条件	保护层最小厚度
井身	与水、土接触或高湿度	30
	与污水接触或受水汽影响	35
底板	有垫层的下层筋	40

注：1. 当沉井位于沿海环境，受盐雾侵蚀显著时，构件最外层钢筋的混凝土最小保护层厚度不应少于45mm；
2. 当沉井的构件外表设有水泥砂浆抹面或其他涂料等质量确有保证的保护措施时，表列要求的钢筋的混凝土保护层厚度可酌情减小，但不得低于处于正常环境的要求。

（7）顶管工作井和接收井井壁预留洞口尺寸规定

沉井作为顶管工作井或接收井时，井壁预留洞口尺寸一般应符合下列规定：

1）沉井井壁预留顶出洞口的直径，对于钢管顶管一般不小于（0.12m+ 顶管外径），对于钢筋混凝土顶管一般不小于（0.20m+ 顶管外径）。

2）沉井井壁预留接收洞口的直径，对于钢管顶管一般不小于（0.40m+ 顶管外径），对于钢筋混凝土顶管一般不小于（0.30m+ 顶管外径）。

3）预留洞口的底距沉井底板面的距离，对于钢管宜不小于 700mm，对于钢筋混凝土管宜不小于 600mm。

为便于千斤顶的安装及工作，工作井的顶管后座需有面积一般不宜小于 3m × 3m 的垂直支承面。对于圆形沉井，在顶管支座处尚需浇制平整的钢筋混凝土后座。

3.3.2　沉井施工概述

沉井施工法，不仅适用于软土地基，在硬土、砂、砾石等土层也可应用。由于沉井是一种传统的施工方法，再加上采用了新的技术，因而应用范围很广。但沉井在密集建筑群、管线复杂及环境保护要求高的地区使用，应采取特殊措施。

（1）施工工艺

沉井施工工艺包括施工准备、地基处理、井墙制作、沉井下沉、沉井封底五个大部分。沉井施工工艺流程详见图 3-21。

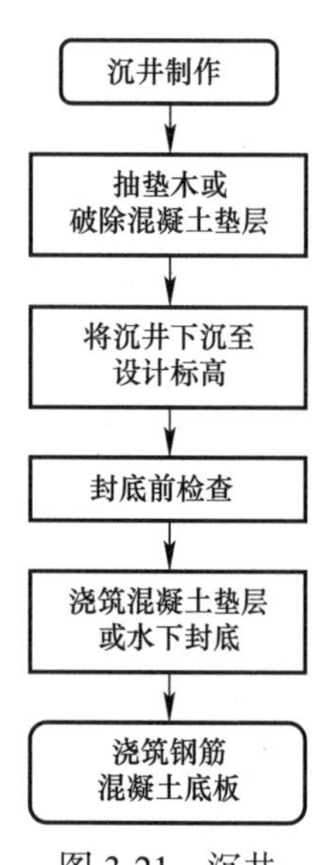

图 3-21 沉井施工工艺流程

（2）工艺要求

1）沉井制作

① 做地基处理，控制砂垫层质量，使沉井第一次制作时的重量通过承垫木或素混凝土垫层扩散后的荷载小于下卧层地基土的承载力特征值。

② 为防止出现冷缝，应具备足够的混凝土熟料供应能力。

③ 当沉井为多次制作多次下沉时，每次接高都必须满足沉井的稳定要求，即传送至刃脚下土层的荷载，应小于该层土的极限承载力。必要时需在井周回填砂土或向井内灌水，保持刃脚下土层的稳定性。

2）沉井下沉

① 采用承垫木法施工时，应按施工组织设计中规定的先后顺序，对称、同步、协调地抽去垫木，并在抽出垫木的空穴位置及时填砂。

② 对于高压缩性的软土层，如淤泥质土，要严格控制“锅底”深度，防止因“锅底”超深而引起沉井突然下沉。

③ 按确保沉井稳定的需要掌握临界挖深。对沉井下沉过程中的基底隆起、管涌或承压水引起的不透水层穿破，下沉前要有预计，下沉时应严格掌握。

④ 按勤测、勤纠偏的原则进行沉井下沉。在终沉阶段，刃脚的标高差和平面轴线偏差，要始终控制在规范容许的范围内。

3）沉并封底

① 排水法施工封底（干封底）

沉井达到终沉标高后 8h 的累计下沉量不大于 1cm 时，可进行混凝土干封底；

干封底可采用分格浇筑方法，其浇筑顺序及每次浇筑格数，要根据下沉终止时的刃脚高差及井格内涌土情况而定；

封底前应将锅底整平，与封底混凝土接触的刃脚和井壁需凿毛并洗干净；

设置集水井，其四周应设倒滤层，并与排水沟相连；

集水井在混凝土达到设计强度后方可封堵。对采用井点或井管降水措施的沉井，可酌情少设（或不设）集水井，但降水需在底板混凝土达到设计强度后方可停止。

② 不排水法施工封底（水下封底）

与水下混凝土接触的刃脚及井壁、隔墙的混凝土面，需由潜水员水下冲洗干净，并清除井格中的泥渣；

浇筑水下混凝土时，需确保连续不断地供应混凝土熟料；

水下混凝土强度满足设计要求后方可抽除井内集水。

（3）基坑和垫层

1）基坑

沉井施工时，应首先根据设计图纸进行定位放线工作，即在地面上定出沉井纵横两个方向的中心轴线、基坑的轮廓线以及水准标点等，作为沉井施工的依据。

基坑底部的平面尺寸，一般要比沉井的平面尺寸大一些，如采用承垫木时，则在沉井四周各加宽一根垫木长度以上，以保证垫木在必要时能向外抽出。同时，还需考虑支模、搭设脚手架及排水等项工作的需要。

基坑开挖的深度，视水文、地质条件而定。在一般情况下，基坑开挖的深度等于砂垫层的厚度，约为 1～2m 深。在地下水位较低的地区，为了减少沉井的下沉深度，亦可将基坑开挖深度加深，但必须确保坑底高出施工期间可能出现的最高地下水位 0.5m 以上。

2）垫层

为了扩大沉井刃脚的支承面积，减轻对地基土的压力，省去刃脚下的底模板，便于沉井下沉，应先铺筑素混凝土垫层，如图 3-22 所示。其厚度一般可采用 10～15cm，太薄容易压碎，太厚则对沉井下沉不利。

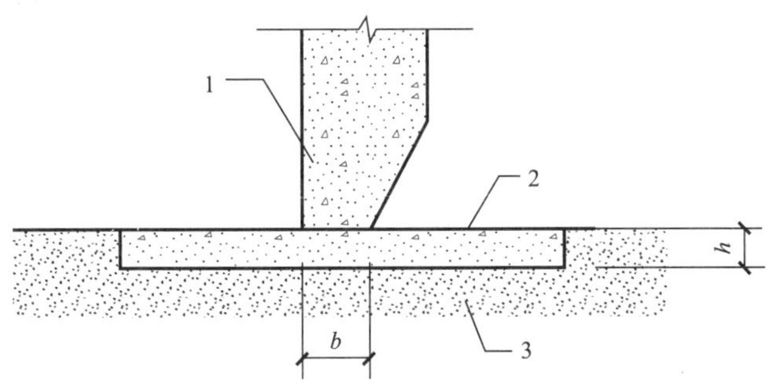

图 3-22　素混凝土垫层

1—沉井刃脚；2—素混凝土垫层；3—砂垫层

$$h=\frac{\left(\frac{G}{R_1}-b\right)}{2} \tag{3-56}$$

式中　h——混凝土垫层的厚度（m）;

G——沉井第一节单位长度重量（kN/m）;

R_1——砂垫层的承载力设计值一般取 100（kN/m^2）;

b——刃脚踏面宽度（m）。

当沉井结构自重较轻时，亦可不采用砂垫层地基，并直接在地面上浇素混凝土垫层，然后制作沉井。但对地基表层土应事先予以夯实，并做好地面排水措施。

（4）沉井下沉

沉井下沉主要是通过从沉井内用机械或人工的办法均匀取土，消除或减小沉井内侧土的摩阻力及刃脚下的正面阻力，有时也同时采取减小井壁外侧土摩阻力的办法，使沉井依靠自身的重量逐渐地从地面沉入地下。

地下管网工程沉井下沉的施工方法主要以机械抓土人工配合或人工挖土的排水明挖法下沉。有时由于沉井入土较深，下沉后期沉井外壁摩阻力将会很大，或者由于沉井井壁较薄，自重较轻，沉井的下沉系数偏低。这时，沉井下沉施工应考虑采用井壁外设置泥浆润滑套，或者在井壁外侧高压射水、喷射压缩空气等办法降低摩阻力，以及采用井体上加压重、井内降低水位等措施，使沉井能够顺利地下沉至设计标高。

1）沉井排水及人工挖土下沉

当沉井所穿过的土层透水性较差、渗水量不大，或者虽然沉井所穿过的土层透水性较强、渗水量较大，但排水不畅产生流砂现象时，应尽可能将沉井内积水排干，采用明挖法下沉。

排水明挖法下沉，劳动条件好，视线清晰，下沉比较容易控制，若土层中有障碍物，易于发现和清除，沉井发生倾斜也易于纠正。沉井下沉至设计标高时，能直接观察到地基土层情况，可在无水的情况下进行混凝土封底工作，这样既可减少封底混凝土的厚度，节约砂、石、水泥等建筑材料，又能加快施工进度。所以，沉井下沉时，应尽量采取措施实现排水明挖下沉。

沉井排水，分井内排水和井外降水。井内排水即是用各种类型水泵从井内抽水，并将水排到井外。

井外降水主要是采用井点系统或深井泵以及其他方法降低沉井附近区域的地下水位，使沉井内锅底无水，达到干施工的目的，在有流砂产生的地区，采用这种方法施工很有效。

沉井排水明挖法，除排水方法不同以外，根据挖土时使用人工或机械，又可分为：人工挖土、机械挖土及水力机械出土等下沉方法。本节主要介绍沉井井内排水及人工挖土下沉的施工方法。

① 井内排水

A. 渗水量计算

当含水层为均质土层时，沉井内渗水量可用下式计算：

$$Q=K \cdot H \cdot U \cdot q \tag{3-57}$$

式中 Q——沉井井内渗水量（m/h）；

K——渗透系数（m/h），可据试验资料得到；

H——地下水位至沉井底的深度（m）；

U——沉井刃脚周长（m）；

q——单位渗流量（m^3/h）。

当含水层为非均质土层时，K 值应采用各层土渗透系数的加权平均值。

B. 水泵的选择

目前，施工现场最常使用的水泵，多为单吸单级离心式清水泵和潜水泵，当水质污浊时，亦可采用 PS 型水泵。

a. 水泵的数量

沉井下沉时，应备有一定数量和流量的水泵，以确保施工顺利进行。

如按设备总排水量计算时，选泵一般宜采用 1.5Q；如水泵安装于静水位以下时，宜采用 2Q；大于 Q 部分为备用量。

如按水泵台数计算，当采用 1～3 台工作时，备用泵应不少于 1 台；当用 3 台以上工作时，备用泵应不少于工作台数的三分之一，且备用泵流量不小于在使用中最大 1 台水泵的流量。

b. 水泵选型

当 Q<20m^3/h，可采用手压泵或潜水泵，如水量很小时也可用普通水桶和吊斗提水。

当 Q=20～60m^3/h，可采用潜水泵或小型离心泵。

当 Q>60m^3/h，宜采用多台潜水泵或离心泵。

C. 集水坑与集水沟

集水坑与集水沟的设置应不妨碍井下工人的施工操作，宜设在沉井刃脚四周，并应保持低于沉井内锅底的开挖面。

集水坑的深度应大于水泵进水阀的高度，抽水时应有专人值班，保证坑不淤、阀不堵，以使水泵安全运转。

当地面透水性强时，或因沉井下沉四周土层结构遭到破坏，抽水时应将排水管适当远引，以防止水顺着沉井四周土层裂缝回流到井内。

② 人工挖土

当承垫木抽除后，即可准备沉井下沉，这时的沉井井壁四周尚无摩擦力，沉井的下沉系数很大，刃脚下回填的砂堤一经挖除，沉井立即下沉。

由于这时的沉井重心偏高，掏挖刃脚下的砂土若不均匀，则可能导致沉井出现很大的倾斜。所以，当沉井采用人工挖土下沉时，沉井的四周刃脚宜采用人工全面同时分层（每层厚 20cm 左右）掏挖的办法，挖除的砂土先集中于沉井中央，然后用吊土斗或抓土斗运出井外。

A. 沉井在软土中下沉

沉井在软土中下沉时，一般在分层挖去井内泥土的过程中，沉井即会逐渐下沉，而且沉井刃脚始终埋在土层中，如图 3-23 所示。

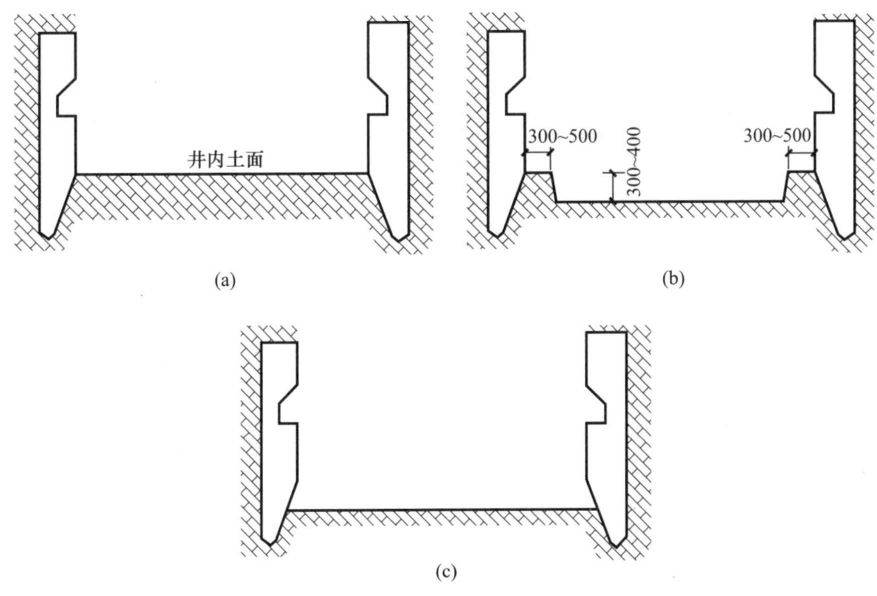

图 3-23　松软土层中挖土方法

图 3-23（a）为沉井开挖前的情况；图 3-23（b）为在沉井内挖成锅底的情况，并在沉井四周的刃脚处留有土堤；图 3-23（c）为逐步削平刃脚四周土堤的情况，沉井一般是在挖土堤时边挖边沉。

B. 沉井在较坚实的土层中下沉

沉井在较坚实的土层中挖锅底，刃脚四周留土堤，沉井下沉很少或者完全不沉，如图 3-24（a）所示。

再向四周均匀扩挖，最后削去土堤，使沉井下沉。当削去土堤后，如图 3-24（b），沉井仍不下沉，则可继续挖深锅底，如图 3-24（c）。若沉井仍不下沉，可分层挖去刃脚四周土堤，使沉井下沉，如图 3-24（d），但不宜一次开挖过深，以免造成沉井倾斜。

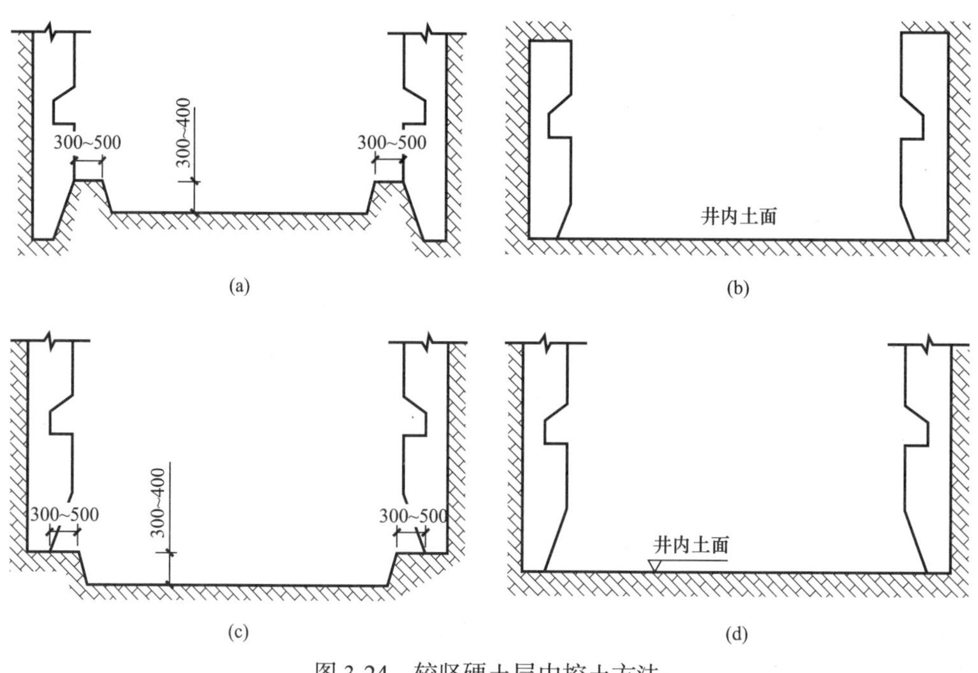

图 3-24　较坚硬土层中挖土方法

C. 沉井在坚硬的土层中下沉

在挖出锅底并除去土堤以后，若沉井仍不下沉，说明此土层坚硬，可按抽除承垫木时的顺序保留定位支点，分段掏挖刃脚。掏空刃脚时，应分层掏空，细心缓慢地先挖去一部分，使沉井下沉。如果沉井仍然不沉，则可继续掏挖刃脚并扩大范围。

2）机械挖土下沉

沉井机械挖土多数是采用履带吊车和抓铲。对于小型单孔沉井，在沉井锅底均匀抓土，沉井便可下沉。对于大型多孔沉井，最好每个井孔配置一套抓土设备，同时均匀抓土，使沉井下沉。当抓土设备数量有限时，可用一套设备逐孔轮流抓土，抓土次序视沉井倾斜和土质情况而定。

沉井用抓土斗抓土下沉时，抓土机具的生产率随下沉深度增加而降低，这不仅因为抓土斗升降时间增加，还因沉井下沉很深时，抓土斗的钢丝绳常互相纠缠，影响抓土效率。

此外，地层土层的性质对抓土生产率也有影响，一般砂质土抓土后坑壁即会向坑底坍塌；而泥质土则不易坍塌，往往形成深坑，使泥斗不易落正，抓土往往不能满斗，影响抓土的生产率。因此，要求施工人员在操作时十分注意。

3）水力机械下沉

在沉井下沉施工中，利用水力机械，即先用高压射水冲碎土层后，再用水力吸泥机将泥浆及土的碎块排到井外，使井下沉。这种施工方法，设备简单，效果显著，并且在国内已经积累了不少施工经验。因此，凡有条件的地区，均可采用这种方法进行沉井下沉，以达到加快施工进度的目的。

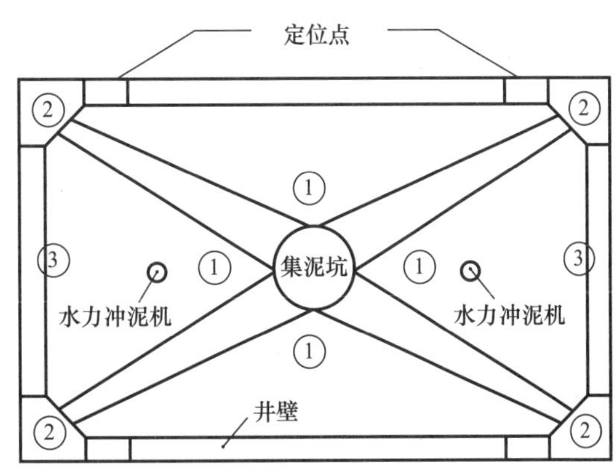

图 3-25 较坚硬土层中挖土方法

沉井下沉使用的水力机械，由水力冲泥机和水力吸泥机，以及相应的高压供水管路和排泥管路组成。如图 3-25 所示，冲泥时，可先在水力吸泥机龙头下方（一般均选在锅底中央），冲挖出一个直径约为 2.0～2.5m 的集泥坑，然后用水力冲泥机开拓各个方向通向集泥坑的水沟 2～4 条，沟的纵向坡度 3%～5%，此后，即可向四周开挖锅底①。为了防止沉井突然下沉引起很大的偏差，以及减少井外土的扰动坍塌等情况，可在沉井四周刃脚旁保留宽 0.5～1.0m 的土堤。待锅底开挖完毕后再逐步均匀地冲挖土堤，第一步先冲除四角处的土堤②，第二步再冲除四周土堤③，最后冲除定位点处土堤，使沉井下沉。

在沉井的下沉初期，泥浆中常混杂着建筑垃圾，如石块、碎木块等，根据工程中实测情况，当水压为 1.5～2MPa 时，水力冲泥机的有效冲刷半径约为 6～8m，在此范围内的泥浆一般均可流至集泥坑内。

水力吸泥机的吸泥龙头的网罩应低于泥浆面约 5～10cm，这样可吸入较多的泥浆。当吸泥龙头网罩或吸泥管内被杂物堵塞时，亦可用反冲洗来清除吸泥管或吸泥龙头的堵塞物。其方法是关闭水力吸泥机的进水阀门，这时排泥管内的水体便倒流入井内，把吸泥龙头及吸泥管中的杂物冲出来。有时，上述的方法需要重复数次，始能将堵塞物清除干净。

沉井内排出的泥浆，可弃于沉井附近低洼之处或填浜造田，亦可经排泥管路或管槽排至较远的地方。只有当沉井在深水处下沉而水流甚急时，或沉井位于河滩地段时，方能在沉井附近排弃泥浆，这种情况应排弃到沉井下游一侧。上述弃泥地点，需经当地环保、河道部门批准。

4）触变泥浆减阻措施

如果沉井下沉深度大，或者井壁较薄、自重较轻，下沉系数很小时，为了使沉井顺利下沉，可采用泥浆润滑套减阻措施。

泥浆润滑套的作用，是使沉井在下沉过程中与周围的土体隔离，达到减少摩阻力的目的，并维护土壁不产生坍塌，使沉井周围的土体稳定，减小沉井下沉时对周围建筑物沉降的影响。沉井下沉采用泥浆润滑套时，泥浆的指标如表 3-10 所列。

触变泥浆物理力学指标　　表3-10

序号	名称	指标
1	密度	≥1.08g/cm^3
2	失水量	≤14mL/min
3	泥皮厚	≤3mm
4	黏度	≥30s
5	静切力	≥30mg/cm^3
6	胶体率	100%

① 泥浆搅拌系统及管路布置

利用触变泥浆润滑套作为沉井下沉施工的技术措施。其工艺上包括：泥浆的拌制；在下沉过程中利用管路压浆；在下沉到设计标高或沉井封底之后进行砂浆置换排除泥浆。

压浆的管路系统的输浆总管一般采用ϕ50～ϕ75，压浆管一般采用ϕ38的钢管。压浆管口间距一般为3～4m，有时也可以5～7m。

管路布置一般有两种形式：

A. 井内布置式。整个压浆管路系统都布置在沉井内部，出浆口在沉井下部由穿墙管接出到井壁外侧。由于压浆竖管与穿墙管用弯头连接，所以管路内泥浆结块易在此沉淀造成管路堵塞。堵塞之后，由于井壁外泥浆的压力，不易拆洗管路。

B. 井外布置式。压浆管路系统均悬挂在沉井井壁外侧。这种井外布置方式，虽然避免了上述易堵塞的缺点，但管路在下沉过程中往往易于损坏，更换也很不方便。

② 泥浆槽

采用泥浆润滑套法施工时，要在沉井周围地面挖出一道泥浆管槽。沟侧可用木板或钢板围护，下沉时应随时补充泥浆，保持泥浆充满管槽。泥浆槽的作用如下：

储存泥浆，保证沉井下沉时，泥浆能及时补充到新形成的空隙中；

各压浆管路出浆不均匀时，有了泥浆槽之后，可以起到调节的作用；

维护地表部分土壁，不致被机械或其他杂物所碰塌；

在开始下沉时，可以直接在泥浆沟内灌浆。

③ 泥浆的配制和压浆

泥浆配合比的选择，除了其静切力值应满足于管槽土壁的稳定条件之外，还要求泥浆长期静置时不沉淀，易于搅拌、易于在泥浆槽内流动，输浆压力不大等。泥浆的压送，可采用风动压浆机或柱塞式灰浆压浆机。正常情况下压浆的压力为：

启动压力约500～700kPa；

正常压注压力约100～300kPa；

在处理故障等特殊情况下，其启动压力有时高达1.5～2MPa。

④ 砂浆置换泥浆

当沉井下沉到设计标高以后，为了使沉井稳定，应将泥浆润滑套中的泥浆排出，一般排出方法是用砂浆置换泥浆。用砂浆置换泥浆的方法类似于水下浇筑混凝土，将砂浆从隔离层底部压入，使泥浆被压进的砂浆所挤出。

压入砂浆可以使用柱塞式灰浆压浆机，用单根 50mm 管路输送砂浆，管路上不布置阀门和弯头，转弯处采用钢制大转弯半径的弯管或胶管。压浆时，先将砂浆出浆管插到隔离层底部，按 5m 左右间距逐点压浆，循环一遍之后再将管子提高，每点的压浆量由计算确定。随着砂浆的上升，泥浆不断被挤出，直至完成泥浆的置换工作。

（5）沉井封底

当沉井下沉至设计标高，并基本稳定以后，8h 内下沉量不大于 10mm 时，进行沉井的封底工作。

1）干封底

当沉井穿越的土层透水性低、井底涌水量小，且无流砂现象时，沉井应力争干封底。沉井干封底能节约混凝土等大量材料，确保封底混凝土的强度和密实性，并能加快工程进度，省去水下封底混凝土的养护和抽水时间。

① 准备工作

在沉井下沉的同时就应做好封底的准备工作。因为有的沉井在软土中排水下沉时，下沉速度较快，当沉井下沉到设计标高后，若不及时封底，有可能发生条件变化，如沉井偏差增大、大量土体涌入井内等，给干封底工作带来困难。

在沉井封底前，基底土面应挖至设计标高；排除井内积水；对超挖部分应回填砂石；刃脚上的污泥清洗干净；新、老混凝土的接缝处还需进行凿毛等。

② 排水工作

排水问题是整个沉井封底的关键，因为新浇筑的混凝土底板，在未达到设计强度之前，是不能承受地下水压力的。因此，在整个封底过程中都应该十分重视排水工作。在浇筑素混凝土垫层之前，在每个井孔（格）的底部最低处均应放置不少于一个的集水井。集水井的深度，应保证水泵的吸水龙头从井内抽水时有足够的水深。但也不宜靠沉井刃脚太近，以免带走刃脚下的泥砂，使沉井倾斜值增大。

井内抽水所用水泵，其能力应大于渗入井内的水量。同时，还应根据所使用抽水泵的台数，设置一定数量的备用水泵。

③ 干封底的施工

A. 素混凝土垫层

在浇筑素混凝土垫层之前，应根据地质条件先铺块石或碎石作为挤淤和滤水的措施，其厚度根据具体情况决定。在浇筑素混凝土垫层时，为了防止新浇混凝土被水稀释以及因振捣而产生漏浆现象，可在碎石层上铺一层油毡或中、粗砂，并可适当增加混凝土中的水泥用量。

B. 钢筋混凝土底板

混凝土垫层铺筑后，即可按常规方法进行钢筋混凝土底板的施工。

2）不排水施工时的水下封底

当沉井采用不排水下沉，或虽采用排水下沉，但干封底有困难时，可采用竖直导管法浇筑水下混凝土封底。施工时，在井内竖直放入一根或数根 ϕ200～ϕ300mm 的钢制导管，管底距井底土面30～40cm，在导管顶部连接一个有一定容量的漏斗，在漏斗的颈部安放球塞，并用绳索或粗钢丝系牢。漏斗内先盛满坍落度较大的混凝土，然后可将球塞慢慢下放一段距离，但不能超出导管下口。浇筑时割断绳索或粗钢丝，同时迅速不断地向漏斗内灌入混凝土，此时导管内的球塞、空气和水均受混凝土重力挤压由管底排出。在此瞬时，混凝土在管底周围堆成一个圆锥体，将导管下端埋入混凝土内，使水不能流入管内，所以以后再浇筑的混凝土即在无水的导管内源源不断地向外围流动、扩散与升高。由于不与水接触，避免了受水冲洗，保证了混凝土的质量。

当使用几根导管浇筑时，由于混凝土的供应量所限制，有时各导管不能同时浇筑，此时，可分次逐根循环浇筑。但每个导管的停歇时间应尽量缩短，一般以不超过15～20min为宜。相邻导管底部的标高差，应保持不超过管与管之间距离的1/20～1/15。

3.4 沉井施工中的事故及控制措施

沉井施工时可能出现井内流砂、沉偏等问题，如图3-26和图3-27所示。沉井下沉施工，要不断地纠正偏斜，将沉井沉到设计标高。在下沉过程中，不产生偏差几乎是不可能的，但将偏差控制在规范允许范围之内，甚至更小一些，则是完全可能的。沉井下沉施工过程中易出现的事故的原因及应急措施如表3-11所列。

图3-26　井内流砂现象

图3-27　沉偏事故现场

沉井施工中的事故原因及控制应急措施　　表3-11

序号	事故	技术原因	控制应急措施
1	难沉（下沉过于缓慢或沉不下去）	（1）井壁与地层间的摩阻力过大	（1）采用泥浆套或空气幕； （2）井壁外侧设置高压射水管； （3）井壁外侧面涂润滑剂； （4）井筒上顶外加压入荷载； （5）利用地锚反力压入； （6）井壁外侧钻孔、破坏楔槽

续表

序号	事故	技术原因	控制应急措施
1	难沉（下沉过于缓慢或沉不下去）	（2）刃脚下土层抗力过大	（1）在刃脚处设置高压喷水管，射水冲挖刃脚正下方的土体； （2）还可用钻机松动刃脚正下方的土体； （3）刃脚正下方存在大的卵石时，潜水员下水钻孔，爆破清除； （4）利用地锚压沉
		（3）上浮力大	（1）排水； （2）井筒上顶加外荷载
2	突沉	井壁与地层间的摩阻力小	（1）适当增大刃脚踏面的宽度； （2）挖土要均匀、对称，且挖土深度不能太大； （3）向井壁外侧与地层间的空隙中填充砾石构成楔槽
3	沉偏	（1）两侧井壁与地层间摩阻力不同	在下沉少的一侧井壁外侧采取钻孔、冲水、压气等措施减小摩阻力
		（2）两侧刃脚踏面处土体支承反力不同	下沉少的一边加快挖，用高压水冲挖刃脚踏面下方土体，下沉多的一边停止挖土，或者在井筒内侧加支承架
		（3）井筒重量不对称	局部加载
		（1）+（2）+（3）	（1）使用千斤顶推托式倾斜修正装置纠偏； （2）利用地锚压沉（防偏、纠偏）； （3）在外壁与地层之间的上部设圆卵石滑槽
4	超沉	（1）地层强度不够、过软	用千斤顶上提
		（2）刃脚射水过量	控制射水量及射水时间，不大于5min
5	刃脚损伤	（1）运输、安装过程中磕碰刃脚	用钢板、钢筋混凝土修复
		（2）遇到孤石、巨砾层等硬层	先把表层孤石、巨砾置换成细粒土砂
6	流砂	（1）在地下水位以下的砂质粉土或粉、细砂层的厚度大于25cm以上； （2）颗粒级配中不均匀系数$K_u<5$； （3）含水量$\omega>30\%$； （4）土的孔隙率$n>43\%$的颗粒组成中，黏粒含量小于10%，粉粒含量$>75\%$； （5）水力梯度超过临界水头	（1）向井内灌水，减少水力梯度； （2）井点降水； （3）地基处理，如注浆加固
7	基底隆起	隆起安全系数$\eta<1$	改用压气工法
8	周围土体塌方	（1）对黏性土，刃脚下土体承受井外土柱自重压力及下沉时井体带动土体的影响，以致井外的土体沿刃脚底部不断被挤入井内； （2）对砂类土，主要是沉井内外水头差的作用； （3）倾斜、位移和多次纠偏，使井外土体松动	（1）加长刃脚，增大沉井的下沉系数，使沉井刃脚埋入土中1.5～3.0m； （2）在粉、细砂土层作业时，不应采用井内明排水施工，而改用由潜水员配合的不排水下沉，在邻近没有永久建筑物的，可采用井点降水； （3）沉井四周如坍塌较严重时，应及时回填

本章参考文献

[1] 中华人民共和国住房和城乡建设部．建筑地基基础工程施工质量验收标准 GB 50202—2018［S］. 北京：中国计划出版社，2018.

[2] 中国工程建设标准化协会．给水排水工程钢筋混凝土沉井结构设计规程 CECS 137—2015［S］. 北京：中国计划出版社，2015.

[3] Tsigginos C, Gerolymos N, Assimaki D, et al. Seismic response of bridge pier on rigid caisson foundation in soil stratum［J］. Earthquake Engineering and Engineering Vibration, 2008, 7(1): 33-43.

[4] Jun W, Guojian S, Feng H, et al. Numerical analysis on bearing capacity of middle pylon caisson foundation of Taizhou Bridge［J］. Engineering Sciences, 2012, 10(03): 44-48.

[5] Chakraborty M, Kumar J. Bearing capacity factors for a conical footing using lower-and upper-bound finite elements limit analysis［J］. Canadian Geotechnical Journal, 2015, 52(12): 2134-2140.

[6] 俞茂宏．线性和非线性的统一强度理论［J］. 岩石力学与工程学报，2007（04）：662-669.

[7] 钟俊辉．超深大沉井下沉期间受力现场试验研究［D］. 成都：西南交通大学，2016.

[8] 葛春辉．钢筋混凝土沉井结构设计施工手册［M］. 北京：中国建筑工业出版社，2004.

[9] 张凤祥．沉井沉箱设计、施工及实例［M］. 北京：中国建筑工业出版社，2010.

[10] 徐如．大口径顶管施工引起地面沉降变形因素分析［J］. 广东建材，2020，36（09）：62-65.

[11] 侯志国．顶管穿越下凹式立交桥区道路及挡墙变形控制技术研究［J］. 交通世界，2020（23）：104-105.

[12] 张文帅．深厚软土地层顶管施工引起的地面变形机理及数值模拟研究［D］. 邯郸：河北工程大学，2020.

[13] 谢庆仕．顶管施工工作中的核心要点探讨［J］. 工程建设与设计，2020（03）：247-248+251.

[14] 韩龙伟．污水管网顶管施工过程中问题及对策［J］. 地产，2019（14）：166-167.

[15] 王志录，高延达，谢之魁等．明挖截污管安装及回填过程中截污管变形控制及修复［J］. 云南水力发电，2017，33（06）：104-107.

[16] 孙宇赫．顶管施工岩土环境效应监测与控制技术研究［D］. 郑州：郑州大学，2016.

[17] 刘力胜．城市污水干管工程深基槽支护开挖技术初探［J］. 现代物业（上旬刊），2015，14（07）：69-71.

[18] 安关峰．管道顶管施工与明挖施工技术建设造价比较分析［J］. 建筑监督检测与造价，2008，1（05）：38-41.

[19] 史穗生．顶管机穿越抛石及高黏性岩土的处理方法［J］. 广东土木与建筑，2005（12）：34-36.

[20] 符礼斌．超浅层顶管施工控制技术［D］. 重庆：重庆交通学院，2004.

第 4 章　顶管设计与施工

顶管施工是继盾构施工之后发展起来的一种地下工程施工方法，主要用于地下给水管、排水管、燃气管、电信电缆管的施工。它不需要开挖面层，并且能够穿越公路、铁道、河川、地面建筑物、地下构筑物以及各种地下管线等，是一种非开挖的敷设地下管道的施工方法。

4.1　发展概况

4.1.1　国外顶管发展概况

顶管施工技术在国外的发展较早，已有一百多年的历史，顶管施工技术开始于工业化时期的美国。1892 年，W.E.Clark 介绍了采用埋管方式穿越铁路的新方法，首次提出了顶管施工技术。1896 年，美国北太平洋公司在修建铸铁管道时，首次将顶管法成功地应用于实践。随后，在美国西部快速发展的铁道修建过程中，该技术得到了大量的推广应用。

美国工程师 Augustus Griffin 发明了铸铁管顶管施工技术，并将此项技术应用于铁道下的管道施工。1920 年，铸铁管逐渐被钢筋混凝土管和螺纹焊接钢管所替代，这在当时是一项很大的技术进步。1922～1947 年间，美国运用顶管法施工的管道工程多达 830 多项，采用顶管施工方法共完成管线建设约 16800m，顶管管材主要为钢筋混凝土管，其次为焊接钢管，剩余小部分为铸铁管；钢筋混凝土管和焊接钢管的管径一般为 0.7～2.4m；单次顶管大部分不超过 60m，仅有少部分超过 60m，顶管长度相对较短。

20 世纪 30 年代，顶管施工技术逐渐被应用于欧洲，最早应用的国家是德国和英国，主要应用于秘密军事基地建设，大部分用于穿越建筑物或道路项目。

20 世纪 50 年代，德国、法国、意大利、英国、北欧国家和日本均有了工程中运用顶管施工方法的记录。如德国，在 1957 年，首次采用顶管施工技术完成了钢筋混凝土管的顶进工作，促进了顶管技术的发展。据统计，截止到 1970 年，德国采用顶管施工技术完成的各项管线建设累计可达 200km。

在英国，20 世纪 30 年代首次采用顶管施工技术顶进铸铁管。直到 1958 年，顶管施工方式再次被工程界重视，之后的第一个运用顶管施工技术的工程是在英格兰中东部顶进 30m 长波纹钢管作为套管穿越铁路下面的项目，随后，顶管施工技术在穿越公路和铁路的工程项目中不断地得到推广应用。20 世纪 60 年代，随着大量施工单位进入到顶管施工技术领域，竞争越来越激烈，同时也有效地推动了顶管施工技术的发展进步。

1948 年，日本尼崎市首次运用顶管施工技术穿越铁路，使用手动千斤顶成功顶进一条长约 6m、直径为 0.6m 的铸铁管。在随后的十年中，顶管施工技术主要用钢套管或铸铁管作为顶管材料穿越道路的工程项目中。到 20 世纪 50 年代后期，顶管施工技术快速发展，顶管材料逐渐改为钢筋混凝土管，主要顶进动力来源于使用液压油泵驱动油缸。1984 年前后，随着日本经济的发展，顶管法施工项目不断增加，主要集中在小管径顶管的施工。到 1995 年左右，日本关于顶管的研究方向逐渐转为曲线顶管、长距离顶管以及增强顶管的抗震性能等技术层面。

20 世纪 50 年代，开始有个人和公司对顶管原理开展研究。在 20 世纪 60 年代和 20 世纪 70 年代，顶管技术突飞猛进地发展，也逐渐形成了现在的顶管技术的理论基础和实践基础。

综上可知，19 世纪末到之后长达五十年左右的时间里，顶管法主要是在美国赢得了发展时机。第二次世界大战后，以德、日为首的国家顶管技术进步显著，专项成果丰富。顶管技术从最初的预制混凝土管道的应用到后来各类可控设备的发明，技术越来越成熟，顶距不断地得到延长，可选择管径范围不断扩展。欧美日等发达国家对顶管法的产生以及发展，作出了重大的贡献。

4.1.2 国内顶管发展概况

顶管法施工技术在我国起步时间较晚，我国的顶管技术研究与应用开始于 20 世纪 50 年代的北京。1953 年，原北京市市政工程局（现北京市政集团）率先开发并应用了人工顶管法。其后，1956 年，上海也开始进行顶管试验，这次研究是我国第一次采用了中继间技术，是我国在长距离顶管施工技术研究上迈出的第一步，开拓了顶管施工技术的研究范围，起初运用的是人工掘土式顶管，顶管设备相对比较简单。在此之后的几年，上海又成功研制出了机械式顶管和小口径遥控土压式机械顶管机，并且管道直径范围变大，之后又成功研制出了挤压法顶管。

1964 年左右，上海的一些公司开始进行各种试验，研究机械式大口径顶管施工技术。在当时，为了使单次顶进长度变长，首次提出了中继间的运用，可使 2m 直径的钢筋混凝土管道的单次顶进长度达 120m。

1967 年，上海成功研发了一款可遥控式土压平衡机械顶管设备，这种方式不需要施工人员进入管道，顶进的管材直径也较小，分为 700～1050mm 多种型号。此类设备可应用于穿越公路、铁道、乡间道路等工程项目，顶管机全部采用全断面切削土体，并利用传输皮带将切削下的土体传送出去，通过加装液压校正系统，实现了数字化显示校正油缸的工作状态。

到了 1978 年，上海研制了适用于淤泥式黏性土和软质黏土地层的挤压式顶管方法。和传统的手工挖掘式顶管方法相比，其施工速度提高一倍以上，但其要求顶管管材上方的土层厚度必须比管材直径大两倍以上，才能保证顶管工程安全、准确地进行施工。

1981 年，在直径为 2.6m 的管道穿越甬江的施工中第一次成功应用了中继环，顶进长度达到了 581m。

1984 年，上海、南京、北京等大城市已经开始从国外引进先进的机械顶管设备，促进了我国在顶管施工技术领域的研究与应用。

1987 年，我国开始将其他领域的先进技术应用于顶管施工中，例如计算机监控和激光陀螺仪等，此时管道顶进的距离大大增加了，少部分甚至超过了 1000m，最长顶进距离达到了 1120m。

1988 年，上海成功研制了国内首台 2742mm 大口径多切削盘土压平衡式机械顶管机，成功应用于上海市众多穿越道路的项目。

1992 年，上海成功开发了我国首台直径 1440mm 加泥式土压平衡顶管机。在广东省穿越某道路的建设过程中使用了此台顶管设备，工程完工后，监测到路面沉降最大点出现在顶管机头出洞前洞口上方，沉降值只有 8mm，其他位置的沉降值均小于 4mm。目前，该类顶管设备型号已发展成标准系列，顶管机直径上限为 3540mm，直径下限为 1440mm。

1998 年，我国顶管技术开始迅猛发展，并成立了中国非开挖技术协会，有效地推动行业规范化、专业化的发展。

此后，我国的顶管技术上了一个新台阶，成功研究并制作了多刀盘和加泥式两种以土压平衡理论为核心的顶管机，并且在实际施工中得到成功应用。同时，一些顶管施工技术理论知识、顶管施工过程控制、顶管管材等与顶管施工技术相关的先进技术、机械设备逐渐被引进国内，开始研究和使用。

进入 21 世纪，随着我国工程技术科研水平的发展，顶管施工技术在大城市中已被广泛运用，在穿越道路、建（构）筑物、河流、管道等施工中发挥了越来越重要的作用。目前，顶管施工技术越来越成熟，原来矩形、长距离、大口径、复杂地层、曲线等技术难题均通过研究找到了很好的解决办法。如嘉兴市污水处理工程，在淤泥质粉土条件下，采用泥水平衡顶管法，顶进 *DN*2000 钢筋混凝土管，使用了 8 个中继间，单次顶进长度 2060m。又如云南滇池治污工程，顶管沿线相继穿越软土、粉砂、砂砾地层，采用泥水 + 土压平衡双模式顶管机，顶进最大直径 *DN*4000 钢筋混凝土管，单次顶进长度 1188m；曲线顶管最小曲率半径小于 200*D*。

随着我国经济社会的不断发展，顶管施工项目越来越多，顶管工程在我国处于蓬勃发展阶段。顶管法施工从少数几个城市逐步普遍应用到各大中城市。顶管法施工显示出其在复杂地质环境、安全质量、环境保护等方面的优越性。据粗略估计，我国的顶管总长度已超过 20 万 km。在国际上，我国顶管工程数量和长度均名列前茅。我国在顶管的中继间密封性研究、减阻泥浆的性能改进、各种型号顶管机的研制以及顶管对接技术等方面均处于国际领先水平。

4.2　顶管分类

顶管的分类方法较多，不同的标准有不同的分类。

（1）按顶管的直径大小分类

根据顶管直径的大小，不同资料有不同的分类标准，如表 4-1 所示。

顶管直径的不同分类方法　　表4-1

序号	类别	定义	特点	依据资料
1	小直径顶管	内径小于800mm	不宜进人或无法进人作业	中国工程建设标准化协会标准《给水排水工程顶管技术规程》CECS 246
2	小直径顶管	内径600～1200mm		上海市工程建设规范《顶管工程施工规程》DG/TJ 08—2049
	大直径顶管	内径不小于3500mm		
3	小直径顶管	内径800～1200mm	不宜进人或无法进人作业	上海市工程建设规范《顶管工程设计标准》DG/TJ 08—2268
	大直径顶管	内径不小于3500mm		
4	小直径顶管	内径600～1200mm		上海市工程建设规范《预应力钢筒混凝土顶管应用技术标准》DG/TJ 08—2292
5	微口径顶管	内径＜800mm	人员不能进入	非开挖技术规范丛书《顶管技术规程》（中国地质学会非开挖技术专业委员会组织编写）
	小口径顶管	内径≥800mm，＜1500mm	可以进人作业，施工人员在管道内不能完成直立作业	
	中口径顶管	内径≥1500mm，＜2200mm	可以进人作业，施工人员在管道内能完全直立作业	
	大口径顶管	内径≥2200mm，＜3600mm	需搭设作业平台，施工人员才能在管道内作业	
	巨口径顶管	内径≥3600mm	管道内径超过常规约定的顶管施工	
6	小直径顶管	内径≥600mm	人在这种管道内只能爬行，不进人操作	《顶管工程设计与施工》（葛春辉著）
	中直径顶管	内径800～1800mm	人在这种管道中可以弯腰行走，但不能走得太远	
	大直径顶管	内径≥2000mm	人能在这种管道中站立和自由行走	

（2）按顶进距离分类

根据顶管一次顶进距离的长短，不同资料有不同的分类标准，如表 4-2 所示。

顶管顶进距离的不同分类方法　　表4-2

序号	类别	定义	特点	依据资料
1	长距离顶管	≥400m，≤1000m		中国工程建设标准化协会标准《给水排水工程顶管技术规程》CECS 246
	超长距离顶管	＞1000m		
2	长距离顶管	＞300m		广东省标准《顶管技术规程》DBJ/T 15—106
3	长距离顶管	≥500m，≤1000m		上海市工程建设规范《顶管工程施工规程》DG/TJ 08—2049
	超长距离顶管	＞1000m		
4	长距离顶管	≥500m，≤1000m		上海市工程建设规范《顶管工程设计标准》DG/TJ 08—2268
	超长距离顶管	＞1000m		

续表

序号	类别	定义	特点	依据资料
5	长距离顶管	≥500m，≤1000m		上海市工程建设规范《预应力钢筒混凝土顶管应用技术标准》DG/TJ 08—2292
	超长距离顶管	＞1000m		
6	短距离顶管	＜100m	不使用中继间	非开挖技术规范丛书《顶管技术规程》（中国地质学会非开挖技术专业委员会组织编写）
	中距离顶管	≥100m，＜400m	需使用中继间	
	长距离顶管	≥400m，≤1000m	需使用多个中继间	
	超长距离顶管	＞1000m	使用多个中继间	
7	短距离	≤400m	不需要采用中继间的顶管	《顶管工程设计与施工》（葛春辉著）
	长距离	＞400m，≤1000m		
	超长距离	＞1000m		

（3）按照顶管材料分类

按顶管管道的材料分，可分为钢管顶管、混凝土顶管、玻璃钢顶管和其他管材的顶管。目前，钢管顶管和混凝土顶管已广泛应用，玻璃钢顶管处于起步阶段。其他管材如铸铁管、复合管、钢筒混凝土管和树脂混凝土管等目前已有应用。

（4）按地下水位分类

按地下水位分，可分为干法顶管和水下顶管两种。管道顶进的土层有无地下水，对施工方法的选择非常重要，选择不当会危及顶管施工安全，影响顶管施工质量、成本和工期。

（5）按管道轴线分类

按顶管设计轴线形状分，可分为直线顶管和曲线顶管。曲线又分为水平曲线和垂直曲线。不同的材质和管节长度有不同的允许曲率半径限制。

（6）按顶管施工方式分类

根据挖掘面的密闭情况，将顶管施工方式分为敞开式与封闭式两大类，敞开式顶管包括挖掘式（手掘式 / 机械式 / 钻爆式）、挤压式、网格式、水冲式等；封闭式顶管包括泥水平衡、土压平衡、气压平衡等。

1）敞开式顶管

① 手掘式顶管：人工采用手持工具挖掘岩土的顶管施工方式。

② 机械式顶管：采用各种形式的挖掘机挖掘岩土的顶管施工方式。

③ 钻爆式顶管：通过钻孔、装药、爆破进行岩土破碎的顶管施工方式。

④ 网格式顶管：将管端的挖掘面分成数个小挖掘单元，对每个小单元分别进行挖掘的顶管施工方式。

⑤ 水冲式顶管：使用高压水冲击、破碎土体的顶管施工方式。

⑥ 挤压式顶管：管道前端设计为喇叭口形，顶进时，部分土体进入管内、部分土体推挤到管外周的顶管施工方式。

⑦ 挤密式顶管：不进行出土作业的顶管施工方式，管道前端安装管尖，管尖将土体推挤到管外周。

⑧ 钻顶式顶管：使用钻机导向钻孔，使用机械排土的顶管施工方式。

2）封闭式顶管

① 土压平衡式顶管：通过调节土舱内渣土的压力维持挖掘面稳定的顶管施工方式。

② 泥水平衡式顶管：通过调节泥水舱内泥水的压力维持挖掘面稳定的顶管施工方式。

③ 气压平衡式顶管：向挖掘面充入气体，利用气体压力维持挖掘面稳定的顶管施工方式。

4.3 顶管设计

4.3.1 顶管井设计

顶管井形状一般有矩形、圆形、腰圆形和多边形等几种，其中矩形顶管井最为常见。在直线顶管中或在两段交角接近 180° 的折线的顶管施工中，多采用矩形顶管井。矩形顶管井的短边与长边之比通常为 2∶3。如果在两段交角比较小或者是在一个顶管井中需要向几个不同方向顶进时，则往往采用圆形顶管井。另外，较深的顶管井也一般采用圆形或多边形，且常采用沉井法施工。沉井材料采用钢筋混凝土，工程竣工后沉井则成为管道的附属构筑物。腰圆形顶管井的两端各为半圆形状，而其两边则为直线；这种形状的顶管井多用成品的钢板构筑成，而且大多用于小口径顶管中。顶管井根据顶管顶进施工和接收的功能不同又分为工作井和接收井。

（1）工作井

1）工作井最小长度确定，不同资料有不同的确定公式，如表 4-3 所示。

工作井最小长度确定表　　表4-3

序号	确定依据	计算公式	备注	依据资料
1	按照顶管机长度	$L \geqslant l_1+l_3+k$	式中 L——工作井的最小内净长度（m）; l_1——顶管机下井时最小长度，如采用刃口顶管机应包括接管长度（m）; l_2——下井管节长度（m）：钢管一般可取6.0m，长距离顶管时可取8.0～10.0m； l_3——千斤顶长度（m），一般取2.5m； l_4——留在井内的管道最小长度（m），一般取0.4m； k——后座和顶铁的厚度及安装富余量，可取2.5m。 工作井的最小内净长度应按左侧两方法计算结果取大值	中国工程建设标准化协会标准《给水排水工程顶管技术规程》CECS 246，《顶管工程设计与施工》（葛春辉著）
	按下井管节长度	$L \geqslant l_2+l_3+l_4+k$		

续表

序号	确定依据	计算公式	备注	依据资料
2		$L \geqslant L_1+L_2+L_3+S_1+S_2+S_3$	式中 L——工作井的最小内净长度（m）; L_1——顶管机或管段长度，取大者（m）; L_2——千斤顶长度（m）; L_3——后座及扩散段厚度（m）; S_1——顶入管段留在导轨上的最小长度（m），可取0.5m; S_2——顶铁厚度（m）; S_3——考虑顶进管段回缩及便于安装管段所留附加间隙（m），可取0.2m	上海市工程建设规范《顶管工程施工规程》DG/TJ 08—2049
3	按照顶管机长度	$L \geqslant l_1+l_3+k$	式中 L——工作井的最小内净长度（m）; l_1——顶管机下井时最小长度，如采用刃口顶管机应包括接管长度（m）; l_2——下井管节长度（m），参考长度如下：钢管一般可取6.0m、长距离可取8.0～12.0m，钢筋混凝土管可取2.5～3.0m，预应力钢筒混凝土管、球墨铸铁管、玻璃纤维增强塑料夹砂管可取4.0～6.0m，钢筋混凝土矩形箱涵可取1.5～3.0m; l_3——千斤顶长度（m），一般取2.5m; l_4——留在井内的管道最小长度（m），一般取0.5m; k——后座和顶铁的厚度及安装富余量，可取1.6m。 工作井的最小内净长度应按左侧两方法计算结果取大值	上海市工程建设规范《顶管工程设计标准》DG/TJ 08—2268
	按下井管节长度	$L \geqslant l_2+l_3+l_4+k$		
4		$L \geqslant L_1+L_2+L_3+S_1+S_2+S_3$	式中 L——工作井的最小内净长度（m）; L_1——顶管机或2.5倍管段长度，取大者（m）; L_2——千斤顶长度（m）; L_3——后座及扩散段厚度（m）; S_1——顶入管段留在导轨上的最小长度（m），可取0.5m; S_2——顶铁厚度（m）; S_3——考虑顶进管段回缩及便于安装管段所留附加间隙（m），可取0.2m	上海市工程建设规范《预应力钢筒混凝土顶管应用技术标准》DG/TJ 08—2292

2）工作井最小宽度确定，不同资料有不同的确定公式，如表 4-4 所示。

工作井最小宽度确定表　　表4-4

序号	类别	计算公式	备注	依据资料
1	浅工作井内净宽度	$B=D_1+$（2.0～4.0）	式中 B——工作井的内净宽度（m）; D_1——管道的外径（m）	中国工程建设标准化协会标准《给水排水工程顶管技术规程》CECS 246
	深工作井内净宽度	$B=3D_1+$（2.0～4.0）		
2	—	$B \geqslant D+2S$	式中 B——工作井的最小宽度（m）; D——管道的外径（m）; S——施工操作空间，可取0.8～1.5m	上海市工程建设规范《顶管工程施工规程》DG/TJ 08—2049

续表

序号	类别	计算公式	备注	依据资料
3	—	$B=D_1+(2.0\sim2.4)$	式中 B——工作井的内净宽度（m）; D_1——管道的外径（m）	上海市工程建设规范《顶管工程设计标准》DG/TJ 08—2268
4	—	$B \geqslant D+2b$	式中 B——工作井的最小内净宽度（m）; D——管道的外径（m）; b——施工操作空间，可取0.8～1.5m	上海市工程建设规范《预应力钢筒混凝土顶管应用技术标准》DG/TJ 08—2292

3）工作井深度确定

工作井底板面深度，不同资料有不同的确定公式，如表 4-5 所示。

工作井深度确定表 表4-5

序号	计算公式	备注	依据资料
1	$H=H_s+D_1+h$	式中 H——工作井底板面最小深度（m）; H_s——管顶覆土层厚度（m）; D_1——管道的外径（m）; h——管底操作空间（m），钢管可取$h=0.7\sim0.8$m。玻璃纤维增强塑料夹砂管和钢筋混凝土管等可取$h=0.4\sim0.5$m	中国工程建设标准化协会标准《给水排水工程顶管技术规程》CECS 246
2	$H=H_1+D+h$	式中 H——工作井底板面最小深度（m）; H_s——管顶覆土层厚度（m）; D——管道的外径（m）; h——管底操作空间（m）。 钢管可取$h=0.7\sim0.8$m，钢筋混凝土管可取$h=0.4\sim0.5$m，其他管材可根据实际情况取值	上海市工程建设规范《顶管工程施工规程》DG/TJ 08—2049
3	$H=H_s+D_1+h$	式中 H——工作井底板面最小深度（m）; H_s——管顶覆土层厚度（m）; D_1——管道的外径（m）; h——管底操作空间（m），钢管和矩形箱涵可取$h=0.7\sim1.0$m，钢筋混凝土管、预应力钢筒混凝土管、球墨铸铁管和玻璃纤维增强塑料夹砂管等可取$h=0.4\sim0.5$m	上海市工程建设规范《顶管工程设计标准》DG/TJ 08—2268
4	$H=H_1+D+h'$	式中 H——工作井底板面最小深度（m）; H_s——管顶覆土层厚度（m）; D——管道的外径（m）; h'——管底操作空间（m），可取0.4～0.5m	上海市工程建设规范《预应力钢筒混凝土顶管应用技术标准》DG/TJ 08—2292

4）工作井穿墙孔，不同资料有不同的确定公式，如表 4-6 所示。

工作井穿墙孔直径确定表　　表4-6

序号	计算公式	备注	依据资料
1	$D_1=D'+0.2$	式中 D_1——工作井的穿墙孔直径（m）; D'——顶管机外径（m）	上海市工程建设规范《顶管工程施工规程》DG/TJ 08—2049，上海市工程建设规范《预应力钢筒混凝土顶管应用技术标准》DG/TJ 08—2292
2	$D''=D_g+2\times0.10$	式中 D''——穿墙孔直径（m）; D_g——顶管机外径（m）	上海市工程建设规范《顶管工程设计标准》DG/TJ 08—2268

工作井的穿墙孔应设置止水装置。止水装置有盘根止水及橡胶止水两种，也可采用组合形式止水。

（2）接收井

1）接收井内净最小宽度

接收井内净最小宽度应按下式进行计算：

$$B=D_1+2\times1000 \tag{4-1}$$

式中　B——接收井内净最小宽度（mm）;

D_1——顶管机外径（mm）。

2）接收孔尺寸，不同资料有不同的确定公式，如表 4-7 所示。

接收井穿墙孔直径确定表　　表4-7

序号	计算公式	备注	依据资料
1	$D'=D_1+2(c+100)$	式中 D'——接收孔的直径（mm）; D_1——顶管机外径（m）; c——管道允许偏差的绝对值（mm）。可按中国工程建设标准化协会标准《给水排水工程顶管技术规程》CECS 246 中表13.2.1确定	中国工程建设标准化协会标准《给水排水工程顶管技术规程》CECS 246
2	$D_2=D'+0.3\text{m}$	式中 D_2——接收井的穿墙孔直径（m）; D'——顶管机外径（m）	上海市工程建设规范《顶管工程设计标准》DG/TJ 08—2049
3	$D''=D_g+2(c+100)/1000$	式中 D''——接收孔的直径（mm）; D_g——顶管机外径（m）; c——管道允许偏差的绝对值（mm）。可按上海市工程建设规范《顶管工程设计标准》（DG/TJ 08—2268—2019）表E.0.1确定	上海市工程建设规范《顶管工程设计标准》DG/TJ 08—2268
4	$D_2=D'+0.4\text{m}$	式中 D_2——接收井的穿墙孔的直径（m）; D'——顶管机外径（m）	上海市工程建设规范《预应力钢筒混凝土顶管应用技术标准》DG/TJ 08—2292

4.3.2 后座墙设计

后座墙是顶进管道时为千斤顶提供反作用力的一种结构，也称为后座、后背或者后背墙等（图 4-1、图 4-2）。后座墙的结构形式主要有整体式和装配式两类。整体式后座墙多采用现场浇筑的混凝土。装配式后座墙是常用的形式，具有结构简单、安装和拆卸方便、适用性较强等优点。在施工中，后座墙必须保持稳定，一旦后座墙遭到破坏，顶管施工就应立即停止。

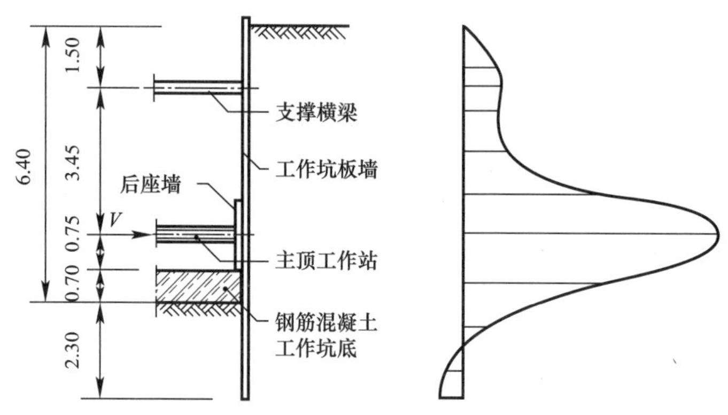

图 4-1　考虑支撑作用时土体的荷载曲线

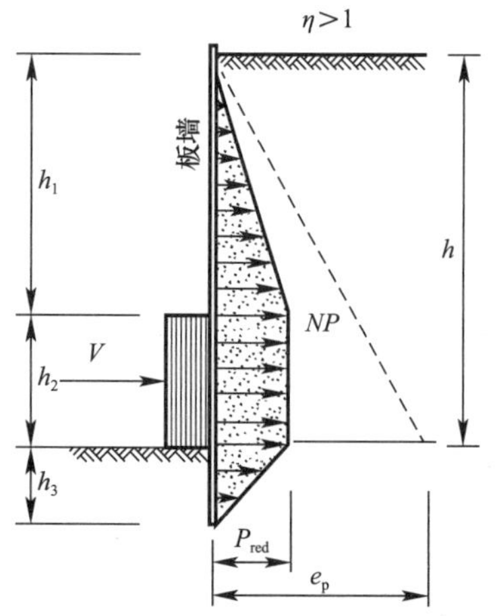

图 4-2　简化的后座受力模型

后座墙在设计和安装时，应使其满足以下要求：

（1）要有足够的强度。在顶管施工中能承受主顶工作站千斤顶的最大反作用力。

（2）要有足够的刚度。当受到主顶工作站的反作用力时，后座墙材料受压缩而产生变形，卸荷后要恢复原状。

（3）后座墙表面要平直。后座墙表面应平直，并垂直于顶进管道的轴线，以免产生偏心受压，导致顶力损失和发生质量、安全事故。

（4）材质要均匀。后座墙材料的材质要均匀一致，以免承受较大的后坐力时造成后座墙材料压缩不匀，出现倾斜现象。

（5）结构简单、装拆方便。装配式或临时性后座墙都要求采用普通材料、装拆方便。

采用装配式后座墙时，应满足下列要求：

（1）装配式后座墙宜采用方木、型钢或钢板等组装，组装后的后座墙应有足够的强度和刚度。

（2）后座墙土体壁面应平整，并与管道顶进方向垂直。

（3）装配式后座墙的底端宜在工作坑底以下（不宜小于 50cm）。

（4）后座墙土体壁面应与后座墙贴紧，有间隙时应采用砂石料填塞密实。

（5）组装后座墙的构件在同层内的规格应一致，各层之间的接触应紧贴，并层层固定。

（6）顶管工作坑及装配式后座墙的墙面应与管道轴线垂直，其施工允许偏差应符合表 4-8 中的规定。

工作坑及装配式后座墙的施工允许偏差（mm）　　表4-8

项目		允许偏差
工作坑每侧	宽度	不小于施工设计规定
	长度	
装配式后座墙	垂直度	0.1%H*
	水平扭转度	0.1%L**

注：*H为装配式后座墙的高度（mm）；**L为装配式后座墙的长度（mm）。

利用已顶进完毕的管道作后座墙时，应符合下列规定：

（1）待顶管道的顶进力应小于已顶管道的顶进力。

（2）后座墙钢板与管口之间应衬垫缓冲材料。

（3）采取措施保护已顶入管道的接口不受损伤。

在设计后座墙时应充分利用土抗力，而且在工程进行中应严密注意后背土的压缩变形值，将残余变形值控制在 20mm 左右。当发现变形过大时，应考虑采取辅助措施，必要时可对后背土进行加固，以提高土抗力。

后座反力常用的计算方法，见表 4-9 所列。

计算方法表　　表4-9

方法	情况	计算公式及注意	依据资料
方法一	忽略钢制后座的影响，假定主顶千斤顶施加的顶进力是通过后座墙均匀地作用在工作坑后的土体上	$R=\alpha \cdot B \cdot \left(\gamma \cdot H^2 \cdot \frac{K_p}{2}+2c \cdot H \cdot \sqrt{K_p}+\gamma \cdot h \cdot H \cdot K_p\right)$ 式中 R——总推力之反力（kN）； α——系数，取α=1.5～2.5； B——后座墙的宽度（m）； γ——土的重度（kN/m^3）； H——后座墙的高度（m）； K_p——被动土压系数（表4-10）； c——土的内聚力（kPa）； h——地面到后座墙顶部土体的高度（m）。 注意：①油缸总推力的作用点低于后座被动土压力的合力点时，后座所能承受的推力为最大；②油缸总推力的作用点与后座被动土压力的合力点相同时，后座所承受的推力略大些；③当油缸总推力的作用点高于后座被动土压力的合力点时，后座的承载能力最小。因此，为了使后座承受较大的推力，工作坑应尽可能深一些，后座墙也尽可能埋入土中多一些。土的主动和被动土压系数值见表4-10。为确保后座在顶进过程中的安全，后座的反力或土抗力R应为总顶进力P的1.2～1.6倍	中国非开挖技术协会行业标准《顶管施工技术及验收规范》

续表

方法	情况	计算公式及注意	依据资料
方法二	在设计后座墙时，将后座板桩支承的联合作用对土抗力的影响加以考虑，其近似弹性的荷载曲线（图4-1），弹性荷载曲线可简化为一梯形力系（图4-2）	$p_{red}=\frac{2h_2}{h_1+2h_2+h_3}\cdot p$ $p=\frac{V}{b\cdot h_2}$ $e_p>\eta\cdot p_{red}$ $e_p=K_p\cdot\gamma\cdot h$ 式中 p_{red}——作用在后座土体上的应力（kN/m^2）； V——顶进力（kN）； b——后座宽度（m）； h_2——后座高度（m）； e_p——被动土压力； η——安全系数，通常取$\eta\geqslant1.5$； K_p——被动土压系数（表4-10）； γ——土的重度（kN/m^3）； h——工作坑的深度（m）	中国非开挖技术协会行业标准《顶管施工技术及验收规范》

土的主动和被动土压系数值表　　表4-10

土的名称	土的内摩擦角φ（°）	被动土压系数K_p	主动土压系数K_A	$\frac{K_p}{K_A}$
软土	10	1.42	0.70	2.03
黏土	20	2.04	0.49	4.16
砂黏土	25	2.46	0.41	6.00
粉土	27	2.66	0.38	7.00
砂土	30	3.00	0.33	9.09
砂砾土	35	3.69	0.27	13.67

所以由方法二公式经过整理，可得后座的结构形状和允许施加的顶进力 F 的关系如下：

在不考虑后背支撑时

$$F=\frac{K_p\cdot\gamma\cdot h}{\eta}\cdot b\cdot h_2 \tag{4-2}$$

在考虑后背支撑时

$$F=\frac{K_p\cdot\gamma\cdot b\cdot h}{2\cdot\eta}(h_1+2h_2+h_3) \tag{4-3}$$

通过在受顶力的钢板桩处现浇钢筋混凝土后座墙，实现钢板桩后座墙的整体刚度增加。混凝土后座墙的弯拉区应设置网格钢筋，混凝土墙的厚度一般为 0.8～1.0m。混凝土的强度等级为 C20 以上，在达到其强度的 80% 以上时才可以进行顶进作业。

4.3.3　顶管结构设计

（1）顶管结构上作用分类和代表值

顶管结构上的作用，可分为永久作用和可变作用两类。永久作用是指不随时间变化的作用，它包括管道结构自重、竖向土压力、侧向土压力、管道内水重和顶管轴线偏差引起的作用；可变作用是指可能会随时间变化的作用，它包括管道内的水压力、管道真空压力、地面堆积荷载、地面车辆荷载、地下水作用、温度变化作用和顶力作用。

顶管结构设计时，对不同性质的作用采用不同的代表值：

1）对永久作用，应采用标准值作为代表。

永久作用标准取值参见表 4-11。

永久作用标准值取值简表　　表4-11

类型	分类情况	计算要求或取值	备注
自重	管道结构自重	$G_{1k}=\gamma \cdot \pi \cdot D_0 \cdot t$ 式中 G_{1k}——单位长度管道结构自重标准值（kN/m）； t——管壁设计厚度（m）； γ——管材重度，钢管可取γ=78.5kN/m^3，混凝土管可取γ=26kN/m^3，玻璃钢夹砂管可取γ=14～22kN/m^3，其他管材按实际情况取值； D_0——管道中心直径（m）	
	土的自重	黏性土、砂土及卵石16～18kN/m^3； 机制砂19kN/m^3； 水泥空心砖10kN/m^3	
	管内水的自重	一般取10kN/m^3，输送污水时，根据具体情况可取10.3～10.5kN/m^3	
竖向土压力	覆盖层厚度不大于1倍外径或覆盖层均为淤泥	管顶上部竖向土压力：$F_{sv\cdot k1}=\sum_{i=1}^{n}\gamma_{si}h_i$ 管拱背部竖向土压力：$F_{sv\cdot k2}=0.215\gamma_{si}R_2$ 式中 $F_{sv\cdot k1}$——管顶上部竖向土压力标准值（kN/m^2）； $F_{sv\cdot k2}$——管拱背部竖向土压力标准值（kN/m^2）； γ_{si}——管道上部i层土层的重度（kN/m^3），地下水位以下应取有效重度； h_i——管道上部i层土层厚度（m）； R_2——管道外半径	依据中国工程建设标准化协会标准《给水排水工程顶管技术规程》CECS 246
	其他覆土层情况	$F_{sv\cdot k3}=c_j(\gamma_{si}B_t-2c)$ $B_t=D_1\left[1+\tan\left(45°-\frac{\varphi}{2}\right)\right]$ $c_j=\frac{1-\exp\left(-2K_a\mu\frac{H_s}{B_t}\right)}{2K_a\mu}$ 式中 $F_{sv\cdot k3}$——管顶竖向土压力标准值（kN/m^2）； c_j——顶管竖向土压力系数； B_t——管顶上部土层压力传递至管顶处的影响宽度（m）； D_1——管道外径（m）； φ——管顶土的内摩擦角（°）； c——土的黏聚力（kN/m^2），宜取地质报告中的最小值； H_s——管顶至原状地面埋置深度（m）； $K_a\mu$——原状土的主动土压力系数和内摩擦系数的乘积，一般黏性土可取0.13，饱和黏土可取0.11，砂和砾石可取0.165	

续表

<table>
<tr><th>类型</th><th>分类情况</th><th>计算要求或取值</th><th>备注</th></tr>
<tr><td rowspan="3">竖向土压力</td><td>管道位于地下水位以下</td><td>计入地下水作用在管道上的压力</td><td>依据中国工程建设标准化协会标准《给水排水工程顶管技术规程》CECS 246</td></tr>
<tr><td>管道顶部覆土厚度不大于3倍管道外径</td><td>$F_{sv}=\sum\gamma_{si}h_i$
式中
F_{sv}——单位长度管道顶部竖向土压力标准值（kN/m^2）；
γ_{si}——管道顶部i层土的重度，地下水位以上和以下土的重度应分别考虑（kN/m^3）；
h_i——管道顶部i层土层厚度（m）</td><td rowspan="2">依据广东省标准《顶管技术规 程》DBJ/T 15—106</td></tr>
<tr><td>管道顶部覆土厚度大于3倍管道外径且小于3m</td><td>$F_{sv}=C_j\gamma_s B_t D_1$
$B_t=D_1\left[1+\tan\left(45°-\frac{\varphi}{2}\right)\right]$
$c_j=\frac{1-\exp\left(-2K_a\mu\frac{H_s}{B_t}\right)}{2K_a\mu}$
式中
F_{sv}——单位长度管道顶部竖向土压力标准值（kN/m^2）；
c_j——不开槽施工土压力系数；
γ_s——土的重度（kN/m^3）；
B_t——管顶上部土层压力传递至管顶处的影响宽度（m）；
D_1——管道外径（m）；
H_s——管顶至设计地面覆土高度（m）；
K_a——管顶以上原状土的主动土压力系数；
μ——内摩擦系数，对一般土质条件可取$K_a\mu$=0.19计算；
φ——管侧土的内摩擦角，如无试验数据时可取φ=30°</td></tr>
<tr><td rowspan="3">侧向土压力</td><td>管道位于地下水位以上</td><td>$F_{h,k}=(F_{sv\cdot ki}+\gamma_{si}D_1/2)K_a-2c\sqrt{K_a}$
式中
$F_{h,k}$——侧向土压力标准值（kN/m^2），作用在管中心；
K_a——主动土压力系数，$K_a=\tan^2\left(45°-\frac{\varphi}{2}\right)$</td><td rowspan="2">依据中国工程建设标准化协会标准《给水排水工程顶管技术规程》CECS 246</td></tr>
<tr><td>管道位于地下水位以下</td><td>侧向水土压力标准值应采用水土分算，土的侧压力按上式计算，重度取有效重度；地下水压力按静水压力计算，水的重度可取$10kN/m^3$</td></tr>
<tr><td>管道位于地下水位以上</td><td>$F_{ep}=K_a\gamma_s z$
式中
F_{ep}——单位长度管道侧向土压力标准值（kN/m^2）；
K_a——主动土压力系数，$K_a=\tan^2\left(45°-\frac{\varphi}{2}\right)$；
γ_s——土的重度（kN/m^3）；
z——自地面至计算点的深度（m）</td><td>依据广东省标准《顶管技术规 程》DBJ/T 15—106</td></tr>
</table>

续表

类型	分类情况	计算要求或取值	备注
侧向土压力	管道位于地下水位以下	$F_{ep}=K_a[\gamma_s z_w+\gamma_s'(z-z_w)]$ 式中 F_{ep}——单位长度管道侧向土压力标准值（kN/m^2）； K_a——主动土压力系数，$K_a=\tan^2\left(45°-\frac{\varphi}{2}\right)$； γ_s——土的重度（kN/m^3）； γ_s'——地下水以下管侧土的有效重度（kN/m^3）； z——自地面至计算点的深度（m）； z_w——自地面至地下水位的距离（m）	依据广东省标准《顶管技术规程》DBJ/T 15—106

2）对可变作用，应根据设计要求采用标准值、组合值或准永久值作为代表。

①管道设计水压力的标准值

参考《给水排水工程顶管技术规程》CECS 246，如表 4-12 所示。各标准值准永久值系数可取 0.7，但标准值不得小于工作压力。

压力管道内设计水压力标准值　　表4-12

管材类型	工作压力	设计水压力（MPa）
焊接钢管	F_{wk}	$F_{wk}+0.5\geqslant0.9$
混凝土管	F_{wk}	（1.4～1.5）F_{wk}
玻璃纤维增强塑料夹砂管	F_{wk}	（1.4～1.5）F_{wk}

注：1. 工业企业中低压运行的管道，其设计内水压力可取工作压力的1.25倍，但不得小于0.4MPa；
2. 混凝土管包括钢筋混凝土管、预应力混凝土管、预应力钢筒混凝土管；
3. 当管线上设有可靠的调压装置时，设计内水压力可按具体情况确定。

②其他情况可变作用标准值

管道在运行过程中产生真空压力时，其标准值取 0.05MPa 计算；地面堆积荷载传递到管顶处竖向标准值 q_{mk}，按 10kN/m^2 计算；地面车辆轮压传递到管顶处的竖向压力标准值 q_{vk} 可按表 4-13 确定。

地面车辆荷载传递到管道顶部竖向压力标准值　　表4-13

类型	计算
单个轮压	$q_{vk}=\dfrac{Q_{vi,k}}{(a_i+1.4H)(b_i+1.4H)}$ 式中 q_{vk}——轮压传递到管顶处的竖向压力标准值（kN/m^2）； $Q_{vi,k}$——车辆的i个车轮承担的单个轮压标准值（kN/m^2）； a_i——i个车轮的着地分布长度（m）； b_i——i个车轮的着地分布宽度（m）； H——行车地面至管顶的深度（m）

续表

类型	计算
两个以上单排轮压	$$q_{vk}=\frac{nQ_{vi,k}}{(a_i+1.4H)\left(nb_i+\sum_{j=1}^{n=1}d_{bj}+1.4H\right)}$$ 式中 q_{vk}——轮压传递到管顶处的竖向压力标准值（kN/m²）；$Q_{vi,k}$——车辆的i个车轮承担的单个轮压标准值（kN/m²）；a_i——i个车轮的着地分布长度（m）；b_i——i个车轮的着地分布宽度（m）；n——轮胎的总数量（m）；d_{bj}——沿车轮着地分布宽度方向，相邻两个车轮间的净距（m）；H——行车地面至管顶的深度（m）
多排轮压	$$q_{vk}=\frac{\sum_{i=1}^{n}Q_{vi,k}}{\left(\sum_{i=1}^{m_a}a_i+\sum_{j=1}^{m_a-1}d_{aj}+1.4H\right)\left(\sum_{i=1}^{m_b}b_i+\sum_{j=1}^{m_b-1}d_{bj}+1.4H\right)}$$ 式中 q_{vk}——轮压传递到管顶处的竖向压力标准值（kN/m²）；$Q_{vi,k}$——车辆的i个车轮承担的单个轮压标准值（kN/m²）；a_i——i个车轮的着地分布长度（m）；b_i——i个车轮的着地分布宽度（m）；n——轮胎的总数量（m）；d_{aj}——沿车轮着地分布长度方向，相邻两个车轮间的净距（m）；d_{bj}——沿车轮着地分布宽度方向，相邻两个车轮间的净距（m）；m_a——沿车轮着地分布宽度方向的车轮排数；m_b——沿车轮着地分布长度方向的车轮排数；H——行车地面至管顶的深度（m）

3）可变作用的组合值应为可变作用标准值乘以作用组合系数；可变作用准永久值为可变作用标准值乘以准永久值系数。

当顶管结构承受两种或两种以上可变作用时，承载能力极限状态设计或正常使用极限状态设计按短期效应的标准组合设计，可变作用应采用组合值作为代表值。

考虑管道变形和裂缝的正常使用极限状态按长期效应组合设计，则可变作用应采用准永久值作为代表值。

验算柔性管道长期变形和刚性管道裂缝宽度时需要使用准永久值。

可变作用的准永久值系数见表 4-14。

可变作用的准永久值系数　　表4–14

作用名称	准永久值系数Ψ_q
设计内水压力	0.7
真空压力	0

续表

作用名称	准永久值系数Ψ_q
地面堆积荷载与车轮轮压	0.5
温度作用	1.0

（2）顶管结构设计计算

1）设计规定

① 顶管结构采用以概率理论为基础的极限状态设计方法，以可靠指标度量管道结构的可靠度，除管道的稳定验算外，均应采用分项系数的设计表达式进行设计。

② 钢管及玻璃纤维增强塑料夹砂管应按柔性管计算；钢筋混凝土管应按刚性管计算。

③ 管道结构设计应计算下列两种极限状态：

A. 承载能力极限状态。顶管结构纵向超过最大顶力破坏，管壁因材料强度被超过而破坏；柔性管道管壁截面丧失稳定；管道的管段接头因顶力超过材料强度破坏。

B. 正常使用极限状态。柔性管道的竖向变形超过规定限值；钢筋混凝土管道裂缝宽度超过规定极限值。

管道结构的内力分析，均应按弹性体系计算，不考虑由非弹性变形所引起的塑性内力重分布。

2）作用效应组合

① 作用效应的组合设计值，按下式确定：

$$S=\gamma_{G1}C_{G1}G_{1k}+\gamma_{G,sv}C_{sv}F_{sv,k}+\gamma_{Gh}C_{h}F_{h,k}+\gamma_{Gw}C_{Gw}G_{wk}+\varphi_{c}\gamma_{Q}(C_{Q,wd}F_{wd,k}+C_{Qv}Q_{vk}+C_{Qm}Q_{mk}+C_{Qt}F_{tk}) \tag{4-4}$$

式中　γ_{G1}——管道结构自重作用分项系数；

$\gamma_{G,sv}$——竖向水土压力作用分项系数；

γ_{Gh}——侧向水土压力作用分项系数；

γ_{Gw}——管内水重作用分项系数；

γ_{Q}——可变作用分项系数；

C_{G1}、C_{sv}、C_{h}、C_{Gw}——管道结构自重、竖向和侧向水土压力及管内水中的作用效应系数；

$C_{Q,wd}$、C_{Qv}、C_{Qm}、C_{Qt}——设计内水压力、地面车辆荷载、地面堆积荷载、温度变化的作用效应系数；

G_{1k}——管道结构自重标准值；

$F_{sv,k}$——竖向水土压力标准值；

$F_{h,k}$——侧向水土压力标准值；

G_{wk}——管内水重标准值；

$F_{wd,k}$——管内设计内水压力标准值；

Q_{vk}——车行荷载产生的竖向压力标准值；

Q_{mk}——地面堆积荷载作用标准值；

F_{tk}——温度变化作用标准值；

φ_c——可变荷载组合系数，对柔性管道取 0.9，对其他管道取 1.0。

各种作用荷载的分项系数取值如表 4-15 所示。

荷载分项系数 表4-15

荷载类型	分项系数值
管道结构自重	1.2
竖向水土压力	1.27
侧向水土压力	1.27
管内水重	1.2
可变作用	1.4

② 各种工况组合作用，见表 4-16。

各种工况的作用组合表 表4-16

管材	计算工况	永久作用			可变作用		
		管自重G_1	竖向和水平土压力F_{sv}	管内水重G_w	管内水压F_{wd}	地面车辆荷载或堆载Q_v、Q_m	温度作用F_t
钢管	空管期间	√	√			√	√
	管内满水	√	√	√		√	√
	使用期间	√	√	√	√	√	√
混凝土管	空管期间	√	√			√	
	管内满水	√	√	√		√	
	使用期间	√	√	√	√*	√	

注：1. 玻璃纤维增强塑料夹砂管可参照钢管组合；

2. *指压力管。

③ 柔性钢管稳定验算的作用组合。

对柔性钢管管壁截面进行稳定验算时，各项作用取标准值，并应满足稳定系数不低于 2.0，组合作用如表 4-17 所示。

柔性管壁稳定验算作用组合 表4-17

计算工况	可变作用		
竖向土压力	地面车辆或堆积荷载	真空压力	地下水
√	√	√	√

④ 钢筋混凝土管道的作用组合。

验算钢筋混凝土管道构件截面的最大裂缝开展宽度时，按准永久组合作用计算。作用效应的组合设计值按下式确定：

$$S=\sum_{i=1}^{m}C_{Gi}G_{ik}+\sum_{j=1}^{n}\psi_{qj}C_{qj}Q_{jk} \tag{4-5}$$

式中　ψ_{qj}——第 j 个可变作用的准永久值系数，按表 4-14 有关规定采用；

C_{Gi}、C_{qj}——永久荷载和可变荷载作用效应系数；

G_{ik}、Q_{jk}——永久荷载和可变荷载标准值。

钢筋混凝土管道在准永久组合作用下，最大裂缝宽度不应大于 0.2mm，当输送腐蚀性液体及管周水土有腐蚀性时需有防腐措施。

⑤ 柔性管道在准永久组合作用下长期竖向变形允许值，如表 4-18 所示。

柔性管道在准永久组合作用下长期竖向变形允许值表　　表4-18

钢管类型	施工工序类型	竖向变形允许值要求
内防腐为水泥砂浆的钢管	先抹水泥砂浆后顶管	不大于0.02倍管径中心直径
	顶管后再抹水泥砂浆	不大于0.03倍管径中心直径
	水泥砂浆中适当掺入抗裂纤维	可放宽变形控制
内防腐为延性良好的涂料的钢管	—	不大于0.03倍管径中心直径
玻璃纤维增强塑料夹砂管	—	不大于0.05倍管径中心直径

3）管道强度计算和稳定验算，如表 4-19 所示。

管道强度计算和稳定验算表　　表4-19

类型	强度计算和稳定验算
钢管强度计算	$\eta\sigma_\theta\leqslant f$；$\eta\sigma_x\leqslant f$；$\gamma_0\sigma\leqslant f$；$\sigma=\eta\sqrt{\sigma_\theta^2+\sigma_x^2-\sigma_\theta\sigma_x}$ 式中 σ_θ——钢管管壁横截面最大环向应力（N/mm^2）； σ_x——钢管管壁的纵向应力（N/mm^2）； σ——钢管管壁的最大组合折算应力（N/mm^2）； η——应力折算系数，可取0.9； f——管材的强度设计值； γ_0——管道的重要性系数，给水工程单线输水管取1.1，双线输水管和配水管取1.0；污水管道取1.0；雨水管道取0.9

续表

类型	强度计算和稳定验算
钢管管壁横截面的最大环向应力计算	$\sigma_\theta=\frac{N}{b_0t_0}+\frac{6M}{b_0t_0^2}$；$N=\varphi_c\gamma_Q F_{wd,k}r_0b_0$； $M=\varphi\frac{(\gamma_{G1}k_{gm}G_{1k}+\gamma_{G,sv}k_{vm}F_{sv,k}D_1+\gamma_{Gw}k_{wm}G_{wk}+\gamma_Q\varphi_c k_{vm}Q_{ik}D_1)r_0b_0}{1+0.732\frac{E_d}{E_p}\left(\frac{r_0}{t_0}\right)^3}$ 式中 b_0——管壁计算宽度（mm），取1000mm； φ——弯矩折减系数，有内水压时取0.7，无内水压时取1.0； φ_c——可变作用组合系数，可取0.9； t_0——管壁计算厚度（mm），使用期间计算时设计厚度应扣除2mm，施工期间及试水期间可不扣除； r_0——管的计算半径（mm）； M——在荷载组合作用下钢管管壁截面上的最大环向弯矩设计值（N·mm）； N——在荷载组合作用下钢管管壁截面上的最大环向轴力设计值（N）； E_d——钢管管侧原状土的变形模量（N/mm^2）； E_p——钢管管材弹性模量（N/mm^2）； k_{gm}、k_{vm}、k_{wm}——钢管管道结构自重、竖向土压力和管内水重作用下管壁截面的最大弯矩系数，可取土的支承角为120°，按表4-20确定； D_1——管外壁直径（mm）； Q_{ik}——地面堆载或车载传递至管道顶压力的较大标准值
钢管管壁的纵向应力计算	$\sigma_x=v_p\sigma_\theta\pm\varphi_c\gamma_Q\alpha E_p\Delta T\pm\frac{0.5E_pD_0}{R_1}$；$R_1=\frac{f_1^2+\left(\frac{L_1}{2}\right)^2}{2f_1}$ 式中 v_p——钢管管材泊松比，可取0.3； α——钢管钢材线膨胀系数； ΔT——钢管的计算温差； R_1——钢管顶进施工变形形成的曲率半径（mm）； f_1——管道顶进允许偏差（mm），应符合《给水排水工程顶管技术规程》CECS 246—2008表13.2.1的规定； L_1——出现偏差的最小间距（mm），视管道直径和土质决定，一般可取50mm
混凝土管道在组合作用下，管道横截面的环向弯矩和轴力计算	$M=r_0\sum_{i=1}^{n}k_{mi}P_i$；$N=\sum_{i=1}^{n}k_{ni}P_i$ 式中 M——管道横截面的最大弯矩设计值（N·mm/m）； N——管道横截面的轴力设计值（N/m）； r_0——圆管的计算半径（mm），即自圆管中心至管壁中心的距离； k_{mi}——弯矩系数，应根据荷载类别取土的支承角为120°，按表4-21确定； k_{ni}——轴力系数，应根据荷载类别取土的支承角为120°，按表4-21确定； P_i—作用在管道上的i项荷载设计值（N/m）
玻璃纤维增强塑料夹砂管的强度计算	$\gamma_0\eta_1(\varphi_c\sigma_{th}+\sigma_f r_c\sigma_{tm})\leqslant f_{th}$；$\gamma_0\varphi_c\sigma_{th}\leqslant f_{th}$；$\gamma_0\sigma_{tm}\leqslant f_{tm}$ 式中 σ_{th}——管道内设计水压力产生的管壁环向等效折算拉伸应力设计值（MPa）； σ_{tm}——在外压力作用下，管壁最大的环向等效折算弯曲应力设计值（MPa）； f_{th}——管材的环向等效折算抗拉强度设计值（MPa）； f_{tm}——管材的环向等效折算抗弯强度设计值（MPa）； α_f——管材的环向等效折算抗拉强度设计值与等效折算抗弯强度设计值的比值； r_c——管道的压力影响系数，对重力流排水管道取1.0；对有压力管道按表4-22取值

最大弯矩系数和竖向系数表 表4-20

系数类型	系数分类	系数取值
弯矩系数	管道自重k_{gm}	0.083
	竖向土压力k_{vm}	0.138
	管内水重k_{wm}	0.083
变形系数	竖向压力k_b	0.089

圆形刚性管内力系数表 表4-21

内力系数 \ 荷载类别	垂直均布荷载	管自重	管上腔内土重	管内满水重	侧向主动土压力
k_{mA}	0.154	0.100	0.131	0.100	−0.125
k_{mB}	0.136	0.066	0.072	0.066	−0.125
k_{mC}	−0.138	−0.076	−0.111	−0.076	0.125
k_{nA}	0.209	0.236	0.258	−0.240	0.500
k_{nB}	−0.021	−0.048	−0.070	−0.208	0.500
k_{nC}	0.500	0.250	0.500	−0.069	0

柔性管壁稳定验算作用组合 表4-22

管道工作压力（MPa）	0.2	0.4	0.6	0.8	1.0
r_c	0.93	0.87	0.80	0.73	0.67

4.3.4 顶力估算

控制顶力就是在顶管过程中允许的最大顶力。控制顶力由管材的允许顶力、工作井的允许顶力、工作井后靠土体的土抗力及顶进油缸的推力等因素决定。一般取上述的较小值作为控制顶力。如顶力计算示意图（图 4-3）所示，顶管的顶力主要由顶管机的迎面阻力、

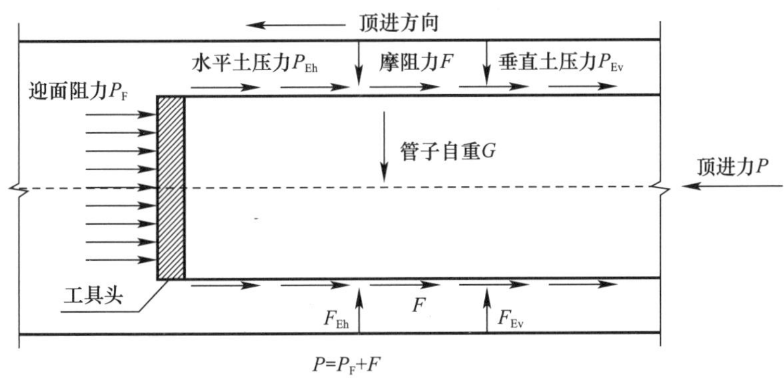

图 4-3 顶力计算示意图

管外壁与土体之间的摩阻力两部分组成。在顶管施工过程中，管外壁与土层间的摩擦阻力是影响顶力的一个很重要因素。顶进距离越长，管壁所受的摩擦阻力越大。因此，在施工中必须采取措施降低这种摩擦阻力。注浆减摩和设置中继间这两种方法可以克服顶进过程中的巨大阻力，保证长距离顶管的正常施工。注浆减摩即通过向土层和管道间注入润滑浆液，使顶进管节与土层间的摩擦变为顶进管节与润滑浆液间的液体摩擦，从而减小顶进管外壁的摩擦阻力，达到减少顶进推力的目的。中继间则是一种分段克服摩阻力的施工技术。随着长距离顶管的愈来愈普及，顶管有向超长距离方向发展的趋势，作为保证长距离顶管重要措施之一的中继间技术应用已越来越广。

（1）顶管施工顶力估算，不同资料有不同计算公式及要求，见表4-23。

管道总顶力估算确定　　表4-23

序号	确定依据	计算公式及要求	备注	依据资料
1	理论公式	$F_0=\pi D_1 L f_k+N_F$	式中 F_0——总顶力标准值（kN）； D_1——管道外径（m）； L——管道设计顶进长度（m）； f_k——管道外壁与土的平均摩阻力（kN/m^2），见表4-25； N_F——顶管机的迎面阻力（kN）。 此公式目前比较通用，适用于使用注浆减阻的顶管，不注浆则不适用	中国工程建设标准化协会标准《给水排水工程顶管技术规程》CECS 246；上海市工程建设规范《顶管工程施工规程》DG/TJ 08—2049；上海市工程建设规范《顶管工程设计标准》DG/TJ 08—2268； 上海市工程建设规范《预应力钢筒混凝土顶管应用技术标准》DG/TJ 08—2292
2	理论公式	$F=F_1+F_2$； $F_1=\pi D^2(P+20)/4$； $F_2=\pi f_k DL$； $N=1000\eta f_c A_0$； $F_j=n_1 J_0(P_j/P_n)$； 满足$N\geqslant F_j\geqslant F$	式中 F——顶进阻力（kN）； F_1——顶管机前端正面阻力（kN）； F_2——管道侧壁摩阻力（kN）； D——管道外径（m）； L——管道的顶进长度（m）； f_k——管道外壁与土的平均摩阻力（kN/m^2），见表4-26，该系数应按土层情况增加到原来的1.5～3倍； P——顶管机截面中部的压力（kN/m^2），对于土压平衡顶管取顶管机截面中部的主动土压力和水压力，对于人工顶管为零； N——管材允许顶力（kN）； f_c——管材的纵向抗压设计强度（MPa）； A_0——管材环向最小截面面积（m^2）； η——不同管材的折减系数，按表4-27确定； n_1——使用的千斤顶数量； J_0——单个千斤顶额定顶力（kN）； P_j——液压泵站的使用压力（MPa）； P_n——千斤顶的标称压力，通常为31.5MPa	广东省标准《顶管技术规程》DBJ/T 15—106

续表

序号	确定依据	计算公式及要求	备注	依据资料
3	理论公式	$P=f\gamma D_1[2H+(2H+D_1)+w/(\gamma D_1)]L+P_F$	式中 P——计算的总顶力（kN）; f——顶进时，管道与其周围土层之间作用力的摩擦系数，可取0.2～0.4； L——管道的顶进长度（m）; γ——管道所处土层的重度（kN/m^3）; D_1——管道外径（m）; H——管道顶部以上覆盖层的土拱高度（m）; φ——管道所处土层的内摩擦角（°），当为黏性土时，应采用折算摩擦角； w——管道单位长度的自重（kN/m）; L——管道的顶进长度（m）; P_F——顶管机的迎面阻力（kN）。 此公式是国内外经常使用的公式，适用于无注浆减阻的顶管顶力计算，而且管顶覆土高度应考虑土拱作用。若忽视此两个适用条件，计算结果偏大	《给水排水管道工程施工及验收规范》GB 50268
4	经验公式	$F=K\pi D_1 L f_k+N_F$	式中 F——顶管所需的总顶力（kN）; D_1——管道外径（m）; L——管道的顶进长度（m）; f_k——管道外壁与土的平均摩阻力（kN/m^2），见表4-25； K——润滑泥浆减阻系数，根据润滑泥浆的质量、饱满程度，酌情取值为0.3～0.8； N_F——顶管机的迎面阻力（kN），见表4-24。 此公式适用于使用注浆减阻的顶管，不注浆则不适用	武志国、陈勇、王兆铨主编《顶管技术规程》（2016年版）

（2）顶管机迎面阻力，见表 4-24。

顶管机迎面阻力公式　　表4-24

顶管机端面	常见机型	迎面阻力公式	式中符号
刃口	机械式人工挖掘式	$N_F=\pi(D_g-t)tR$	t——刃口厚度（m）
喇叭口	挤压式	$N_F=\frac{\pi}{4}D_g^2(1-e)R$	e——开口率
网格	挤压式	$N_F=\frac{\pi}{4}D_g^2\alpha R$	α——网格截面参数，可取0.6～1.0
网格加气压	气压平衡式	$N_F=\frac{\pi}{4}D_g^2(\alpha R-P_n)$	P_n——气压（kN/m^2）
大刀盘	土压平衡式 泥水平衡式	$N_F=\frac{\pi}{4}D_g^2\gamma_s H_s$	γ_s——土的重度（kN/m^3） H_s——覆盖层厚度（m）

注：1. D_g——顶管机外径（m）;
2. R——挤压阻力（kN/m^2），可取$R=300\sim500kN/m^2$；
3. 当人工挖掘，机顶和机侧可以超挖时，$P_F=0$。

（3）采用触变泥浆减阻的顶管，不同标准的管壁与土的平均摩阻力选取有所不同，中国工程建设标准化协会标准《给水排水工程顶管技术规程》CECS 246、上海市工程建设规范《顶管工程施工规程》DG/TJ 08—2049、上海市工程建设规范《顶管工程设计标准》DG/TJ 08—2268、上海市工程建设规范《预应力钢筒混凝土顶管应用技术标准》DG/TJ 08—2292 等按表 4-25 采用，广东省标准《顶管技术规程》DBJ/T 15—106 按表 4-26 采用。不同管材折减系数见表 4-27 所列。

触变泥浆减阻管壁与土的平均摩阻力f_s（kN） 表4-25

土的种类		软黏土	粉性土	粉细土	中粗砂
触变泥浆	混凝土管	2.0～5.0	5.0～8.0	8.0～11.0	8.0～11.0
	钢管	2.0～4.0	4.0～7.0	7.0～11.0	7.0～11.0

注：1. 玻璃纤维增强塑料夹砂管可参照钢管乘以0.8系数；
2. 当触变泥浆技术，管壁与土之间能形成稳定连续泥浆套，不论土质均取f_s = 0.2～0.5；
3. 采用其他减阻泥浆的摩阻力应通过试验确定；
4. 遇软黏土时，可取软黏土的下限。

管外壁单位面积平均摩阻力f_k（kN/m^2） 表4-26

土类 / 管材	黏性土	粉土	粉、细砂土	中、粗砂土
混凝土管	3.0～5.0	5.0～8.0	8.0～11.0	11.0～16.0
钢管	3.0～4.0	4.0～7.0	7.0～10.0	10.0～13.0
玻璃纤维增强塑料管	1.5～2.0	2.0～3.0	4.0～5.0	5.0～7.0

不同管材折减系数η 表4-27

管材类型	玻璃纤维增强塑料管	混凝土管	钢管
折减系数	0.4	0.6	0.5

（4）中继间数量估算。

当估算总顶力大于管节允许顶力设计值或工作井允许顶力设计值时，应设置中继间。设计阶段中继间数量可按下式估算：

$$n=\frac{\pi D_1 f_k (L+50)}{0.7\times f_0}-1 \quad (4\text{-}6)$$

式中 n——中继间数量；

f_0——中继间设计允许顶力（kN）。

4.4 顶管施工技术

顶管施工系统主要由竖井（顶进竖井和接收竖井）、顶管机、主顶设备、顶进管材、基坑导轨、顶铁、后背墙、中继间、起重设备、注浆润滑设备、泥水分离出土设备及通风照明设备等组成。其施工示意图见图 4-4。

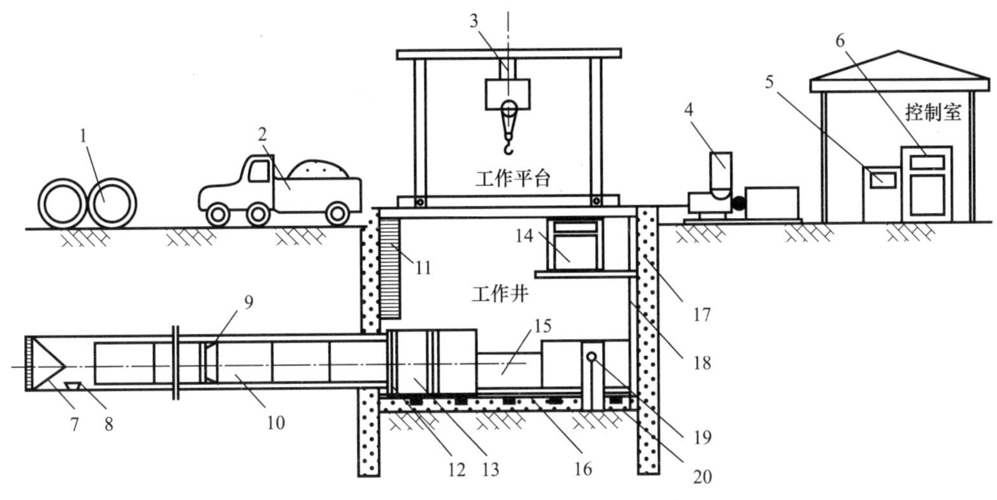

图 4-4　顶管施工示意图

1—预制的管节；2—运输车；3—起吊设备；4—注浆系统；5—配电系统；6—操纵系统；7—顶管机；8—运土车；9—中继间；10—顶进管道；11—扶梯；12—环形垫圈；13—弧形顶铁；14—主顶油缸；15—弧形千斤顶；16—导轨；17—工作井；18—后背墙；19—测量系统；20—基础

4.4.1　顶管施工机理和工艺

（1）顶管施工机理

由于顶管法施工所用的管材是预制管节，首先进行竖向开挖，施作顶进设备所处的工作井，以及掘进机头的接收井。工作坑内设置支座和安装液压千斤顶，借助主顶油缸及管道间中继间等的推力，机头按预设轨迹掘进，并在始发井进行管节吊装，直至将其顶至预定敷设点。掘进的过程中，先进行土层开挖，然后将废弃土方从管内运送至地面，再将管节顶进掘进空间内。整个过程就保持一边向前掘进，一边吊进接驳管节，持续掘进、接驳、顶管，待机头到达接收井，管材顶到洞口后，整个顶管敷设工程方可结束。

（2）施工工艺

施工工艺流程具体详见图 4-5。

顶管施工主要由工作竖井施工、顶管工作、设备拆除及竣工测量等 3 个施工步骤组成。首先是工作竖井的施工，包括顶进竖井、接收竖井，工作竖井施工完成后，进行顶管设备的组装调试。其次是顶管工作，包括机头进洞、试验段顶进、正常顶进、机头出洞四个环节，过程中伴随着管壁注浆、测量纠偏等技术措施。顶进工作完成之后，是设备拆除吊出、竣工测量等环节。

4.4.2　顶管施工质量要求

（1）一般情况下，顶管施工的允许偏差必须满足表 4-28 列出的具体要求。

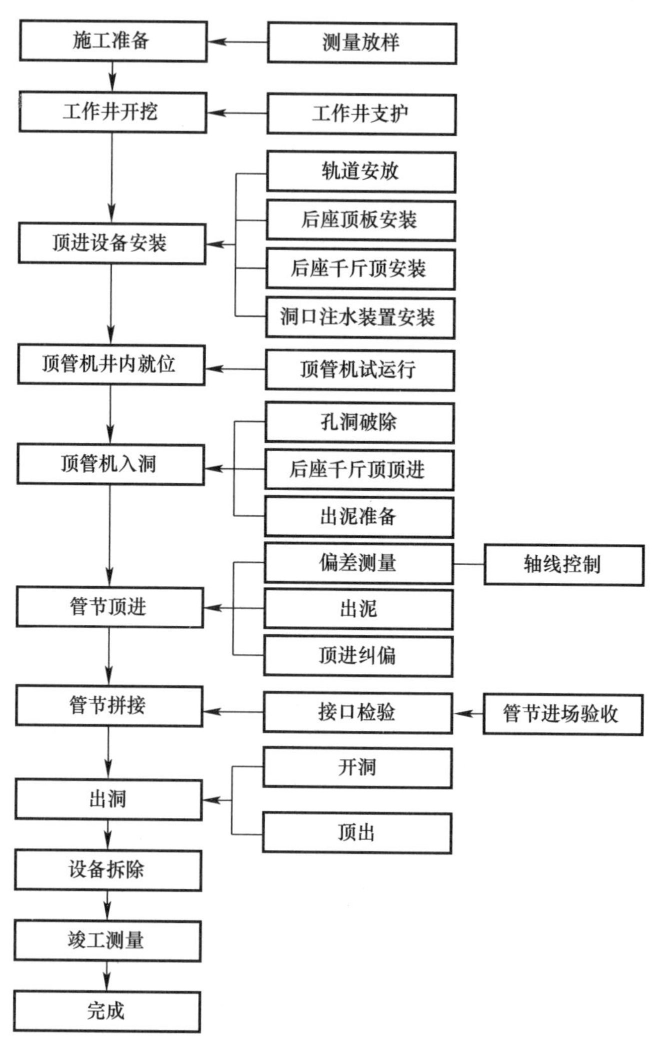

图 4-5　顶管施工工艺流程图

一般情况下顶管施工的最大允许偏差（mm）　　表4-28

项目	允许偏差	
轴线位置	D＜1500	＜100
	D≥1500	＜200
管道内底高程	D＜1500	-40～30
	D≥1500	-50～40
相邻管间错口	钢管	≤2
	钢筋混凝土管	15%壁厚且不大于20
对顶时两端错口	50	

注：D为管道内径（mm）。对于管道直径大于2400mm的长距离顶管施工或特殊困难地质条件下的顶管，允许偏差可以在满足管道设计的水力功能要求、使用要求和不损坏接头结构及防水性能要求等的条件下进行适当调整，但应经业主、设计单位等的确认和批准。

（2）管道接头密封介质的使用还应满足表 4-29 中的要求。

密封介质的尺寸和安装要求　　表4-29

密封介质			
	1胶粘剂		2可压缩的橡胶
接口宽度b（mm）	最小10mm		
接口深度t（mm）	单层$t \geqslant 12+b/3$	双层$t \geqslant 2（12+b/3）$	$t \geqslant 2b$
工作面的特征	干燥（湿度<5%）、除油、除尘		除油、不受湿度影响
	对管道表面的突起和坑洞进行平整		

4.4.3　顶管施工质量保证措施

（1）做好地质勘察及资料整理工作，摸清顶管工程范围内的地质、水文情况，尤其是透水砂层的分布范围。认真编制好施工方案和通过不同土层的技术措施及纠偏措施。组织好设计和施工技术交底，确保管道的顺利顶进。

（2）顶管工程开始前，承包商必需提交完整的施工组织设计，描述依照规范所必需的测量标志，包括要用到的顶管设备的类型、详细尺寸、施工原理、技术措施，包括泥浆及废弃物的处理等。

（3）要采用的管道和管道接缝应至少符合常规的管道和接缝标准，包括制作材料、误差、最小长度等。

（4）在管道顶进施工之前，首先要确定管道在垂直和水平方向上的允许误差值，在这一最大偏差的限制下，所敷设的管道应满足如下两方面的要求：

1）符合管道的既定功能要求；

2）产生偏差的范围内不能损坏到其他的建筑和设备。

（5）顶进施工结束后，顶进管道应满足如下要求：

1）顶进管道不偏移，管节不错口，管道坡度不得有倒落水。

2）管道接口套环应对正管缝与管端外周，管端垫板粘接牢固、不脱落。

3）管道接头密封良好，橡胶密封圈安放位置正确。需要时应按要求进行管道密封检验。

4）管节无裂纹、不渗水，管道内部不得有泥土、建筑垃圾等杂物。

5）顶管结束后，管节接口的内侧间隙应按设计规定处理；设计无规定时，可采用石棉水泥、弹性密封膏或水泥砂浆密封，填塞物应抹平，不得突入管内。

6）钢筋混凝土管道的接口应填料饱满、密实，且与管节接口内侧表面齐平，接口套环对正管缝、贴紧，不脱落。

（6）在顶进施工的区域，应考虑土体和地下水条件以及顶管施工工艺，保证地层的沉降不大于允许的沉降值。

（7）顶进结束后，应对泥浆套的浆液进行置换。置换浆液一般可采用水泥砂浆掺合适量的粉煤灰。待压浆体凝结后（一般在24h以上）方可拆除注浆管路，并换上闷盖将注浆孔封堵。

（8）工程竣工后，应编写竣工报告，认真完成资料的移交和存档。

（9）安全撤离现场，恢复施工现场的本来面目，做到不留隐患，对环境没有破坏和污染。

4.4.4 顶管施工安全保证措施

（1）严格执行有关安全生产制度和安全技术操作规程。认真进行安全技术教育和安全技术交底，对安全关键部位进行经常性的安全检查，及时排除不安全因素，确保安全施工。

（2）严格遵循支护衬砌和土方开挖程序，控制均匀挖土，防止发生偏位、严重倾斜或管涌等现象，做好施工前和施工中的通风换气工作，以免导致人身事故。做好基坑排水，避免水淹事故。

（3）工作井上部设安全平台，周围设防护栏杆，井内上下层立体交叉作业，设安全网、安全挡板，井下作业戴安全帽。

（4）吊车、起重设备由专人操作和专人指挥，统一信号，预防发生碰撞。吊车靠近工作井边坡行驶时，加强对地基稳定性检查，防止发生倾翻事故。

（5）加强机械设备维护、检查、保养。机电设备由专人操作，认真遵守用电安全操作规程，防止超负荷作业。井内照明采用36V低压电。

（6）随着雨季来临，需做好防洪、防雨、防雷措施，机电、起重设备及钢管脚手架做好接地保护。同时，严格采取规范用电及消防安全措施。

（7）开挖前详细了解沿线管线资料，做好沿线管线保护措施，特别是高压电缆和渠箱的保护工作。

4.5 常见问题及对策

问题1：管道顶进偏位过大，造成管道接口破损、漏水。

（1）偏位原因

1）由于地层不均匀导致工具管在受力上不均匀，使得导向出现偏差，导致管道轴线发生偏差。

2）未对工作井出洞口土体进行加固。

3）顶管后背出现位移或者是平整度不够，使得顶管合力线出现偏移，导致管道轴线发生偏差。

4）千斤顶使用过程中同步性不高或者是各个千斤顶顶力差别比较大，又或者是千斤顶的安装精度太低，造成管道轴线出现偏差。

5）纠偏时没按照要求施工，纠偏力度过大，或者判断失误。

6）掘进机纠偏长度小，纠偏力度不够。

7）经纬仪被碰过，没有及时调整轴线的导向，导向出现方向性错误。

8）机头纠偏系统发生故障。

9）每次掘进机长度与所顶管道直径不成比例。

10）机头测量系统故障，测量数据失真。

11）不能及时纠偏，位移偏大后纠偏幅度过大造成二次偏位。

12）工作井由于受降水影响或外力挤压发生位移和倾斜。

13）信号传输错误。

（2）预防措施

1）在顶管施工之前必须对施工现场的岩土性能进行详细调查。

2）采取注浆或旋喷等方法对进出洞口土体进行加固。

3）掘进机进场后，要派专人对其进行调试、保养、维修、检修，完成后集中验收。

4）机头设计充分论证后反复试验，性能稳定后方准许出厂。

5）顶管施工过程中必须使用同种规格的千斤顶，保证千斤顶的行程和顶力一致，以确保顶进过程中的精度。

6）注意顶管后背施工质量，以保证顶管后背平整。

7）执行施工队、项目部、监理三级测量复核制度。

8）纠偏应按照勤测量、勤纠偏、小量纠的操作方法进行。

9）经常对工作井的位移进行测量复核，从根本上提升整体测量次数，将纠偏原则贯穿始终。

10）随时确定机头动态曲线图，以曲线图来指导纠偏工作。

11）遇到突发情况，应及时逐级汇报，采取措施，杜绝方向失控情况发生。

（3）治理方法

1）选择使用同型号同行程同顶力的千斤顶，注意控制千斤顶的安装精度。

2）保证顶管后背的平整度，加固顶管后背。

3）进行纠偏之前必须经过详细认真的分析，确定最合适的纠偏量，保持缓慢的纠偏速度，不能操之过急。

4）测量员每天定时定人检查经纬仪的轴线导向，每天校对一次轴线前后的两点，整平调整仪器，纠正轴线导向。

问题 2：顶管区域周边地面发生大面积沉降与隆起，对周边建筑物或设施造成较大影响。

（1）原因分析

1）掘进机正面土压失衡引起的沉降与隆起。

通过对土压平衡掘进机运行原理的分析可知，当掘进机通过充分的切削和搅拌，在进土仓内形成具有较大塑性和流动性的土体。当正面的土压控制在被动土压和主动土压之间时，地面才会下陷或隆起。实际上由于土质变化较大，完全按理论计算进行控制往往有较大差异，不能正确把握，造成土压失衡，引起沉降。另外，由于有些土压平衡掘进机对土的适应性不够完善，如刀盘切削面积相对较小，无法人工调整螺旋输送机转速和推进速度，对土压的控制工作造成极大的不便，使得在失稳状态下，地面发生不同程度的隆起或者沉降。

2）管道外周空隙引起的沉降与隆起。

管道外周空隙是由掘进机纠偏或曲线推进造成的，因为在纠偏和曲线推进时形成的管道截面面积大于管道截面，其空隙由周边土体填充而引起沉降。现在一般顶管都采用触变泥浆减摩技术，掘进机外径较管道外径大2～3mm，以便形成浆套，若注浆不及时就会引起沉降。

3）管道与周围土体摩擦引起的沉降与隆起。

管道在推进时与周围土体存在摩擦，这种摩擦往往使土体发生剪切扰动，造成土体移动而导致地面沉降。在管节外形不规整、接口不平或管道不顺直的情况下，这种剪切扰动就会加剧，增大地面沉降与隆起。

4）管道接口渗漏引起的沉降与隆起。

当管道接口密封圈安置不当或管端受力不匀而破坏，以及管道运行产生质量问题，管道接口弯折过度造成密封不良时，就有可能发生接口渗漏，导致水土流失，这种土层损失必定会引起地面沉降与隆起。并且，管道接口渗漏亦造成触变泥浆的流失，支承土体和减小摩擦力的作用大大降低，亦可能引起上述两种原因的沉降与隆起。

（2）防治及治理措施

1）顶推施工之前必须对施工现场的地质情况进行详细认真的调查，制定适宜的施工方案。

2）安设测力装置，及时掌握顶推力。

3）施工前，应对距离管道较近的建筑物和其他设施制定切实可行的加固保护方案，应仔细研读该工程地质勘察报告，了解地质情况，结合工程实际选用正确机头。

4）随时观察千斤顶的顶推力，发现异常及时找原因，保证顶进推力与前端土体压力动态平衡。

5）施工时，随时检测管道高程和轴线偏位情况，发现偏差要及时纠正，避免发生较大偏位后大幅度纠偏造成土体大面积移动引起沉降，避免纠偏力过大造成管道破损、管端碎裂、接口密封失效，从而使顶管泥浆顺管道流失造成地面大面积沉降。

6）由于工具管直径比顶管直径大，所以顶进过程中应及时足量地注入满足要求的润滑支承材料，保证管道四周空隙泥浆压力符合要求。顶管完成后，及时用水泥浆或粉煤灰浆等进行置换。

7）管道承口插口之间选用合格密封圈，承口钢板保证圆度，谨防渗漏。

8）采用泥水平衡顶管进行施工时，首先应确保注浆设备和管路的可靠，具有良好的耐压和密封性能。触变泥浆通过注浆管路输送至注浆孔中，使管外壁形成泥浆润滑套。顶管施工完毕，应迅速将两头门洞封住，通过注浆管路注入水泥浆，置换出触变泥浆，对管外土体进行加固。

问题3：顶推力突然加大。

（1）原因分析

1）土层出现塌方或者是顶推过程中出现障碍，导致顶推过程中阻力变大。

2）管道轴线出现偏差，顶推线路没有保持水平，导致顶推过程中阻力变大。

3）减阻介质，泥浆配合比不当或注入不及时或注入量不够，导致减阻效果不明显，使得顶推过程中阻力变大。

4）顶进设备油泵、油缸、油路或压力表等出现故障。

5）顶进施工中因各种原因停顿时间过长，润滑泥浆失水失去减阻效果。

（2）防治措施

1）做好护壁，随时用探头监测机头前障碍物情况，遇见管线要进行改移。

2）顶推施工必须严格按照施工方案进行，严格控制管道轴线偏差。

3）顶推施工之前，应进行详细的地质情况调查，根据不同的地质特征设置泥浆配合比，并配以相应的注入方式，保证泥浆的注入量达到设计标准。

4）顶进施工前，必须对施工设备进行必要的保养和检查。

5）设备停顿间隔不宜太久，及时排除施工中的相关故障。

6）（泥水平衡顶管）在泥浆配制过程中，需与施工现场实际施工条件相结合，以同步注浆为主要施工手段，并时刻观察沿线状况及时进行补浆，对膨润土质量进行定期检查，尤其是膨润土中的含砂量。

（3）治理方法

出现顶力过大的情况，应立即停止顶推，努力查找顶力异常的原因，并采取相关的措施保证顶推顺利完成。

问题 4：钢筋混凝土管道接口渗漏。

（1）原因分析

1）在运输、装卸、安装过程中管节破损或管节和密封材料质量不满足技术标准。

2）管道顶进过程中纠偏不及时或纠偏不到位，造成轴线偏差过大，进而造成接口错位、管口破裂、橡胶止水圈封闭不严。

3）管道接口或止水装置选型不符合要求。

（2）预防措施

严格控制顶管施工时的轴线偏差，必须坚持“勤纠”“小纠”的原则，避免接口处受力不均，导致降低了橡胶圈的密封作用。下管时，应在钢丝绳与管口之间加垫胶圈，保护管口完好无损坏。采用 F 形插口管材，并选用与之匹配的橡胶圈，橡胶圈的质量管控应严格执行管节接口密封材料的验收制度，严禁使用质量不合格的产品。注意在准备下管前涂抹好润滑剂，安装方法要规范正确。

（3）治理方法

技术人员可以利用环氧树脂水泥砂浆作为材料对渗漏位置进行涂抹，这种方式主要适用于渗漏较小的情况。

问题 5：钢筋混凝土管中裂缝，造成管道渗水、漏水。

（1）原因分析

1）管材强度达不到设计要求。

2）顶进过程中顶力过大，超过管节所能承受的压力，或轴线偏差过大，致使管节应力集中产生裂缝。

3）运输过程中造成管节裂缝或破损。

（2）预防措施

1）对进场后的管材进行全面检查，确保其质量与性能达到具体施工标准，若发现质量不达标构件，需及时退回。

2）钢筋混凝土管节在运输过程中，采取使用管垫等保护措施，并做到吊（支）点位置准确，轻装轻卸。

3）顶进时严格控制管道轴线偏差，把顶力控制在管节的承压范围内。

（3）处理方法

根据裂缝长度、宽度以及方向，认真分析裂缝产生的原因和性质，依据不同裂缝程度，分别采取不同的处理方法。裂缝较小可采用环氧树脂水泥砂浆等措施处理。裂缝破损严重采用周围注浆或挖除后返工处理。

问题 6：管道接口打压不合格、渗漏。

（1）原因分析

1）管道在运输、装卸以及安装过程中，难免出现各种破坏现象，如管节破损、密封材料磨损等，使得管道材料不符合实际施工标准。

2）在管道实际顶进过程中，如果未能及时采取纠偏作业任由轴线差距不断扩大，容易造成接口错位、橡胶止水圈封闭不严以及管道接口破裂等现象。

3）在对管道接口和止水装置进行选择时，完全脱离选型标准。

（2）防治及治理措施

1）严格依照相关制度标准，尽可能确保产品合格率。

2）严格控制管道轴线，必须按“勤纠”“小纠”的原则进行，以避免接口不匀、胶圈磨损、挤伤而使胶圈降低止水作用。

3）下管时，要在钢丝绳与管口之间加橡胶垫，保护管口。

问题 7：顶管前方的正面土体发生坍塌。

（1）原因分析

在施工过程中，遇到顶管前方土质发生变化时，顶管的顶进力和对应正面土体土压力的受力平衡被打破，加上选用不合格的施工材料，以及排水措施设置不当，容易造成顶管周边出现流砂现象，导致顶管前方出现坍塌。

（2）预防及治理措施

顶管工程顶进作业的地面开挖长度不能太大，在进行顶进作业的过程中要对开挖量进行严密的控制，实时地观察土质的松弛变化，从而有效地避免出现坍塌问题。在进行顶管施工时，还要及时检测土体的含水量，做好顶管施工的降水工作。

问题 8：工作井后座反力不足。

（1）原因分析

长距离顶管施工还受到后座所能承受推力大小的制约，一般情况下，顶管工作井的后座所能承受的最大推力以顶管所能承受的最大推力为计算条件，只验算工作井后座是否能够承受最大推力的反作用力。但是，有的情况下，油缸的推力往往并不是均匀地作用于后座，推力的合力作用点或高或低于后座被动土压力的合力作用点，造成设计后座抗推能力不足。工作井后座推力不足的原因主要有如下情况：

1）后靠背被主顶油缸顶得严重变形或损坏，已无法承受主顶油缸的推力。

2）后靠背被顶得与后座墙一起产生位移。

3）钢板桩工作井，由于覆土太浅或被动土抗力太小而使钢板桩产生位移，影响到后靠背的稳定。

（2）防治及治理措施

1）应采用刚度较好的结构构件取代单块钢板作后靠背。

2）后靠背后面的洞口要采取措施，可用刚度好的板桩或工字钢叠成“墙”垫住洞口或管口。

3）后座墙后的土体采用注浆等措施加固，或者在其地面上压上钢链，增加地面荷载。

4）用钢筋混凝土浇筑整体性好的后座墙，为使后座能够承受较大的推力，工作井应尽可能加深，后座墙也尽可能加大埋深，尽量使墙脚插入到工作坑底板以下一定深度。

问题 9：导轨偏移。

（1）原因分析

基坑导轨在顶管施工过程中产生左右或高低偏移。主要原因是前方地层的变化及导轨未固定牢固，选用的导轨材料不佳，以及导轨工作底板承载力差。

（2）防治及治理措施

1）对导轨进行加固或更换。

2）把偏移的导轨校正过来，并用牢固的支撑把它固定。

3）垫木应用硬木或用型钢、钢板，必要时可焊牢。

4）对工作底板进行加固。

问题 10：洞口止水圈撕裂或外翻。

（1）原因分析

1）洞口止水圈在顶进过程中被撕裂。

2）洞口止水圈外翻，泥水从中往外渗漏，同时洞口地面产生较大的塌陷。

（2）防治及治理措施

1）洞口止水圈应严格按设计要求的尺寸和材料进行加工。

2）洞口止水圈应按设计图纸的尺寸要求正确安装。

3）土压力太高或橡胶止水圈太薄引起的外翻，应增加洞口止水圈的层数或增加橡胶止水圈的厚度。

问题 11：主顶油缸偏移。

（1）原因分析

1）主顶油缸轴线与所顶顶管轴线不平行或者与后靠背不垂直。

2）主顶油缸与顶管轴线不对称，偏向一边。

（2）防治及治理措施

1）正确安装主顶油缸，同时后靠背一定要用薄板垫实或混凝土浇实。

2）重新正确安装油缸架。

本章参考文献

［1］ Flaxman E W . Trenchless technology［J］. Water and Environment Journal,1990,4(2).

［2］ Rogers C D F,Knight M A.The evolution of international trenchless technology research coordination and dissemination［J］. Tunnelling and Underground Space Technology,2014,39(1):1–5.

［3］ Peck R B.Deep excavations and tunnelling in soft ground［C］//Proc.7th Int Confon SMFE,1969:225-290.

［4］ Arul Arulrajah. Prediction of ground deformation during pipe-jacking considering multiple factors［J］. Appl.Sci.2018,8(7):1051.

［5］ Lianhui J.Key technologies for design of super large rectangular pipe jacking machine［J］.Tunnel Construction,2014,34(11):1098-1106.

［6］ Nomura Y,Hoshina H ,Shiomi H,et al.Pipe jacking method for long curve construction［J］.Journal of Construction Engineering & Management,1985,111(2):138-148.

［7］ Thomson J,Rumsey P.Trenchless technology applications for utility installation［J］.Arboricultural Journal, 1997,21(2):137-143.

［8］ Tao S.Space trajectory measurement technology for communication engineering trenchless pipeline［J］. Electronic Measurement Technology,2012.

［9］ 彭立敏，王哲，叶艺超等．矩形顶管技术发展与研究现状［J］. 隧道建设，2015，35（01）：1-8.

［10］ 余剑锋. 矩形顶管的发展和关键技术综述［J］. 广东土木与建筑，2015（11）：51-54.

［11］ 贾连辉. 矩形顶管在城市地下空间开发中的应用及前景［J］. 隧道建设，2016，36（10）：1269-1276.

［12］ 乐贵平．日本拉萨（RASA）公司泥水顶管施工技术［J］. 市政技术，2005（01）：1-8.

［13］ 张鹏. 拱北隧道超大型曲线顶管管幕施工关键技术及理论研究［D］. 北京：中国地质大学，2018.

［14］ 孙博．复杂地质条件下大管径长距离顶管工程综合研究［D］. 西安：西安建筑科技大学，2011.

［15］ 郝瑞丽，雷新海，张学伟等．浅论顶管施工中中继间的处理技术［J］. 施工技术，2017（46）：813-814.

［16］ 卫珍．中继间在超长距离大口径钢顶管施工中的应用［J］. 中国市政工程，2013（3）：61-63.

［17］ 吴建军．顶管法在污水管网中的应用技术研究［D］. 重庆：重庆交通大学，2013.

［18］ 余彬泉，陈传灿．顶管施工技术［M］. 北京：人民交通出版社，2000.

［19］ 牛耀文．矩形过街通道顶管施工技术［J］. 国防交通工程与技术，2012（S1）：119-121.

［20］ 金文航．长距离曲线顶管技术分析与研究［D］. 杭州：浙江大学，2006.

［21］ 宏喆．顶管技术在北京市天然气管道施工中的适应性评价方法研究［D］. 北京：北京建筑大学，2019.

［22］ 许建文．基于复杂环境管线迁改项目的顶管法施工技术研究［D］. 淮南：安徽理工大学，2019.

［23］ 韩旭．顶管施工技术在城镇燃气管道建设中的应用研究［D］. 北京：北京建筑大学，2018.

［24］ 葛春辉．顶管工程设计与施工［M］. 北京：中国建筑工业出版社，2012.

［25］ 上海市住房和城乡建设管理委员会．顶管工程施工规程 DG/TJ 08—2049—2016［S］. 上海：同济大

学出版社，2017.

[26] 上海市住房和城乡建设管理委员会 . 顶管工程设计标准 DG/TJ 08—2268—2019 [S]. 上海：同济大学出版社，2019.

[27] 上海市住房和城乡建设管理委员会 . 预应力钢筒混凝土顶管应用技术标准 DG/TJ 08—2292—2019 [S]. 上海：同济大学出版社，2019.

[28] 武志国，陈勇，王兆铨 . 顶管技术规程 [M]. 北京：中国建筑工业出版社，2016.

[29] 中国非开挖技术协会 . 顶管施工技术及验收规范 [S].2006.

[30] 黄平，吴炜铭 . 市政工程泥水平衡式顶管施工常见问题及对策——以福州地铁 5 号线浦上大道站雨污水工程为例 [J]. 价值工程，2019，38（25）：185-187.

[31] 王海印 . 泥水平衡机械顶管质量验收问题及防护对策 [J]. 工程技术研究，2019，4（03）：149-150.

[32] 吴春勇 . 泥水压平衡顶管作业常见问题的处治 [J]. 建材与装饰，2017（44）：29.

[33] 徐权 . 泥水平衡法顶管施工中常见问题及处理措施 [J]. 山西建筑，2016，42（28）：104-105.

[34] 张雪峰 . 顶管在施工中的问题及管理策略 [J]. 城市建设理论研究（电子版），2016（26）：79-80.

[35] 谢记房 . 顶管施工工艺及常见问题防治 [J]. 建筑，2012（10）：64-65.

[36] 肖英武 . 对砂层地质条件下泥水平衡顶管施工常见问题及防治措施的探讨 [J]. 中华民居，2011（09）：66-67.

[37] 邓春颖，宋亚刚 . 浅谈顶管施工常见问题及其防治 [J]. 山西建筑，2010，36（25）：157-158.

[38] 杨转运 . 市政项目中长距离顶管工程若干问题探讨 [C]. 中国非开挖技术协会（China Society for Trenchless Technology）.2008 非开挖技术会议论文专辑 . 非开挖技术杂志，2008：115-119.

[39] 王明玉 . 顶管施工技术及常见问题分析 [J]. 广东建材，2005（10）：58-60.

第 5 章　BIM 在地下排水管道工程中的应用

5.1　引言

城镇地下管线的高密度增长使得传统的管线布置开始无法满足城镇化的发展，加上地铁、地下通道等地下空间的开发，必须考虑城镇地下管线的合理布置和使用。城镇的地下管线在敷设时，除了市政排水管线由政府统一排布之外，其余管线由各产权单位独立设计与建设，导致各管线的二维图纸所表现的内容在空间上很容易出现碰撞和矛盾，如果这些问题直到施工阶段才发现的话，势必会给工程项目带来损失。在实际工程中，各种管线的施工往往很难做到同步进行，管线综合的不合理会造成市政道路的二次开挖甚至多次开挖，不仅影响工程质量和工期，还会导致工程资源的浪费和施工重复进行。在有限的地下空间中各种管线交互密布，在后期运维过程中，新增管线和待检修管线都需要二次开挖，如果管线综合布置不合理，很容易造成在开挖过程中对非目标管道的损坏和影响。

为了解决上述难题，传统的方法是在二维图纸上进行管线综合，将各种市政管线采用项目统一坐标系统和标高系统，考虑地质条件、地形和市政道路条件，规划各种管线的空间位置，布置管线之间的水平距离、相互交叉时的垂直距离以及管线与其他工程设施的距离。实践发现，这种传统的管线综合也存在一些缺陷：

（1）传统市政管线综合设计通常包括管线综合横断面图、平面布置图及交叉口节点图，这些传统 2D 设计仅能够表达单一截面或局部信息，很难对管线综合进行全面整体的分析，致使管线交叉部分的问题难以完全呈现。

（2）传统市政管线综合设计缺乏整体性与连续性，其横断面图仅能表达典型断面设计，无法完全表达整条管道下面对应的管线情况，在进行管线交叉综合时就难以避免调整管线标高时带来的“连锁反应”，往往调整一处碰撞又会忽略另一处碰撞。

（3）传统市政管线综合设计中管线交叉处的标注多为“控制高程”，即各专业管线彼此相交时竖向规定的“极值”标高。后期施工中，“控制高程”很难保证施工的完全精确定位。此外，“控制高程”只规定了标高区间的上限极值或下限极值，有时交汇处满足“控制高程”条件后又会造成另一处“碰撞”。

（4）传统项目建设过程中，项目参建各方有时需要花费巨大的费用来弥补管线碰撞引起的拆装、返工及浪费等。

（5）多模块叠合的二维平面图纸复杂散乱，难以直观、整体地呈现。

（6）现在的规划管理工作中，也仅靠常规的二维方式来管理，其数据、文本和图纸均无法满足地下空间分层管理和竖向管理的要求。

随着工程项目体量的增加、复杂程度的提高，对设计过程中各专业协调与配合的要求也随之更高，这就使得传统的二维管线综合很难胜任新形势下的要求。为了尽量减少施工中碰到的各种问题，提前在设计阶段暴露问题，尽早解决，需要将三维技术（BIM）应用在管线综合全生命周期中。本章将以地下排水管道工程项目为例，介绍 BIM 在地下排水管道工程中的应用，希望能够为日后类似工程项目提供参考与借鉴。

5.2　BIM 技术的特点和作用

建筑信息模型（Building Information Modeling）是以建筑工程项目的各项相关信息数据作为基础，建立起三维的建筑模型，通过数字信息仿真模拟建筑物所具有的真实信息。

5.2.1　BIM 技术的特点

在地下管线综合规划设计工作中，可提前利用 BIM 的可视化、模拟分析等功能进行碰撞检查和模拟分析，并将碰撞检查和模拟分析的结果反馈给设计人员进行调整，可有效降低施工现场的管线碰撞及返工，降低工程成本。由于 BIM 技术的表达形式更加直观、易读，无论是地下管线建设方、设计方还是施工方都能很快地全面掌握项目信息，从而降低了项目参与各方，尤其是非专业人士对项目信息的理解难度和误读，减少项目的变更，提升不同专业间和不同参与方之间对项目的协同工作能力。

BIM 技术的优势在于具有可视化、协调性、模拟性、优化性、可出图性、一体化性、参数化性、信息完备性 8 个特点。

5.2.2　BIM 技术的作用

（1）三维渲染，宣传展示

三维渲染动画，给人以真实感和直接的视觉冲击。建好的 BIM 模型可以作为二次渲染开发的模型基础，大大提高了三维渲染效果的精度与效率。

（2）快速算量，精确计划

BIM 数据库的创建，通过建立 5D 关联数据库，可以准确快速地计算工程量，提升施工预算的精度与效率。BIM 可以让相关管理方快速准确地获得海量的工程基础数据，为制定精确计划提供有效支撑，有效提升施工管理效率。

（3）多算对比，有效管控

BIM 数据库可以实现任一时点上工程基础信息的快速获取，通过合同、计划与实际施工的消耗量、分项单价、分项合价等数据的多算对比，可以有效地了解项目全过程的成本信息，实现对项目成本风险的有效管控。

（4）虚拟施工，有效协同

三维可视化功能再加上时间维度，可以进行虚拟施工，随时随地直观快速地将施工计划与实际进度进行对比，同时进行有效协同，各方都能对工程项目的各种问题和情况了如指掌，大大减少建筑质量问题、安全问题，减少返工和整改。

（5）碰撞检查，减少返工

利用BIM的三维可视化技术，可在工程前期进行碰撞检查，优化工程设计，减少错误损失和返工的可能性，而且可以优化净空，优化管线排布方案。利用碰撞优化后的三维管线方案进行施工交底、施工模拟，可以提高施工质量，也提高了与业主沟通的能力。

（6）数据共享，决策支持

BIM中的项目基础数据可以在各管理部门进行协调和共享，工程量信息可以根据时空维度、构件类型等进行汇总、拆分、对比分析等，以供决策。

5.3 BIM在地下排水管道工程中的应用分析

5.3.1 服务对象

地下排水管道工程应用BIM技术的主要有：设计院、建设及代建单位、政府管理部门等。

（1）设计院：借助BIM软件，构建市政管线三维模型，并利用模型进行工程量提取、碰撞检查和设计优化等，使地下管线设计更合理、经济和具有可实施性。

（2）建设及代建单位：借助BIM模型进行施工模拟，提前发现潜在的风险和问题，并制定相应的对策，有利于实现工程项目制定的安全、质量、成本和进度目标。

（3）政府管理部门：借助BIM模型应用于项目审批、审查、跟踪、入库和运维管理等各个环节，提高管理效率，使管理工作更加精准有序。

5.3.2 软件选择

目前，常用的BIM软件大致有：Revit、管立得、Infraworks等。

（1）Revit软件：Revit是Autodesk公司一套系列软件的名称，是专门为建筑信息模型（BIM）构建的，可帮助建筑设计师设计、建造和维护质量更好、能效更高的建筑平台。主要应用于民用建筑工程项目，特别是结构复杂或管线众多的工程项目，应用Revit具有非常大的优势。但是，Revit软件应用于地下排水管道工程时，过程复杂烦琐，模型文件过大时不方便使用。

（2）管立得软件：管立得软件是在鸿业市政管线软件基础上开发的，平面视图管线表现为二维方式，转换视角的管线表现为三维方式，基础文件为CAD文件。软件基本涵盖了市政管线设计的全部内容，具有专业覆盖面广、自动化程度高、符合设计人员思维习惯等特点。

（3）Infraworks（土木基础设施概念设计）软件：Infraworks其实是Autodesk布局BIM+GIS非常重要的一款软件，它的模型快速创建能力以及数据整合能力都相当的出色，而且能够整合 Revit、3D Max、Civil3D、Sketch Up 等绝大部分软件的三维模型。

目前，市场上应用的 3 类 BIM 软件都在各自领域中有卓越的表现，但是在市政地下管线设计与管理领域的应用中都存在着或多或少的问题。不管是 Revit 软件还是管立得软件，其 BIM 技术在地理位置精度、空间地理信息分析和构筑物周边环境的整体展示上，都有不完善的地方。而 Infraworks 软件可以完成构筑物的地理位置定位和其空间地理分析，更能完善大场景展示（模型生产器最大支持生成 200km^2 的模型，超过这个范围的模型应采用平台进行展示、管理和使用），确保信息的完整性，使得浏览信息更全面。

综上所述，Revit 模型是三维空间信息和建筑性能的集成，有助于建设工程规划、设计等全生命周期内的信息传递、信息共享和协同工作等。而 Infraworks 软件可以通过 BIM 模型对排水管道进行全生命周期的三维展示、查看和修改。Revit、管立得与 Infraworks 均存在优势与不足，只有将它们进行优势互补，才能满足 BIM 技术在地下排水管道工程中的应用要求。

5.4　应用实例

5.4.1　工程概况

某地下排水管道工程，拟建地下排水管道总长约 73.67km，管径 *DN*400～*DN*1200，其中顶管长度约 55.1km（约占总工程量的 75%），开挖埋管长度约 18.57km（约占总工程量的 25%）。

5.4.2　三维设计

根据实际地下排水管道工程中的沉井结构进行深化设计，将沉井结构拆分成一片片井片，通过预制生产和现场管片螺栓干式连接形成沉井结构。这种装配式沉井结构与传统污水管网工程中的沉井结构相比，最大区别是采用装配的方式进行建造，并在沉井施工完后，可对沉井上部的部分井片进行回收重复利用，可以有效地提高地下排水管道工程的经济效益。

在深化设计阶段，通过应用 BIM 技术建立沉井深化模型，进行三维设计。与传统二维 CAD 设计相比，三维模型更直观、明了地反映设计者的意图，同时也方便各参与方对深化设计方案进行沟通和交流。其次，通过 BIM 技术的三维模型可以很好地反映各井片之间的位置关系和构造要求，方便用来指导预制构件井片的生产和施工。通过提取沉井深化模型里的信息，可以准确、清楚地知道各井片的混凝土量、钢筋量、吊耳个数、混凝土等级和钢筋型号等信息。应用 BIM 技术进行三维设计还有个优势就是 BIM 的协同工作原理，只要局部修改其余部分会自动更新，从而保证整个设计方案的整体性和可行性。确认深化设计方案无误后，可以从深化设计模型里面导出所需图纸。以壁厚 $t=0.3$m、内径 $D=3$m、深度 $h=6$m 的装配式沉井为例，其设计图纸和模型如图 5-1～图 5-7 所示。

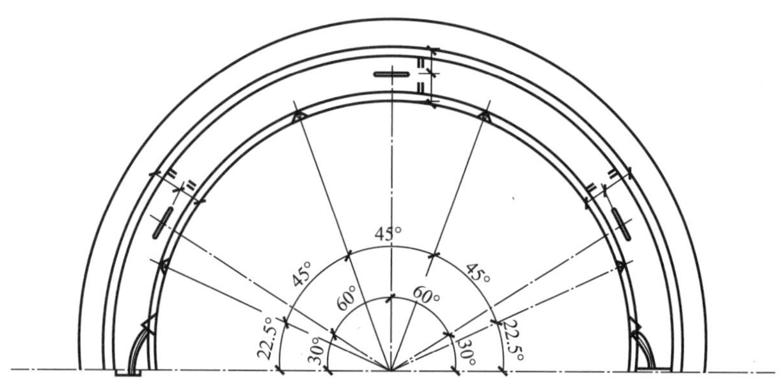

图 5-1　D=3.0m 装配式沉井下部井片俯视图

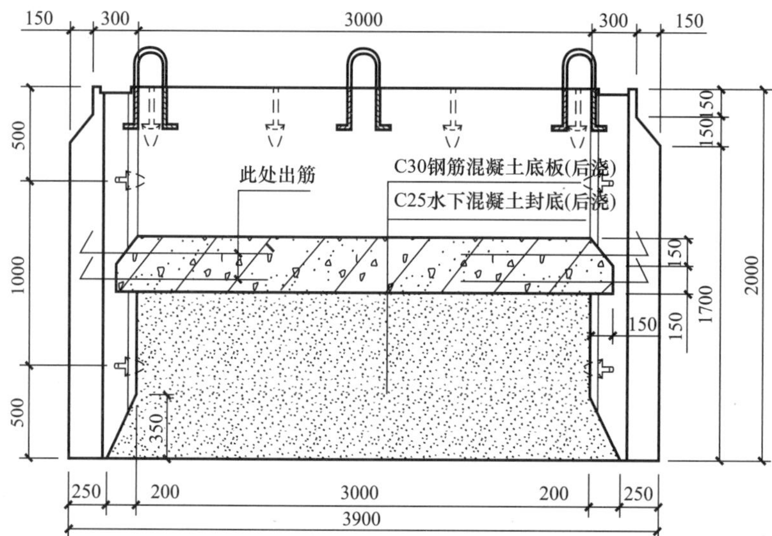

图 5-2　D=3.0m 装配式沉井下部井片正视图

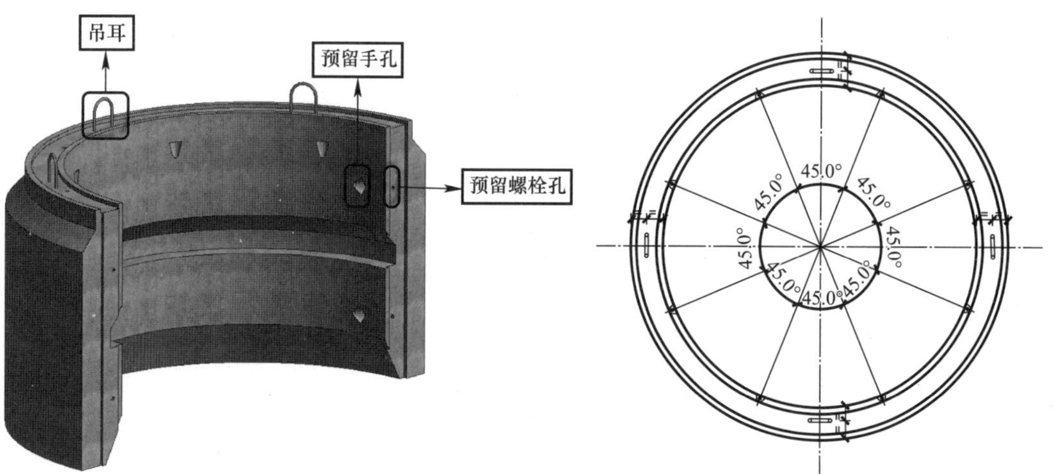

图 5-3　D=3.0m 装配式沉井下部井片 BIM 模型图

图 5-4　D=3.0m 装配式沉井上部井片俯视图

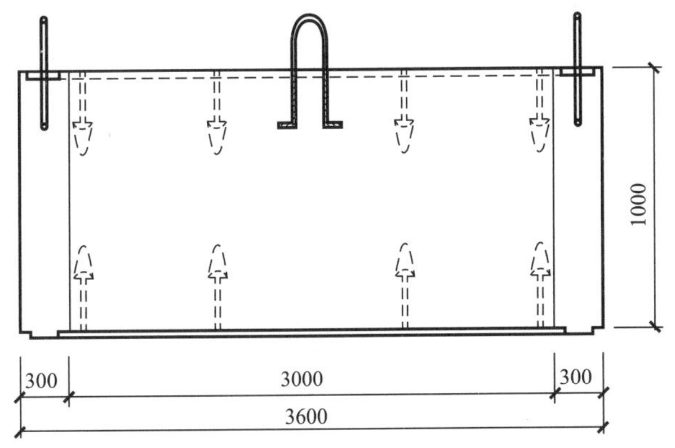

图 5-5　D=3.0m 装配式沉井上部井片正视图

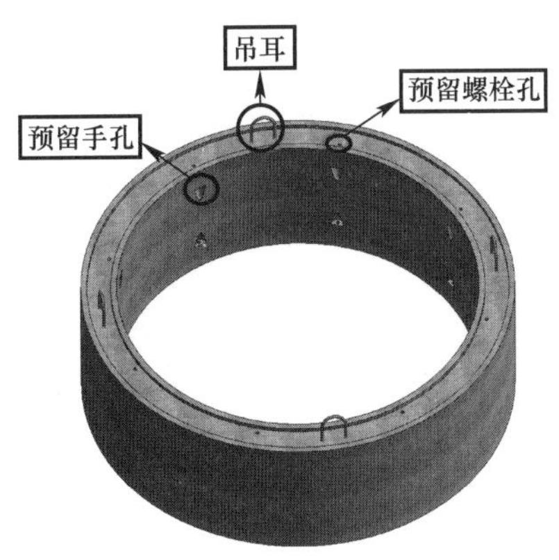

图 5-6　D=3.0m 装配式沉井上部井片 BIM 模型图

5.4.3　施工技术交底

应用新技术和新工艺，需要向现场施工人员进行技术交底，通常的做法是将大家集合在特定地点开会，通过技术人员现场讲解和大家阅读资料的方式将技术要点传输给大家。这个技术交底方式具有一定的局限性，因为每个施工人员的理解能力、识图能力等都不一样，很难保证每一位现场施工人员对施工技术交底内容都能正确地理解并掌握到位，故需换一种更简单、更高效的技术交底方式。

图 5-7　装配式沉井内径 D=3.0m 的整体 BIM 模型图

目前，以应用 BIM 技术进行施工技术交底的项目还比较少。BIM 技术的模拟分析和可视化功能可以将施工技术交底内容通过模型或者视频的方式展示给大家，帮助大家更加高效、准确地理解技术交底内容，包括里面涉及的概念、原理、施工步骤和注意事项等。以下简单介绍利用 BIM 技术在某地下排水管道工程中进行施工技术交底的步骤：

（1）新建管与既有管接驳施工技术交底

利用 BIM 技术完成新建管与既有管接驳原理、工艺等方面的技术交底。根据接驳部位有无现状检查井，选择对应的接驳方式，具体有以下两种。

第一种：与既有管接驳处无现状检查井时，根据图纸及现场实际情况，在管道交叉部位，综合考虑既有管尺寸大小和顶管机头尺寸长度，确定逆作井尺寸及中心位置，施作偏心逆作接收井进行顶管接驳，如图 5-8 所示。利用 BIM 技术的模拟分析和可视化功能对新建管与既有管接驳施工工艺进行演示，帮助施工人员理解施工流程，减少因理解不足而造成的操作失误。具体演示内容有：核定现状管具体位置，选定逆作井位置→偏心逆作井施工前准备→偏心逆作井分层施工→顶管施工，施作沉泥井，再破除现状管实现接驳。

第二种：与既有管接驳处有现状井时，先采用探挖方式，探明现状井外部结构边线，沿着顶管轴线与现状井相切施作逆作井，并在逆作井底部根据设计新建污水管轴线、标高和坡度，浇筑混凝土弧形导向流槽，在顶管至逆作井内后，先取出机头，从顶管工作井内继续采用液压油缸顶进至现状井内与既有管接驳，如图 5-9 所示。利用 BIM 技术的模拟分析和可视化功能对新建管与既有管接驳施工工艺进行演示，帮助施工人员理解施工流程，减少因理解不足而造成的操作失误。具体演示内容有：核定现状井具体位置，选定逆作井位置→逆作井施工前准备→逆作井分层施工，底部浇筑混凝土导向流槽→顶管至逆作井中，取出机头后，在现状井上静力取孔，继续顶管至现状井实现接驳。

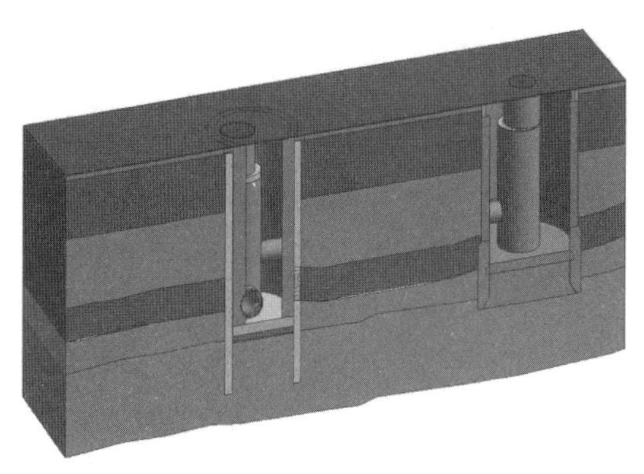

图 5-8　在接驳部位既有污水管网无现状井接驳模型图

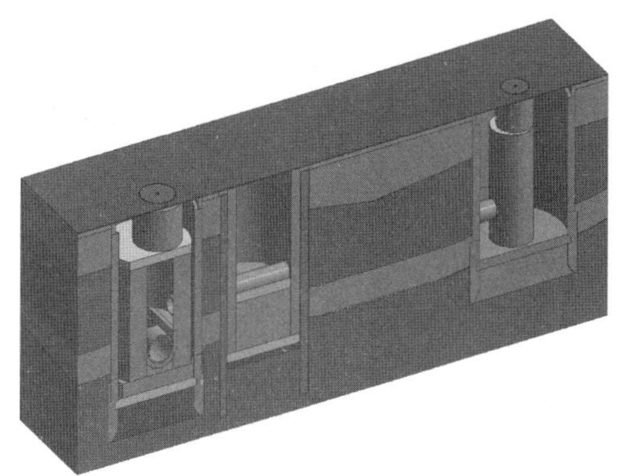

图 5-9　在接驳部位既有污水管网有现状井接驳模型图

（2）管线施工方案技术交底

地下排水管道在施工过程中，经常涉及需要迁改既有管线，但由于对周围既有管线数量和准确的位置关系不清楚，很难确保做出来的施工方案一定是合理、可行的。通过应用 BIM 技术进行可视化施工方案技术交底，可以非常清楚地知道周围管线数量、位置关系、管线大小、管材等信息，并可利用 BIM 技术进行碰撞检查。碰撞检查结果显示：某工程的电信 -1 × 100（标高为 -0.95m）、电力 -1 × 150（标高为 -0.62m）和电信 -1 × 100（标高为 -0.26m）三根管线发生碰撞，需要迁改，如图 5-10、图 5-11 所示。

根据已有 BIM 模型制定管线迁改施工方案，可确保方案的合理性和可实施性，同时利用 BIM 技术的可视化进行施工技术交底，可避免管线出现混接错接，有利于确保地下排水管道的施工质量。在地下排水管道工程项目中应用 BIM 技术，还有利于实现管线整齐排列和地下空间的充分利用。

5.4.4　模拟分析

利用 BIM 技术的模拟分析功能，对复杂的地下排水管道施工方案进行模拟分析，可以提前发现方案施工过程中潜在的问题，并为这些潜在问题提供可行的解决方案，做到事前控制，保证施工人员作业安全、提高工程施工质量和效率，以及降低工程建造成本。

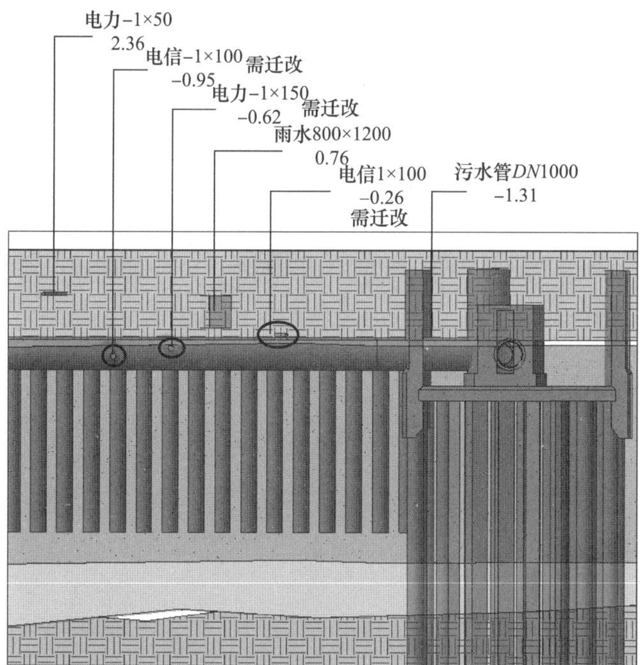

图 5-10　管线碰撞剖面图

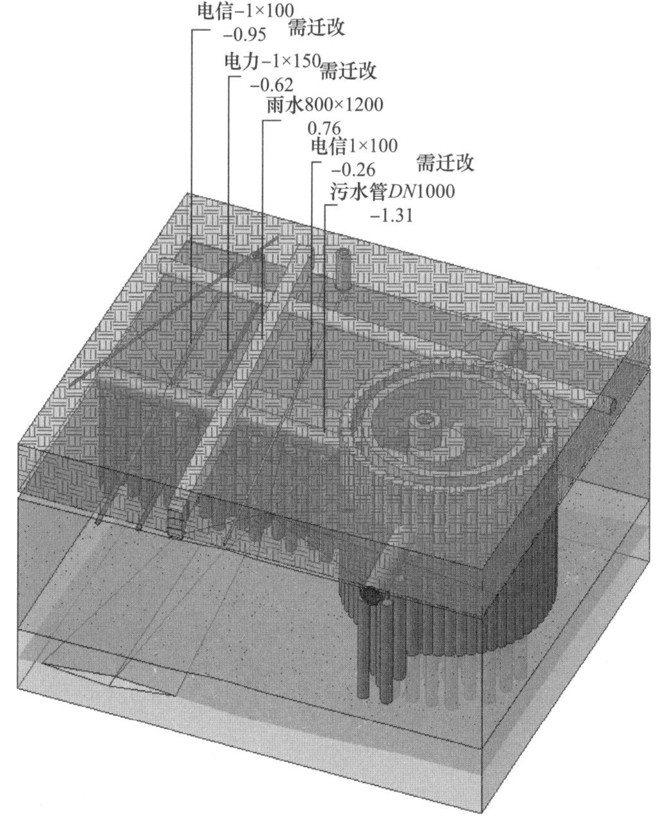

图 5-11　管线碰撞三维模型图

5.4.5 进度管理

通过将已建立好的地下排水管道模型与施工进度计划关联，形成4D施工模拟。观察本项目实际建造进度，对施工各关键环节进行拍照跟踪，上传至BIM模型中，通过虚实建造进行进度对比，参建各方可实现施工进度实时动态管理，有助于各方协同工作，提高建造效率。通过查看模拟分析、对比结果，若发现实际建造进度与原定进度计划不符，各参建方可以查看模型与实际建造过程中的关键时间点，找出延期的原因，并采取相应的措施，使项目工期处于可控的状态。

5.4.6 成本管理

将已建立好的污水管网模型与施工进度、成本关联，形成5D施工模拟分析，根据模拟分析结果和BIM模型中的工程量信息，制定合理的采购计划。在传统的地下排水管道工程采购环节，材料的购买只能通过工程量进行估算，不能很好地与施工进度、成本进行关联，无法做到资源合理和充分地利用。通过5D施工模拟分析，能够准确分析出项目上各时间段所需施工材料及成本相关信息，对特定构件的选取，会自动生成明细表，如表5-1所示。采购人员可以根据明细表采购所需材料，使项目施工工期、成本处于更合理和可控的状态。

水泥搅拌桩明细表　　表5-1

名称	直径（mm）	长度（m）	合计（根）
水泥搅拌桩1	ϕ600	L1或L2	832
水泥搅拌桩2	ϕ600	6	756
水泥搅拌桩3	ϕ600	4	90

注：L1代表沉井结构外侧周围止水桩桩长；L2代表沉井结构底板下部支承桩桩长。

5.4.7 运维管理

随着城镇建设的高速发展，全国各大城市污水管网的新建、改扩建速度加快、规模增大，污水管网系统变得越来越复杂，传统手工卡片式档案管理与文本图纸资料存储的模式已经无法适应城镇地下排水管道现代化管理的需要。如何有效地建立完整、准确和高效的运维模式，使其更好地为地下排水管道工程项目提供服务，是市政排水管理部门和相关工作人员所关注的问题。

应用BIM技术进行地下排水管道工程的运维管理，具有以下优点：第一，通过应用已建立好的BIM模型，如图5-12所示，代替传统手工卡片式档案管理与文本图纸资料存储的方式，不仅可以方便地获取、储存、管理和显示各种市政管网信息，而且还可以对城镇地下排水管道工程项目开展有效的监测、分析、评价、模拟、预测等管理及研究工作，如图5-13所示；第二，针对城镇地下排水管道的规划，BIM技术可以对排水管道整个排

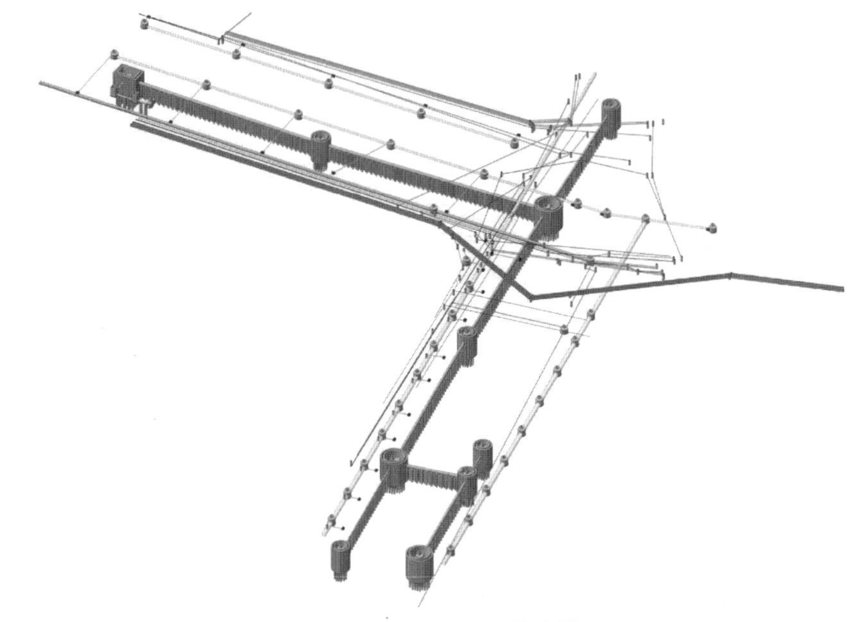

图 5-12　项目局部 BIM 管线模型图

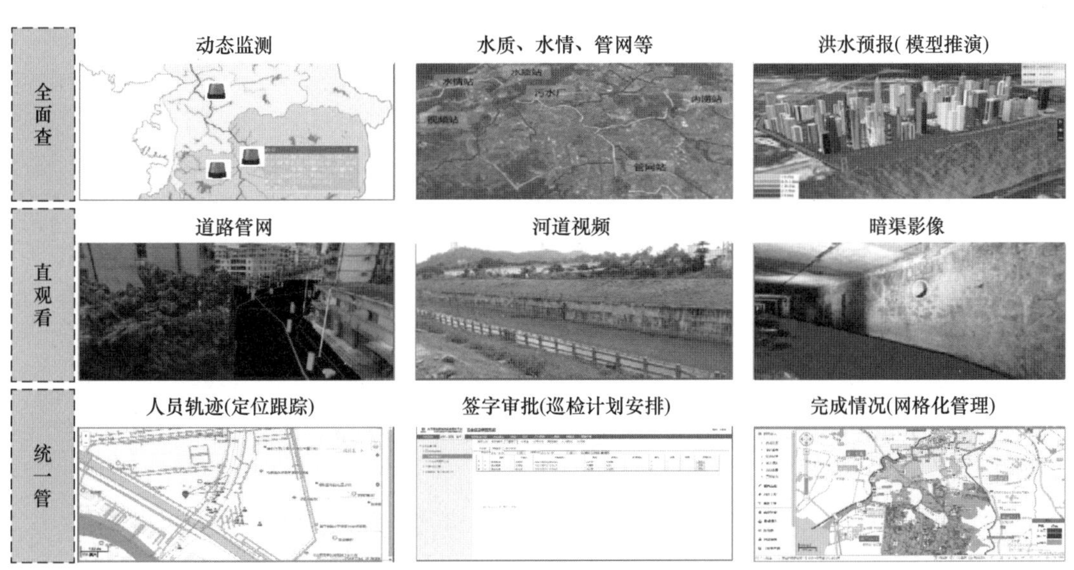

图 5-13　一体化管控平台界面图

水系统进行详细模拟分析，可以系统地评估规划方案对城市水环境的影响，为规划方案的调整和优化提供理论性的指导；第三，对于已经建好的地下排水系统，可以通过 BIM 的仿真模拟分析功能找出症结所在，并提出解决方案；第四，可以结合当地排水系统的 GIS 等数据库，建立完备的排水系统模型，并且逐步发展到利用在线模型进行实时控制、优化排水泵站管理等，做到充分利用系统容积，达到成本最低、效益最大；第五，利用 BIM 技术进行运维管理，可以为日后地下相关工程的规划、新建、改扩建方案提供有关基础数据和模型信息等。

5.4.8 数字化城市

随着城镇化的快速发展，各大中城市市政主管部门比较重视信息产业对城市经济的影响，纷纷建立自己的信息中心，这些信息中心的建立有利于实现城市管理信息化，在城市市政设施规划中起到了强大的辅助作用。以 BIM 模型为载体记录城市管道的信息，可以为数据化城市建设提供基础信息数据和模型，为实现数据化城市和智慧城市贡献一份力量，以提升资源运用的效率，优化城市管理和服务，从而改善市民的生活质量。

5.5 结论

实践发现，在地下排水管道工程中应用 BIM 技术具有以下优点：第一点，应用 BIM 技术进行三维深化设计有利于提高设计质量；第二点，利用 BIM 技术的模拟分析和可视化功能进行施工技术交底，有利于提高施工质量和效率，避免因施工技术交底内容理解不足而造成操作失误和管道混接错接现象；第三点，利用 BIM 技术的 4D、5D 功能进行模拟分析，可实现虚实对比，使工程的工期和成本处于更可控的状态；第四点，在排水管道工程中应用 BIM，有利于实现城市的数据化和智能化，提升资源运用的效率，优化城市管理和服务，改善市民的生活质量。综上所述，在地下排水管道工程中应用 BIM 技术，有利于提升工程质量和建造效率，产生显著的经济效益和社会效益。同时，在城市现代化建设过程中，利用 BIM 技术指导城市排水系统的设计、建造和运维管理，是提升一个城市市政基础设施建设和管理水平的有效技术手段。

本章参考文献

[1] 赵小根 .GZ 市沙河涌流域合流制排水管网模型的研究及应用［D］. 长沙：湖南大学，2013.
[2] 郑志佳 . 广州市 HD 片区排水管网水利模型的构建与应用［D］. 广州：广东工业大学，2013.
[3] 徐翘，邵卫云 . 浅议生态化的城市排水系统［J］. 市政技术，2004（6）：385-387.
[4] 郭瑞，禹华谦 . 强降雨对城市排水系统的影响［J］. 四川建筑，2005（3）：10-11.
[5] 梅晓岚，刘应明 . 深圳市南山区雨水系统现状分析及改造对策［J］. 给水排水，2005（2）：9-11.
[6] 蒋佳鑫 . 排水系统水利模型在城市内涝控制中的模拟研究——基于武汉某区域防涝应用［D］. 云南：昆明理工大学，2016.
[7] 姚宇 . 基于 GeoDatabase 的城市排水管网建模的应用研究［D］. 上海：同济大学，2007.
[8] 瞿智明 .BIM 技术在建筑工程中的应用［J］. 建筑工程技术与设计，2018（18）：5563.
[9] 王英春 .BIM 技术在装配式建筑成本控制中的应用［J］. 建筑与预算，2018（5）：13-16.
[10] 杨晨，任心欣，汤伟真等 . 水利模型在低洼地区排水防涝规划中的应用［J］. 中国给水排水，2015，31（21）：101-104.
[11] 周建华，李文涛，隋军等 . 水力模型在城市排水管网改造设计中的应用［J］. 给水排水，2013（5）：106-109.

[12] 蒋白懿，张蕊，赵洪宾 . 水力模型在供水管网改造中的应用 [J]. 中国给水排水，2014，30（11）：66-68.

[13] 李朦，王舜和，郭淑琴 .Bentley 在三维市政管线综合中的应用与探讨 [J]. 中国给水排水，2016，32（16）：63-65.

[14] 黄浩 .BIM 技术应用于管线综合的方法探索 [J]. 上海城市规划，2017（04）：128-132.

[15] 高峰，王幸来，程雄辉 .BIM 技术在城市地下综合管廊中的应用 [J]. 江苏建筑，2017（01）：72-76.

[16] 赵世隆 .BIM 技术在市政给排水设计中的应用研究 [J]. 城市道桥与防洪，2019（08）：256-258.

[17] 柯臻玮 .BIM 在市政工程管线设计中的应用 [J]. 建材与装饰，2016（08）：89-90.

[18] 孙同谦，徐峥 .BIM 在市政管线综合中的应用 [J]. 中国给水排水，2014，30（12）：77-79.

第6章 地下排水管网探测

6.1 排水管网探测现状

6.1.1 探测技术的发展

1831年法拉第发现电磁感应现象，1910年最早将磁感应用于地下管线探测。19世纪末前，地下管道的探测一般采取现场踏勘的方式，通过资料收集、实地调查等获得地下排水管线的分布情况。现场踏勘的方式存在踏勘时间长、人力成本较大且精度不高等缺点，从提高效率、精度及降低人力成本角度考虑，需要新的技术提高地下排水管网的探测水平。

19世纪末，地球物理法探测开始在地下管道中应用，当时只有常规的物探方法，分辨率低、抗干扰能力差，导致探测效果不明显。随着技术的进步，20世纪80年代末，地下排水管道的探测引入新型磁敏原件、新型滤波技术、天线技术、电子计算技术等进行升级处理，大大提高了管线探测的精度、分辨率及信噪比，探测技术的方法理论、技术、仪器才逐渐完善，并催生出以地球物理技术为基础的探测手段、数字测绘技术为地下管线空间信息采集方法的“内外业一体化”探测技术。

我国管道探测技术发展较国外晚，但发展速度很快，近年来取得不错的成效与进步。

1964～1986年，北京曾开展三次地下管线普查，检测管线总长度达5088km。

1992～1998年，建设部发布行业标准《城市地下管线探测技术规程》CJJ 1994，这本标准引入电磁法探测技术，要求上使全国地下管线探测形成统一。

1998～2005年，《城市地下管线探测技术规程》CJJ 61—2003发布，2003年10月1日起实施。电磁法开始与测绘、扦插、探地雷达等多种探测技术结合使用，地下管线普查逐渐被人们熟知。

2005～2013年，建设部讨论通过《城市地下管线工程档案管理办法》，2005年5月1日起施行。雷达、声波探测等新技术在地下管线探测方面得到更多应用，管线普查辐射城市范围迅速扩大。

2013～2016年，国务院办公厅于2014年发布《国务院办公厅关于加强城市地下管线建设管理的指导意见》，全国地下管线普查全面展开。

2016年至今，《城市地下管线探测技术规程》CJJ 61—2017发布，2017年12月1日起实施。城市道路普查进入尾声，开始进入小区综合管线全覆盖阶段。

6.1.2　地下排水管道探测的必要性

随着地下排水管道的蓬勃发展，其重要性在城市的基础设施建设中逐渐突显，但由于地下管线存在隐蔽性高、管线资料缺失等问题，导致房屋建设、管线改造、桥梁修建的施工过程中常常出现地下管道破坏和误挖的情况。

加强地下排水管线探测工作，是提高地下排水管线管理水平和城市地下空间利用水平的重要手段，可以提供精确的管线数据，为城市地下管线的信息化及规划提供可靠依据；另一方面，地下管线的探测可以有效地提高对于地下管线灾害发生的管控能力，对社会的发展、人民的生活具有重大的意义。

6.2　地下排水管道探测的基本规定

根据《城市地下管线探测技术规程》CJJ 61，地下排水管道的探测应遵循以下规定：

（1）地下排水管道探测按探测任务可分为地下管线普查、地下管线详查、地下管线放线测量、地下管线竣工测量。

（2）地下排水管道探测应查明地下管线的类别、平面位置、走向、埋深、偏距、规格、材质、载体特征、建设年代、埋设方式、权属单位等，测量地下管线平面坐标和高程，并应符合下列规定：

1）地下管线普查时应建立管线数据库；

2）地下管线详查时应查明与工程建设施工有关的信息；

3）地下管线竣工测量成果应符合地下管线数据库更新的技术要求。

（3）地下排水管道探测工程宜采用 CGCS 2000 国家大地坐标系和 1985 国家高程基准。采用其他平面坐标和高程基准时，应与 CGCS 2000 国家大地坐标系和 1985 国家高程基准建立换算关系。

（4）地下排水管道普查或竣工测量成图的比例尺和分幅，应与城市基本地形图比例尺和分幅一致。其他类型地下管线探测成图的比例尺和分幅，可根据实际情况或要求确定。

（5）地下排水管道探测可根据工程目的不同对探测对象进行取舍，取舍标准应视城市的具体情况、管线的疏密程度和委托方的要求确定。城市排水地下管线普查取舍标准宜符合表 6-1 的规定。

地下排水管线普查取舍标准　　表6-1

管线类别	需探测的管线
排水	管径≥200mm或方沟≥400mm×400mm

（6）用于测量地下排水管道的控制点相对于邻近控制点平面点位中误差和高程中误差不应大于 50mm。

（7）地下排水管道探测应以中误差作为衡量探测精度的标准，且以二倍中误差作为极限误差。探测精度应符合下列规定：

1）明显管线点的埋深量测中误差不应大于 25mm。

2）隐蔽管线点的平面位置探查中误差和埋深探查中误差分别不应大于 $0.05h$ 和 $0.075h$，其中 h 为管线中心埋深，单位为毫米，当 $h<1000$mm 时以 1000mm 代入计算；地下管线详查时，地下管线平面位置和埋深探查精度可另行约定。

3）地下排水管线点的平面位置测量中误差不应大于 50mm，高程测量中误差不应大于 30mm。

（8）地下排水管道探测工程结束应编制探测总结报告，总结报告应包括下列内容：

1）工程概况。工程的依据、目的和要求；工程的地理位置、地球物理条件、管线敷设状况；开竣工日期；完成工作量。

2）技术措施。作业标准；起算依据；采用仪器和技术方法；投入人力资源。

3）应说明的问题及处理措施。

4）质量评定。质量检验与评定结果。

5）结论与建议。

6）提交的成果清单。

7）附图与附表。

（9）城市地下管线普查工作宜实行工程监理制。

（10）地下管线探测项目应实行两级检查、一级验收制度。

（11）地下管线探测作业应采取安全保护措施，并应符合下列规定：

1）打开窨井盖进行实地调查作业时，应在井口周围设置安全防护围栏，并指定专人看管；夜间作业时，应在作业区域周边显著位置设置安全警示灯，地面作业人员应穿着高可视性警示服；作业完毕，应立即盖好窨井盖。

2）在井下作业调查或施放探头、电极导线时，严禁使用明火，并应进行有害、有毒及可燃气体的浓度测定；超标的管道应采用安全保护措施后方能作业。

3）严禁在氧气、燃气、乙炔等助燃、易燃、易爆管道上作充电点，进行直接法或充电法作业；严禁在塑料管道和燃气管道使用钎探。

4）使用的探测仪器工作电压超过 36V 时，作业人员应使用绝缘防护用品；接地电极附近应设置明显警告标志，并应指定专人看管；井下作业的所有探测设备外壳必须接地。

6.3 技术准备

地下排水管道的探测技术准备主要有地下管线的现况调绘、现场踏勘、探查仪器校验、探查方式试验、技术设计书编制五方面内容。

6.3.1　现况调绘

（1）现况调绘应包括下列内容：

1）收集已有的地下管线资料；

2）分类、整理收集的资料；

3）编绘地下管线现况调绘图。

（2）资料收集应包括下列内容：

1）已有管线图、竣工测量成果或探测成果；

2）管线设计图、施工图、竣工图、设计与施工变更文件及技术说明资料；

3）现有的控制测量资料和适用比例尺的地形图。

（3）地下管线现况调绘图编绘应符合下列规定：

1）应将管线位置、连接关系、附属物等转绘到相应比例尺地形图上，编制地下管线现况调绘图；

2）地下管线现况调绘图上应注明管线权属单位、管线类别、规格、材质、传输物体特征、建设年代等属性，并注明管线资料来源；

3）地下管线现况调绘图宜根据管线竣工图、竣工测量成果或已有的外业探测成果编绘；无竣工图、竣工测量成果或外业探测成果时，可根据施工图及有关资料，按管线与邻近的附属物、明显地物点、现有路边线的相互关系编绘。

6.3.2　现场踏勘

（1）现场踏勘应包括下列内容：

1）核查收集资料的完整性、可信度和可利用程度；

2）核查调绘图上明显管线点与实地的一致性；

3）核查控制点的位置和保存状况，并验算其精度；

4）核查地形情况；

5）查看测区地形、地貌、交通、环境及地下管线分布与埋设情况，调查现场地球物理条件和各种可能的干扰因素，以及生产中可能存在的安全隐患。

（2）现场踏勘完成后应进行下列工作：

1）应在地下管线现况调绘图上标注与实地不一致的管线点；

2）应记录控制点保存情况和点位变化情况；

3）应判定地形图可用性；

4）应拟订探查方法和试验场地；

5）应制定安全生产措施。

6.3.3　探查仪器校验

（1）探查仪器在投入使用前应进行校验，仪器的校验包括稳定性校验及精度校验。

（2）探查仪器的稳定性校验应采用相同的工作参数对同一位置的地下管线进行不少于

2 次的重复探查，重复探查的定位及定深结果相对误差不应大于 5%。

（3）探查仪器的精度校验宜在单一已知地下管线或管线敷设条件相对简单地段进行，通过探查结果与实际对比评价其定位精度和定深精度。定位、定深精度应符合相关的规定。

（4）经校验不合格的探查仪器不得投入使用。

6.3.4 探查方法试验

（1）探查方法试验应在地下管线探测前进行。

（2）探查方法试验可与探查仪器校验同时进行，并应符合下列规定：

1）试验场地、试验条件应具有代表性和针对性；

2）试验应在测区范围内的已知管线段上进行；

3）试验宜针对不同类型、不同材质、不同埋深的地下管线和不同地球物理条件分别进行；

4）拟投入使用的不同类型、不同型号的探查仪器均应参与试验。

6.3.5 技术设计书编制

技术设计书宜包括下列内容：

（1）工程概述。任务来源、工作目的与任务、工作量、作业范围、作业内容和完成期限等情况。

（2）测区概况。工作环境条件、地球物理条件、管线及其埋设状况等。

（3）已有资料及其可利用情况。

（4）执行的标准规范或其他技术文件。

（5）探测仪器、设备等计划。

（6）作业方法与技术措施要求。

（7）施工组织与进度计划。

（8）质量、安全和保密措施。

（9）拟提交的成果资料。

（10）有关的设计图表。

6.4 排水管网探测技术

地下管线探测方法一般分为两种，一种是现场实地调查与开挖样洞或简易触探相结合的方法，目前，在某些管线复杂地段和检查验收中仍需采用。另一种是实地调查与地球物理探测方法相结合，这是目前应用最为广泛的方法。在各种物探方法中，就其应用效果和适用范围来看，依次为频率域电磁法、磁测、地震、探地雷达、直流电法和红外辐射法等。其中电磁法具有探测精度高、抗干扰能力强、应用范围广、工作方式灵活、成本低、效率高等优点，是目前最常用的方法。

本节将主要介绍实地调查与地球物理探测相结合的方法，同时介绍部分主要地球物理探测方法的特点。

6.4.1 现场实地调查方法

（1）地下排水管线的实地调查踏勘流程

根据调绘成果对测区进行现场踏勘，拟订探测方法与技术方案。现场踏勘应核实调绘图中明显点与实地的一致性，测区内测量控制点的位置和保存情况，测区地物、地貌、交通、地球物理条件及各种可能存在的干扰因素。

实地调查踏勘的工作程序为接受任务（委托）、搜集资料、现场踏勘、仪器校验和方法试验、制定探测方案、编写技术设计书、制定安全施工管理措施、实地调查、仪器探查、建立测量控制、管线点测量与数据处理、内外业衔接、管线图编绘、技术总结报告编写、成果提交和成果验收。

（2）地下排水管线的调查属性项目

对于地下排水管线来说，实地调查应根据管线的特点进行探测，根据《城市地下管线探测技术规程》CJJ 61 的规定，地下排水管道的调查属性项目如表 6-2 所示。

地下排水管线实地调查调查属性项目　　表6-2

管线类别	埋设方式	埋深		断面		孔（根）	材质	附属物	偏距	载体特征			埋设年代	权属单位
		内底	外顶	管径	宽×高					压力	流向	电压		
排水	管道	▲	—	▲	—	▲	▲	▲	▲	—	▲	—	△	△
	沟道	▲	—	—	▲	—	▲	▲	▲	—	▲	—	△	△

注：▲表示应查明对象，△表示宜查明对象。

（3）管线点的确定

在无特征点的管线段上，应以能够反映地下管线走向变化、弯曲特征为原则设置地面管线点。

有明显管线点的地下管线探查应在管线特征点的地面投影位置上设置管线点。同时，还应符合下列规定：

1）检查井应在其中心设置管线点，其他附属设施（物）的管线点应设置在其地面投影的几何中心；

2）综合管廊（沟）应在其几何中心线上设置管线点；

3）当管线附属设施（物）的管线点偏离管线中心线在地面的投影位置，偏距不小于 0.4m 时，应量测和记录偏距并应分别设置管线点。

（4）地下排水管线的代号、代码与颜色表

实地调查应查明地下管线的种类。地下管线的大类、小类应按功能或用途区分，并应符合表 6-3 的规定。

地下排水管道的种类、代号与颜色　　表6-3

<table>
<tr><th colspan="3">类别（大类）</th><th colspan="3">小类</th><th rowspan="2">颜色（RGB值）</th></tr>
<tr><th>名称</th><th>代号</th><th>代码</th><th>名称</th><th>代号</th><th>代码</th></tr>
<tr><td rowspan="3">排水</td><td rowspan="3">PS</td><td rowspan="3">2</td><td>雨水</td><td>YS</td><td>01</td><td rowspan="3">褐（76，57，38）</td></tr>
<tr><td>污水</td><td>WS</td><td>02</td></tr>
<tr><td>雨污合流</td><td>HS</td><td>03</td></tr>
</table>

（5）地下排水管的管线点规格及埋深的测量要求

1）管线点的规格要求

① 管道及管廊（沟）应量测其断面尺寸，圆形断面应量测其公称直径，矩形管廊（沟）、沟道应量测断面内壁的宽和高；

② 箱涵应量测总断面和单孔断面尺寸，并调查占用孔数；

③ 当检查井小室的面积大于 $2m^2$ 时，应量测检查井小室内壁的实际投影范围。

2）管线点埋深测量要求

① 地下排水管线埋深可采用计量器具直接量测，量测结果精确到小数点后两位，量测精度应符合相关规定；

② 当各类可开启的地下管线检查井、阀门、手孔、凝水缸等附属设施（物）内部淤积掩埋或覆盖地下管线，导致无法直接量测时，应采用其他方法查明其埋深。

6.4.2　各种地球物理探测技术的特点及适用范围

根据《城市地下管线探测技术规程》CJJ 61，地下管线探查的地球物理方法如表 6-4 所示。

地下管线探查的地球物理方法　　表6-4

<table>
<tr><th colspan="3">方法名称</th><th>工作原理</th><th>适用范围</th><th>特点</th></tr>
<tr><td rowspan="4">电磁感应法</td><td rowspan="2">被动源法</td><td>工频法</td><td>利用工业电流激发金属管线感应产生的二次电磁场</td><td>用于干扰相对较小地区的地下电力电缆和金属管线探查</td><td>方法简便，成本较低，工作效率较高，多用于管线定位</td></tr>
<tr><td>甚低频法</td><td>利用甚低频无线电发射台发射的电磁波对金属管线感应产生的次电磁场</td><td>用于具备条件地区的地下电缆或金属管线的搜索</td><td>方法简便，成本较低，工作效率较高，但精度不高，信号强度受电台影响大</td></tr>
<tr><td rowspan="2">主动源法</td><td>直接法</td><td>利用管线仪发射机一端连接金属管线，另一端接地或管线远端，在管线上直接施加电磁场源信号</td><td>有出露点的地下金属管线的定位、定深</td><td>精度较高，且不易受邻近管线干扰</td></tr>
<tr><td>夹钳法</td><td>利用专用夹钳夹套金属管线，通过夹钳感应线圈在金属管线上施加场源信号</td><td>有出露点的地下金属管线的定位、定深</td><td>精度较高，且不易受邻近管线干扰，但可探查管线规格受夹钳大小限制</td></tr>
</table>

续表

方法名称			工作原理	适用范围	特点
电磁感应法	主动源法	感应法	利用管线仪发射机激发，地下金属管线感应产生二次电磁场，分为电偶极感应方式和磁偶极感应方式	地下金属管线探查，不需要管线出露点	可具备接地条件下的地下金属管线探查、追踪，或者定位、定深。电偶极感应时需要良好的接地条件，磁偶极感应不需接地，操作更为灵活，二者可结合使用
		示踪法（轨迹探测法）	将电磁发射探头放入非金属管道内沿管道走向移动，在地面用仪器接收追踪发射信号	具有出入口且能移动发射探头的地下非金属管道	可利用金属管线仪探查非金属管道，多用于定位
探地雷达法			利用高频电磁波向地下发送并接收地下管线的反射电磁波	既可用于地下金属管线探查，也可用于地下非金属管线探查	既可定位又可定深，可单频率天线工作也可多频率天线组合，需要进一步资料处理与解释，探查深度有限
直流电阻率法			利用人工建立的地下稳定电流场，地面观测电流场的变化	适用管径较大的地下金属管线和非金属管线探查	需要具备良好的接地条件，分辨率较低，需要进一步资料处理与解释，可以定位、定深
弹性波法	浅层地震法	透射波法	利用人工震源激发产生地震波，根据接收的透射波时程的变化	条件具备时，用于大管径地下管道的探查	需要借助人工震源、钻孔等，需要进一步资料处理与解释，可以定位、定深
		折射波法	利用人工震源激发产生地震波，通过地下介质波速解译	条件具备时，用于较大管径地下管道的探查	需要足够的作业场地空间、人工震源，需要进一步资料处理与解释，可以定位、定深
		反射波法	利用人工震源激发产生地震波，通过接收来自地下的反射波，多使用地震映像法	条件具备时，探查较大管径的地下金属管道和非金属管道	需要足够的作业场地空间、人工震源，需要进一步资料处理与解释，可以定位、定深
		面波法	利用人工震源激发产生地震波，通过接收瑞雷面波，分为稳态和瞬态两种方式	条件具备时，探查较大管径的地下金属管道和非金属管道	需要足够的作业场地空间、人工震源，需要进一步资料处理与解释，可以定位、定深。稳态设备较为笨重，瞬态设备相对轻便，实际以多道瞬态面波法应用较多
	水声法	旁侧声纳法	利用声发射装置向水中发射定频率的声波，通过接收水中回声	探查水下较大管径的管道	水上作业，仅探查水底上管道，资料处理较为简单
		浅层剖面法	利用特制弹性波震源激发产生高频地震波，接收来自水中及水底下的反射波	可用于水底下较大管径管道探查	连续走航观测，需要水上作业，需要进一步资料处理与解释，可定位、定深
磁法	磁场强度法		利用金属管线与其周围介质的磁性差异测量磁场强度变化	用于铁磁性地下金属管道探查	探测深度较大，但易受附近磁性体干扰，可定位、定深
	磁梯度法		测量单位距离内磁场强度的变化，分为地面磁梯度法和井中磁梯度法	用于铁磁性地下管道的探查	易受附近磁性体干扰，井中磁梯度法需要借助钻孔
红外辐射测温法			利用管道或其传输介质与管道周围介质之间的温度差异	用于地下热力管道、工业管道或其他具备探查条件的地下管道	操作简便，需要高分辨率温度测量仪器

6.4.3 电磁感应法

（1）电磁感应法原理

电磁感应法的基本工作原理是隐蔽的不可见金属管线接收到探测仪器发出的一次交变场源，其受激发后产生谐变电流，进而产生二次磁场，并且沿着金属管线传播。

电磁感应法的应用条件如下：地层间或被探测目标体与周围介质间应有明显的电性差异；目标体有足够的规模可以分辨；测区内电磁噪声比较小，各种人文环境干扰不严重；地形开阔、平缓，接地条件良好。相关原理如图 6-1 所示。

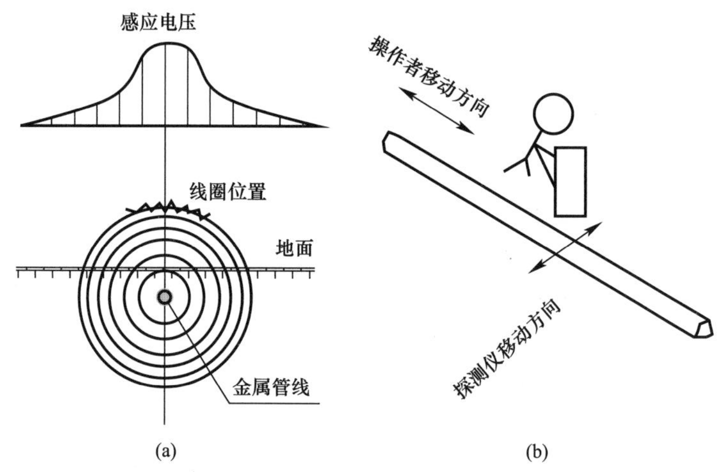

图 6-1　电磁感应法原理图

（a）金属导体电磁感应；（b）现场探测图

二次电流的磁场表达式如式（6-1）～式（6-3）所示。

$$B=\frac{kI}{\alpha}\left[\frac{\frac{L}{2}-x_0\cos\theta-y_0\sin\theta}{\sqrt{\alpha^2+\left(\frac{L}{2}-x_0\cos\theta-y_0\sin\theta\right)^2}}+\frac{\frac{L}{2}+x_0\cos\theta+y_0\sin\theta}{\sqrt{\alpha^2+\left(\frac{L}{2}+x_0\cos\theta+y_0\sin\theta\right)^2}}\right] \tag{6-1}$$

$$B_{\mathrm{x}}=B\frac{H}{\alpha}\sin\theta \tag{6-2}$$

$$B_{\mathrm{z}}=B\frac{x_0\sin\theta-y_0\cos\theta}{\alpha} \tag{6-3}$$

式中　θ——管线与测线夹角（°）；

B——电磁强度（T）；

L——管线长度（m）；

H——管线深度（m）；

α——测点与管线间距（m）。

金属管道看作无限长的水平圆柱体。在一次场的作用下，二次场分布曲线如图 6-2 所示。

由图 6-2 可以看出，该曲线的特征如下：x=0 处，即水平圆柱体正上方，垂直分量 H_{2z}=0，水平分量 H_{2x} 有极大值。由电磁感应原理，可知感应电动势 e 的表达式如式（6-4）、式（6-5）所示：

$$e = -\frac{dj}{dt} \tag{6-4}$$

$$j = NB_S = NmHS \tag{6-5}$$

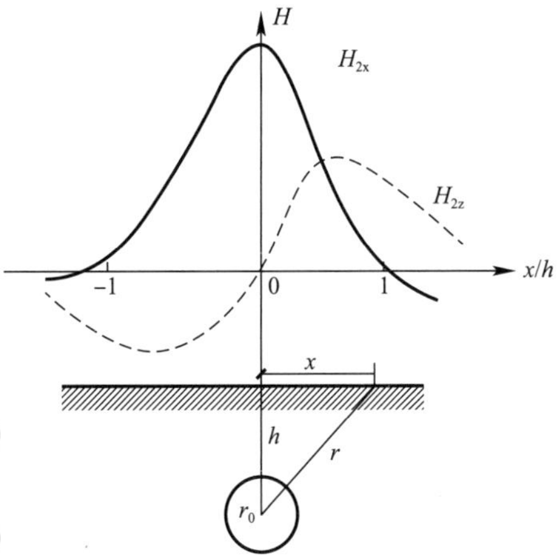

图 6-2　水平圆柱体二次场感应曲线图

式中　j——线圈横截面的磁通量（Wb）；

N——线圈匝数；

B_S——线圈中磁感应强度（T）；

S——线圈面积（m^2）；

m——磁芯的相对磁导率（H/m）。

令 H 为谐变磁场，则有式（6-6）、式（6-7）：

$$H = H_0 \sin \omega t \tag{6-6}$$

$$e = -\frac{d}{d_t} NmHS = -NmSwH_0 \cos \omega t \tag{6-7}$$

可得到振幅，如式（6-8）所示：

$$e_0 = NmSwH_0 \tag{6-8}$$

接收机通过 e_0 的变化从而确定地下金属排水管线。

（2）电磁感应法介绍

电磁感应法可分为主动源方法和被动源方法。

1）被动源法分为工频法和甚低频法，借助接收机完成探测任务。

2）主动源法是目前金属管线探测仪最常用的方法之一，包括直接法、感应法和夹钳法。

① 直接法

利用发射机直接对金属管线通电，用接收机接收电磁信号。直接法又称为充电法，包括单端充电法及双端充电法 2 种。直接法要求管线必须有出露点，其中单端充电法还要求具备良好的接地条件。

A. 单端充电法，如图 6-3（a）所示，即发射机的输出端连接管线，另一端连接到接地电极（简称无穷远极）上，接地点应远离管线位置，最好垂直于管线走向，使电流形成“管线—大地”的回路。

B. 双端充电法，如图 6-3（b）所示，即对管线出露的任意两个位置供电，使电流形成“管线—传输导线”的回路。

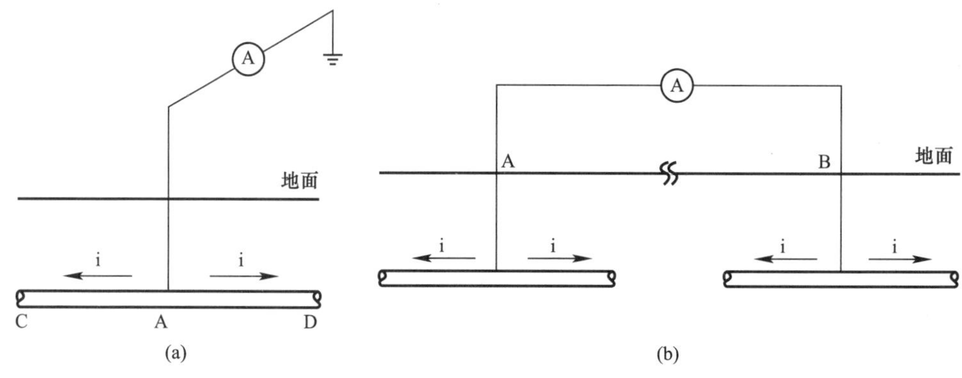

图 6-3　直接法探测管线示意图

（a）单端充电法；（b）双端充电法

② 感应法

发射机的发射线圈通过磁偶极源产生交变电磁场，在一次场的作用下，使被测管线产生二次场，通过接收到的二次场信号来定位被测管线。

③ 夹钳法

将夹钳套在目标管线上，然后发射机输出信号到夹钳上。夹钳自身形成一个初级线圈，目标管线与大地形成一个次级线圈。当发射机输出的交变电流在初级线圈中流通，环状电磁场穿过目标管线的回路时，便在管线中生成二次电流。因为夹钳法是主动发射电磁波，感应管线的效果随着发射频率的增加而更好，但传输距离会随着电磁波信号衰减幅度增大而变短。

（3）电磁感应法的基本操作步骤

下面以英国雷迪的 RD4000 探测仪为例阐述电磁感应方法的基本操作步骤，探测仪如图 6-4 所示。

1）自检：开始工作前，对仪器进行自检。

2）发射机操作步骤：

① 直接连法——发射机通过导线连接到目标管线上，接收机离开目标管线 4～5m 并与目标管线的路由垂直；

② 夹钳法——将夹钳套在管道或电缆上，确认夹钳的双爪完全封闭；

③ 感应法——将发射机放置在目标管线的正上方，保持手柄方向与管线方向一致。

图 6-4　雷迪 RD 系列探测仪

3）接收机操作步骤：

① 打开仪器电源；

② 按频率选择键选择需要的频率，确保接收机和发射机设定的频率一致；

③ 按天线选择键选择峰值、谷值模式；

④ 探测目标管线：依次追踪目标管线、精确定位、扫描机搜索、深度测量。

A. 追踪目标管线：将接收机调到谷值模式以提高追踪的速度。沿着管线的方向向前走动，并左右摆动接收机，观察管线上方的谷值响应和管线两侧的峰值响应。每隔一段时间，将接收机调到峰值模式，对管线进行探测并验证管线的准确位置。

B. 精确定位：将接收机的灵敏度调到刻度的一半，并把接收机调到谷值模式，移动接收机，找出响应最小的谷值点。如果峰值模式的峰值位置与谷值模式的谷值位置一致，可以认为精确定位是准确的。如果两个位置不一致，精确定位是不准确的，但两个位置都偏向管线的同一侧，管线的真实位置更接近峰值模式的峰值位置。管线位于峰值位置的另一边，到峰值位置的距离为峰值位置与谷值位置之间距离的一半。

C. 扫描和搜索：

a. 无源扫测。将接收机调到电力（Power）模式。将灵敏度调到最高，当遇到信号响应时调低灵敏度，使响应保持在表头刻度范围之内。沿网格状的路线走动，走动时应保持平稳，接收机天线的方向保持与走动的方向一致，并且与可能被扫过的管线成直角。当接收机的响应增大指示有管线存在时，停下来，对管线进行精确定位，并标注管线的位置，追踪该管线直到离开要搜索的区域。然后继续在区域内进行网格式的搜索。在有些区域内，可能存在 50/60Hz 电力信号的干扰，把接收机提高至离开地面 5cm（2 英寸）并继续进行搜索。

如果接收机有无线电（Radio）探测模式，将接收机调到无线电（Radio）模式。把灵敏度调到最高，重复上面的网格搜索和精确定位，标志管线位置和追踪所有管线。在大多数区域，无线电（Radio）模式可以探测到不辐射电力信号的管线，使用无线电（Radio）和电力（Power）两种模式对一个区域进行网格搜索。

b. 感应搜索。在开始搜索之前，确定要搜索的区域和管线通过该区域可能的方向，并把发射机设定于感应模式。第一个人操作发射机，第二个人操作接收机。当发射机经过管线时将信号施加到管线上，然后在发射机上游或下游 20m 远的接收机就可以探测到该信号。发射机的方向与估计的管线方向保持一致。第二个人提着接收机在要搜索区域的起始位置，接收机的天线方向保持与可能的地下管线的方向垂直。将接收机调到不会接收到直接从空中传播过来的发射机信号的最高灵敏度。当发射机与接收机的方向保持正确之后，两个操作人员平行地向前移动。提着接收机的操作人员在向前走动的过程中，前后移动接收机。发射机将信号施加到正下方向的管线，再由接收机探测到该信号。在接收机探测到峰值的位置做好标志，在其他可能有管线穿过的方向重复搜索。

D. 深度测量：确认接收机在管线的正上方，接收机天线与管线方向垂直。接收机保持垂直。调节灵敏度，使表头读数在合适的范围内。按深度测量键并在接收机显示屏上读取深度值。

6.4.4　探地雷达法

（1）原理

探地雷达借助发射机 T 的发射天线向地下发射高频电磁波，由于地下介质间的电磁性差异，电磁波经过目标体或地层后会产生反射，返回地面后被接收机 R 的接收天线接收，探地雷达主机将接收的雷达数据经一系列的处理后形成波形图像，通过分析接收到的反射波的传播时间（亦称双程旅行时）、幅度与波形资料，确定地下管线的位置及埋深。探地雷达工作原理、设备及实测效果详见图 6-5～图 6-7。

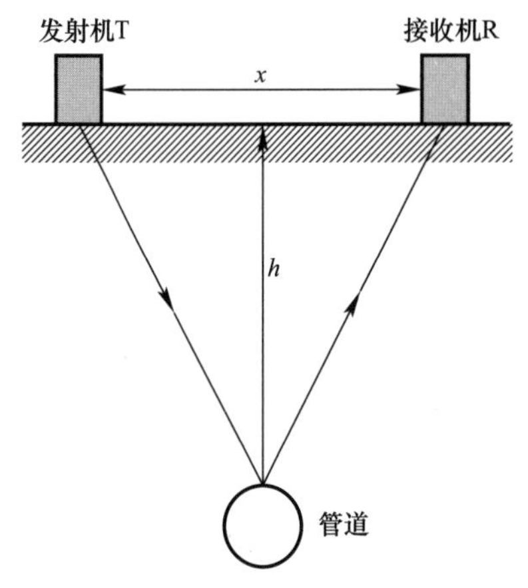

图 6-5　探地雷达法原理图

图 6-6　探地雷达设备

波往返行程时间 t 按式（6-9）计算：

$$t=\frac{\sqrt{4h^2+x^2}}{v} \tag{6-9}$$

式中　h——目标体埋深（m）；

x——发射天线与接收天线间距（公式中，h 一般远大于 x，可忽略，m）；

v——电磁波在介质中的传播速度（m/s）；

S——线圈面积（m^2）。

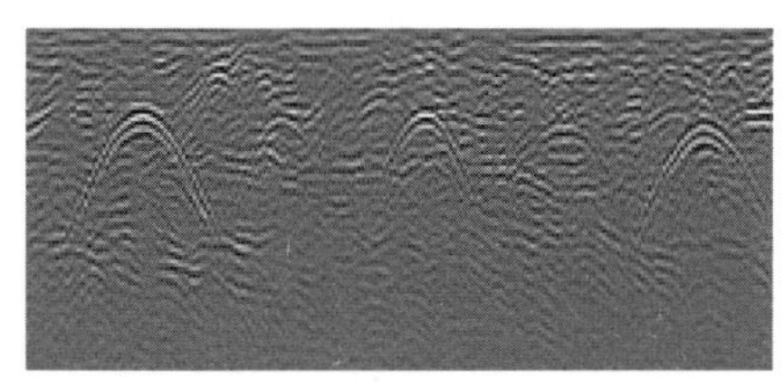

图 6-7　实测效果图

电磁波在传播过程中，遇到不同的阻抗会产生反射波和透射波，其反射与透射遵循反射与透射定律，反射波能量大小取决于反射系数 R，反射系数的大小与界面两侧介质相对介电常数的差异有关。电磁波的反射系数 R 可按式（6-10）计算：

$$R=\frac{(\sqrt{\varepsilon_{r1}}-\sqrt{\varepsilon_{r2}})}{(\sqrt{\varepsilon_{r1}}+\sqrt{\varepsilon_{r2}})} \tag{6-10}$$

式中　R——反射系数；

ε——地下介质的相对介电常数。

（2）探地雷达法操作流程

下面以英国雷迪 LTD-10 系列的探地雷达阐述探地雷达法的基本操作步骤。

1）测试前的准备工作

① 收集与探测目标及所处环境有关的基础资料。

② 选择天线型号（中心频率）。

天线中心频率的选择需兼顾目标深度、目标最小深度及天线尺寸是否符合场地需要，它可按式（6-11）进行初步确定：

$$f_0 = \frac{150}{x\sqrt{\varepsilon}} \tag{6-11}$$

式中　f_0——频率；

x——要求的空间分辨率（m）；

ε——围岩的相对介电常数。

对深层目标进行探测时，应采用 50～300MHz 等较低频率的天线；探测浅层且线度较小的目标时，应该选用 500～1000MHz 或者更高频率的天线。

③ 测网布置。

测量工作以前必须首先建立测区坐标，以便确定记录剖面的平面位置。测网布置与目标的大小和所处方位有关；测线应该沿与物体的长轴或走向垂直的方向布置，目标长轴方向不明时，最好使用方格网进行测量。

2）探测过程

① 安装电池，接通数据线和电源线。

② 开机，使仪器处于正常工作状态。

下拉式菜单“实时调试探测”中包含了“实时动态调试”“公路实时堆积”“公路实时彩图”“公路连续探测”四个选项，分别实现“参数设置”“点测”“彩图显示”“连续测量”等功能，收集相关数据。

③ 开始检测，检测天线应移动平稳、速度均匀，移动速度宜为 3～5km/h。

④ 检测时，应根据移动速度及测段上的标记、主机显示的桩号或距离，随时进行标记或对照，以消除检测距离上的误差。

⑤ 记录包括记录测线号、方向、标记间隔以及天线类型。

3）数据整理

下拉式菜单“数据回放处理”可以实现探测数据的回放、分析，数据解释要参考收集的环境、地质资料、介质参数等综合解释。

（3）注意事项

1）使用的仪器主要技术性能指标应符合下列规定：

① 应具有多种实时监测显示方式；

② 应具有信号叠加功能；

③ 系统增益不应小于 150dB，计时误差不应大于 1.0ms。

2）工作布置应符合下列规定：

① 测线、测网布设方案应根据探测目标体埋深和规模、地质地球物理条件、天线类型，通过现场试验确定；

② 测网密度大小应能覆盖探测目标，异常目标体上的测点数不应少于 3 个；测线宜穿过已有钻孔或与其他方法测线重合布设。

3）探地雷达法应通过现场试验，了解测区内有效波和干扰波的分布规律，确定采样率、记录时窗、发射电压等系统采集参数。

4）探地雷达法应根据试验结果，结合探测深度及分辨率要求，选择中心频率天线。当多个频率的天线均能满足探测深度要求时，应选择相对较高频率的天线。

5）探地雷达法可选用剖面法、宽角法进行观测，亦可根据探测需要选择透射法和钻孔雷达探测。

6）数据采集应符合下列规定：

① 工作前应按试验结果，设置仪器工作参数，并可根据现场条件测试介电常数、推测电磁波速度。

② 探测条件复杂时，应选择两种或两种以上不同中心频率的天线分别测试，相互对比探测结果。

③ 现场工作时，可根据干扰情况、雷达图像效果，及时调整采样率和记录时窗。

④ 连续测量时的天线移动速度应均匀，并与仪器的扫描率相匹配；使用分离天线测量时，应通过调整天线距离使来自目标体的反射信号最强；天线取向宜使其极化方向与目标体长轴或走向平行。

⑤ 测试中应详细记录干扰影响或异常点位置；重点异常区应重复观测，重复性较差应查明原因。

⑥ 使用测量轮时，在测试之前应进行标定；测试过程中，宜按规定进行标注校对。

7）质量检查和评价应符合下列规定：

① 提供检查和评价的雷达资料应经过初步编辑，编辑内容可包括测线号、里程桩号、剖面深度等；

② 检查观测的图像应与原始观测图像的形态与位置基本对应；

③ 检查发现雷达图像有疑义或记录时窗未满足要求时，应调整参数后重新观测。

8）资料处理应符合下列规定：

① 预处理应进行桩号校正，删除无用道，增益调整时曲线不得出现拐点；

② 消除背景干扰可采用带通滤波、小波分析、点平均、道平均方法；

③ 突出反射波边界拐点可使用反褶积、小波分析方法；

④ 压制多次反射波可使用反褶积方法，反褶积的反射子波宜采用最小相位子波；

⑤ 在确定无同倾角的有效层状反射波时，可采用 F-K 倾角滤波法消除倾斜层干扰波；

⑥ 可采用时间偏移或深度偏移方法消除叠加干扰，深度偏移宜使用实测的电磁波速度；

⑦ 当信号比较低时，不宜进行反褶积、偏移归位。

6.4.5 弹性波法

（1）原理

弹性波法利用物理波在不同介质下的波阻抗值差异，以及在不同介质下产生的反射、折射和透射特性，探测地下或水下的情况。地下情况可采用浅层地震法，水下情况可采用水声法。

浅层地震法利用人工震源激发产生地震波，通过地下介质波速解译，由于波在不同介质传播速度各不相同，地下不同介质的岩性、密度、波速等的差异使反射波的频率、振幅、相位等均发生变化，分析研究地震波中的时间、速度、振幅、相位、频率等的变化特征，从而推断地下管线的形态、分布位置、状况等，可以确定地下目标体的存在位置。水声法利用声发射装置向水中发射定频率的声波，接收水中回声，通过对声波的解译，研究水下管道的分布情况。

下面主要对浅层地震法进行介绍。

（2）浅层地震方法

1）反射波法

反射波法是利用地震波的反射原理，对浅层具有波阻抗差异的地层或构造进行探测的一种地震勘探方法，简称浅层反射波法。地震映像法也属此类。反射波法是在离震源较近的若干测点上，测定地震波从震源到不同弹性的地层分界面上反射回到地面的旅行时间，当地层倾角不大时，反射波的全部路径几乎是垂直地面的，因此，在测线的不同位置上法线反射时间的变化就反映了地下地层的构造形态。实际的观测中，根据勘探目的和物探条件，会派生出多种地震反射波勘探方法，但最终的结果都是把共反射点的波形叠加、归位、偏移到零偏移距上，如图 6-8 所示。

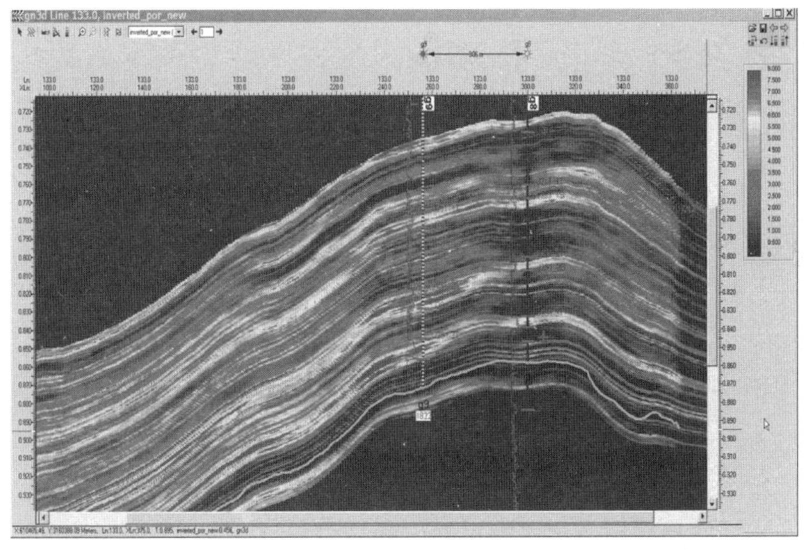

图 6-8　反射波法效果图

2）折射波法

折射波法是利用地震波的折射原理，对浅层具有波速差异的地层或构造进行探测的一种地震勘探方法。地震折射波勘探的前提条件是下层介质的波速必须大于上层介质的波速，当地震波以临界角入射到界面时，以下层介质波速沿界面滑行，通过滑行界面附近质点的振动带动上层介质的振动，将地震波返回地面，这种波称为首波或折射波。此一通过地面人工激震，地震波从上层介质入射—下层介质顶界面滑行—上层介质出射至地面，通过仪器采集信号进行分析处理的过程，就是折射地震波勘探。首波到达不同观测点的时间包含着速度界面的深度和速度的信息，虽然它得不到像反射波法那样多的资料和那样高精度的构造图，但它的界面速度数据却比反射波法容易给出解释。

3）瑞雷波法

瑞雷波法是利用瑞雷波在层状介质中的几何频散特性进行分层的一种地震勘探方法，按激振方式分为稳态和瞬态。

（3）浅层地震法工作流程

1）在野外观测作业中，垂直于管道走向布置测线，沿测线等间距布置多个检波器来接收地震波信号。依观测仪器的不同，确定检波器或检波器组的数量，有 24 个、48 个、96 个、120 个、240 个等。

2）启动锤击、气动震源，工作人员操作仪器沿直线测线进行观测，每个检波器组接收的信号通过放大器和记录器，得到一道地震波形记录，称为记录道。记录器将放大后的电信号按一定时间间隔离散采样，以数字形式记录在磁带上。磁带上的原始数据可回放而显示为图形。

3）常规的观测是沿直线测线进行，所得数据反映测线下方二维平面内的地震信息。这种二维的数据形式难以确定侧向反射的存在以及断层走向方向等问题，为精细详查地层情况以及利用地震资料进行储集层描述，有时在地面的一定面积内布置若干条测线，以取得足够密度的三维形式的数据体，这种工作方法称为三维地震勘探。三维地震勘探的测线分布有不同的形式，但一般都是利用反射点位于震源与接收点之中点的正下方这个事实来设计震源与接收点位置，使中点分布于一定的面积之内。

4）把数据下载到室内计算机上，处理生成地震实测剖面图。

6.4.6 直流电阻率法

（1）直流电阻率法的原理

直流电阻率法利用地壳中不同介质间导电性（以电阻率表示）的差异，通过观测与研究在地下人工建立的稳定电流场的分布规律，来寻找地下管道以及解决有关管道问题的一种电法勘探方法。直流电阻率法是电法勘探中研究应用最早、使用最广泛的方法。

均质各向同性岩层中电流线的分布，如图 6-9 所示。AB 为供电电极，MN 为测量电极，当 AB 供电时用仪器测出供电电流 I 和 MN 处的电位差 ΔV，则岩层的电阻率按式（6-12）计算，效果图如图 6-10 所示。

$$p = K\frac{\Delta V}{I} \tag{6-12}$$

式中 p——电阻率（Ω·m）；

ΔV——电极间的电位差（mV·m）；

K——装置系数，与供电和测量电极间距及电探方法有关；

I——供电回路的电流强度（mA）。

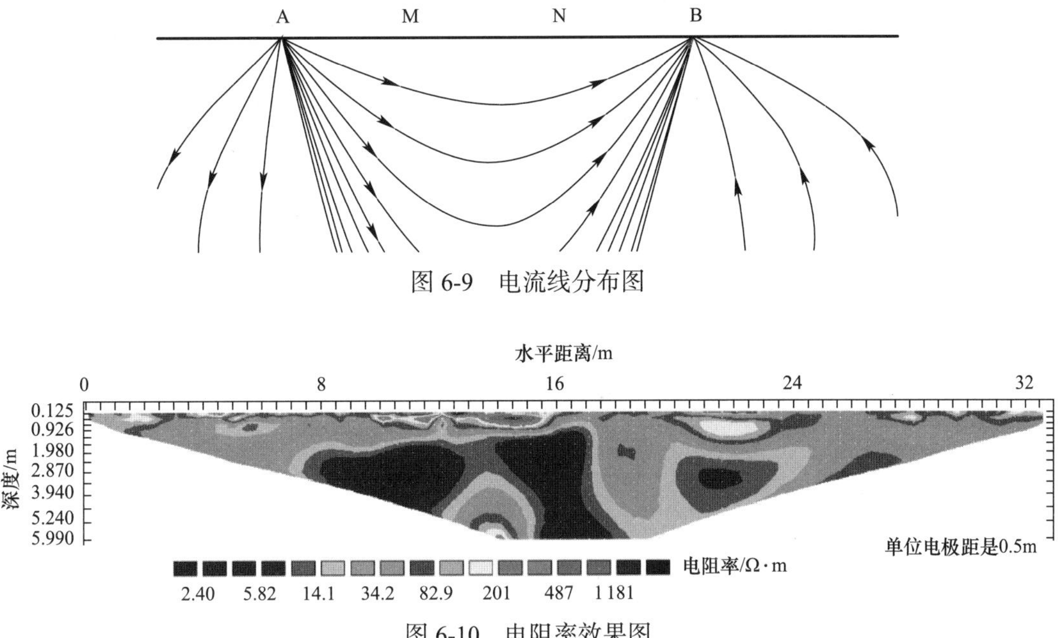

图 6-9　电流线分布图

图 6-10　电阻率效果图

（2）直流电阻率法的类型

1）电剖面法

电剖面法是用以研究地电断面横向电性变化的一类方法。一般采用固定的电极距并使整个电极装置沿着测线平移，这样便可观测到在一定深度范围内视电阻率沿着剖面的横向变化。相对于电测深而言，电剖面法更适用于探测产状陡立的高、低阻体，如划分不同岩性的接触带、追索断层及构造破碎带等。根据装置的不同可分为对称四极剖面法、复合对称四极剖面法、三极剖面和联合剖面法、偶极剖面法、中间梯度法等。

2）电测深法

电测深法是以地表某一点（即测深点）为中心，用不同供电极距测量不同深度岩层的电阻率值，以获得该点处地质断面的方法；若测深点按勘探线布置时，可得出地质横断面情况，按装置形式可分为对称四极测深、三级测深、偶极测深、环形测深等。

3）高密度电阻率法

高密度电阻率法的原理和普通电阻率法相同，只是在测定方法、仪器设备及资料处理方面有所改进，不仅可以提供地下一定深度范围内横向电性的变化情况，而且还可以提供竖向电性的变化。

（3）直流电阻率法的工作流程

1）探测方式选取：确定测量方式，根据排水管道的特点及地质情况选择适合的电法探测方式。

2）参数设置：根据装置设置正确的参数，工作参数选择主要考虑极距的大小，极距应根据探测要求、探测目的、被探测体的规模和埋深来选择。一般采用温纳电测深方法，极距选择在 0.5～1.5m 范围内，以确保探测到浅地层的地下管道及不明地质体。

3）测线布置：根据场区特点，确定测线布置。

4）野外工作测线布置时，测线方向应尽量垂直于探测体的走向，如果方向改变，角度不能大于5°。测线要远离高压线塔、输变电站、铁路、加油站等局部可能引起高阻的干扰区。电极的布设要尽量靠近测线，因障碍物无法布设时，要尽量靠近测线方向。

5）数据收集及处理：操作人员开启机器，沿测线进行数据收集。对野外采集的数据用数据线传输到计算机，格式转换，剔除异常点，平滑处理，进行最小二乘法反演、拟合，最后绘制成视电阻率断面等值线图用于辨别异常及地质解释。

6.5 数据处理与数据库建立

（1）一般规定

1）数据处理宜形成管线图、管线成果表、管线数据文件。

2）数据处理使用的软件应具有数据输入、数据查错、图形编辑、属性编辑、管线图生成、查询统计、成果输出等基本功能。

3）城市地下管线探测可在数据处理基础上建立管线数据库，管线数据库应包括管线属性库和管线图形库。

（2）数据处理

数据处理形成的管线数据文件应经过拓扑检查和属性检查，管线属性信息应与地下管线探测原始记录相一致。管线的编号、组合等要求可按《城市工程地球物理探测标准》CJJ/T 7 中的规定。管线数据文件应符合下列规定：

1）完整性要求。图层无丢漏，数据范围覆盖工作区，属性项完整，必填项属性值无遗漏。

2）逻辑一致性要求。管线要素分类与代码、数据分层及命名、数据结构应符合要求；要素间的拓扑关系应正确；数据项的取值应在阈值范围内。

3）属性精度要求。管线属性项内容应正确。

（3）数据库的建立

1）管线数据库应根据设计选择数据库平台，数据库平台应符合下列规定：

① 应支持矢量、栅格空间数据结构；

② 应具备海量空间数据管理能力；

③ 应具备数据备份与恢复功能；

④ 应支持异构数据互联及数据相互转换。

2）管线图形数据库建设应符合下列规定：

① 管线点编号应保证其唯一性；

② 材质、埋设方式、使用状态的属性信息宜分别建立数据字典；

③ 管线分类应符合相关《城市工程地球物理探测标准》CJJ/T 7 规定；

④ 建立拓扑关系不应降低源数据精度。

6.6　成果验收

（1）一般规定

1）地下管线探测成果应在作业单位检查合格的基础上经质量检验合格。经检验不合格的探测成果，不得组织验收。

2）质量检验可由工程监理完成。

3）地下管线探测应依据任务书或合同书、经批准的技术设计书、《城市地下管线探测技术规程》CJJ 61 以及有关技术标准进行成果验收。

4）地下管线探测成果应在验收通过后，按任务要求提交。

（2）成果质量检验

1）成果质量检验的样本抽取、检验内容应符合现行国家标准《测绘成果质量检查与验收》GB/T 24356 的相关规定。

2）地下管线探查、测量的成果质量检验应采用同精度或高精度的方法，数据成果检验宜采用检查软件进行，管线图检查应采用图面检查与实地对照检查相结合的方式。

3）质量检验时，应侧重检验疑难管线、复杂条件管线或危险管线。

4）质量检验应根据检验结果对探测成果作出质量评价，质量评价应符合现行国家标准《测绘成果质量检查与验收》GB/T 24356 的相关规定。

5）质量检验完成后应编制检验报告，检验报告内容应包括检验目的、技术依据、检验方法、质量评价结果。

（3）成果验收

1）提交验收的地下管线探测成果资料应包括下列内容：

① 任务书或合同书、技术设计书；

② 所利用的已有成果资料、坐标和高程的起算数据文件以及仪器的检验校准记录；

③ 探查草图、管线点探查记录表（或者相应的电子控制点和管线点的观测记录、计算资料、各种检查和开挖验证记录及权属单位审图记录等）；

④ 质量检查报告；

⑤ 管线成果图、成果表及数据文件、数据库；

⑥ 地下管线探测总结报告。

2）质量检验报告应作为提交验收资料的一部分。

3）验收合格的成果应符合下列规定：

① 提交的成果资料齐全，符合归档要求；

② 完成合同书规定的各项任务，成果经质量检验符合质量要求；

③ 各项记录和计算资料完整、清晰、正确；

④ 采用的技术方法与技术措施符合标准规范要求；

⑤ 成果精度指标达到技术标准、规范和技术设计书的要求；

⑥ 问题处理方式合理；

⑦ 总结报告内容齐全，能反映工程的全貌，结论明确，建议合理可行。

4）成果经过验收后应形成验收报告，验收报告应包括下列内容：

① 验收目的；

② 验收组织；

③ 验收时间及地点；

④ 成果验收意见；

⑤ 发现的问题及处理方法；

⑥ 验收结论；

⑦ 验收组成员签名表。

本章参考文献

［1］ 百度文库．地下管线探测技术第一篇分解［EB/OL］.https://wenku.baidu.com/view/b5d7348ec0c708a1284ac850ad02de80d5d8065b.html.

［2］ 吴尚科．地下管线探测技术初探［J］. 人民长江，2007，38（10）：94，128.DOI:10.3969/j.issn.1001-4179.2007.10.039.

［3］ 陈思静，胡祥云，彭荣华．城市地下管线探测研究进展与发展趋势［J］. 地球物理学进展，2021，36（3）：1236-1247.

［4］ 邓诗凡．城市老旧小区复杂地下管线综合探测研究［D］. 西安：西北大学，2020.

［5］ 王勇．城市地下管线探测技术方法研究与应用［D］. 长春：吉林大学，2012.

［6］ 刘占林，张瑞卫．浅谈城市地下管线探测方法［J］. 现代测绘，2014，37（05）：41-44.

［7］ 百度文库．综合管网普查项目经验交流［EB/OL］. https://wenku.baidu.com/view/a8477629ce22bcd126fff705cc17552706225e02.html.

［8］ 中华人民共和国住房和城乡建设部．住房城乡建设部等部门关于开展城市地下管线普查工作的通知［EB/OL］.http://www.mohurd.gov.cn/wjfb/201412/t20141216_219789.html.

［9］ 中华人民共和国住房和城乡建设部．城市工程地球物理探测标准 CJJ/T 7—2017［S］. 北京：中国建筑工业出版社，2017.

［10］ 中华人民共和国住房和城乡建设部．城市地下管线探测技术规程 CJJ 61—2017［S］. 北京：中国建筑工业出版社，2017.

［11］ 英国雷迪公司 .RD4000 地下管线探测仪用户手册［EB/OL］. https://www.radiodetection.com/zh.

［12］ 地下管线探测仪操作指导书［EB/OL］.https://www.renrendoc.com/p-62142893.html.

［13］ 百度文库．地下管线探测技术解读［EB/OL］.https://wenku.baidu.com/view/c9a7c1f7f02d2af90242a8956bec0975f565a402.html?fr=search-income6&fixfr=LYqs8%2FmrDI2GLYUJstWRiA%3D%3D.

［14］ 杜良法，李先军．复杂条件下城市地下管线探测技术的应用［J］. 地质与勘探，2007（03）：116-120.

［15］ 何伟，于鹏，张罗磊，等．高密度电法在探测地下金属与非金属组合管线中的应用［J］. 工程地球物理学报，2008（01）：95-98.

［16］ 庄建林．地下非金属管线探查方法探讨［A］. 中国测绘学会工程测量分会．数字测绘与 GIS 技术应用研讨交流会论文集［C］. 中国测绘学会工程测量分会：中国测绘学会，2008.

［17］ 赵永峰，鞠春华，伊商鹏．探地雷达在非金属管线探测中的应用［J］. 城市勘测，2009（03）：131-133.

[18] 陈泽辉，党瑞荣，谢荣勃．地下金属管道电磁探测技术研究［J］. 电子测试，2017（15）：50-51.

[19] 杜坤升．城市地下管线探测关键技术分析［D］. 南昌：东华理工大学，2017.

[20] 杜良法．电（磁）法技术在地下管线探测中的应用［J］. 测绘与空间地理信息，2008，31（06）：7-10+13.

[21] 王羽．RD8000 管线探测仪与 LD6000 管线探测仪的探测方法及应用［J］. 测绘通报，2015（S1）：63-66.

[22] 郝洋洲，石继峰．城市地下管线现状普查方法与管理［J］. 西部探矿工程，2012，24（02）：183-186.

[23] 陈旭．一种新型地下金属管线探测仪［D］. 天津：天津科技大学，2018.

[24] 王健，江怡芳，朱能发，等．综合管线探测技术在城市管线探测中的应用［J］. 测绘通报，2015（S2）：52-56.

[25] 张宗岭，张效良．地下管线探测电磁场异常特征的理论与实践［J］. 地质与勘探，2002（01）：83-85.

[26] 韩沙沙，王照天，郭凯．地下管线探测方法综述［J］. 测绘通报，2016（S1）：104-106+109.

[27] 蔡伟涛．近间距平行地下管线探测方法及应用效果分析［J］. 矿山测量，2017，45（05）：97-100.

[28] 陈雨，丁昕，刘金锁，等．城市地下管线及其地球物理探查方法［J］. 淮南职业技术学院学报，2018，18（01）：8-11.

[29] 邓诗凡，张智华，李想，等．城市老旧小区内外业一体化给水管线探测［J］. 地球物理学进展，2019，34（05）：1996-2001.

[30] 王亮，李正文，王绪本．地质雷达探测岩溶洞穴物理模拟研究［J］. 地球物理学进展，2008（01）：280-283.

[31] 姚显春，闫茂，吕高，等．地质雷达探测地下管线分类判别方法研究［J］. 地球物理学进展，2018，33（04）：1740-1747.

[32] 高斌，何杰，薛陶，等．基于电磁法的城市地下管线探测技术的应用研究［J］. 路基工程，2018（05）：24-29.

[33] 苏文俊，王金海．综合施工地质预报技术在岩溶地区隧道中的应用［J］. 工程地球物理学报，2010，7（05）：625-629.

[34] 郑豪峰，廖纪明，罗努银，等．地质雷达法（GPR）在浅埋特大断面小净距公路隧道中的应用［J］. 建筑施工，2010，32（04）：346-347+351.

[35] 中国电波传播研究所青岛分所．LTD 探地雷达通用操作规程［EB/OL］.https://wenku.baidu.com/view/e16af88e6529647d27285260.html.

[36] 广州迪升探测工程技术有限公司．五大管线探测技术［EB/OL］. https://wenku.baidu.com/view/858bcf1b50e79b89680203d8ce2f0066f433642e.html.

[37] 邱小峰．高密度电阻率法在探测地下雨污水管道中的应用［J］. 有色金属设计，2018，45（04）：8-11.

[38] 迟天峰，冯靖乔，邵喜斌．高密度电阻率法在探测油气管道泄漏中的应用［J］. 防灾减灾学报，2013，29（03）：49-53.

[39] 王磊．密度电法在水文孔管道验证中的应用［J］. 西部资源，2019（01）：150-151.

[40]《工程地质手册》编写委员会．工程地质手册［M］.5 版．北京：中国建筑工业出版社，2018.

第 7 章　地下排水管道检测

7.1　排水管道检测现状

7.1.1　检测技术的发展

国外城市化建设较早，地下排水管道等基础设施理论研究及应用起步也较早，20 世纪 50 年代，欧洲开始了排水管道检测技术的研究和推广工作。1957 年，德国研发了第一台地下排水管道摄像系统；1963 年，美国 CUES 公司生产出摄像检查系统；1964 年，英国的报纸报道了使用 CCTV 检测技术的案例；20 世纪 80 年代，英国发行了第一部专用于排水管道的 CCTV 检测评估编码手册；经过 1987 年道路塌陷事件后，日本认为解决地面塌陷问题需要调查地下的空洞状况，并于 1990 年开始在全国范围内采用探地雷达对地下管道进行普查，进而实施道路的养护管理；20 世纪 90 年代，澳大利亚开发了一种名为 KARO 的德国机器人系统和管道检测实时评估技术；1998 年，加拿大的 Osama Moselhi 首先提出使用模糊化、边缘检测、图像反色等简单的图像处理手段，开辟了 CCTV 地下排水管道图像检测的先河；1999 年，美国的 Robert A.Kc Kim 等人在此基础上加入了图像增强以消除非均匀光照的影响，同时利用自适应阈值分割在管道裂纹检测中取得了良好的效果；2001 年，欧洲标准委员会出版了《市政排水管网内窥检测专用的视频检查编码系统》；2003 年，日本颁布了《下水道电视摄像调查规范（方案）》。2007 年，Bo 等开发了一种用于管道的超声波在线检测系统。

在我国，香港早在 20 世纪 80 年代就开始使用电视手段对排水管道进行检测。CCTV 检测技术于 20 世纪 90 年代中期在我国台湾用于管道内部状况及排水管道的健康检测。直到 2007 年，国内才出现针对城市排水管道图像检测的研究，该研究由杨清梅以 CCTV 检测机器人系统为基础，融合了可见光图像和声呐数据，有效地检测了沉积缺陷。2008 年，我国台湾的 Ming-Der Yang 等人提出使用小波变换与共现矩阵，获取排水管道内壁图像的纹理特征，首次利用了 SVM 分类器，对管道的错口、破裂等病害进行分类，准确率达到了 60%。2009 年，香港发布了《管道状况评价（电视检测与评估）技术规程》（第 4 版）；同年，上海市质量技术监督局发布了国内首部排水管道内窥检测评估技术规程——上海市地方标准《排水管道电视和声呐检测评估技术规程》DB31/T 444。2010 年，杨理践等人针对双目视觉立体特征点匹配问题，利用 Harris 角点，结合 NCC 与随机抽样一致性算法，极大地改善了特征点的误匹配问题，并首次实现了排水管道内壁三维成像；同年，夏娟等开发了可以检测排水管道内壁淤积和损伤问题的超声波数据采集系统。2012

年 12 月 1 日，《城镇排水管道检测与评估技术规程》CJJ 181 开始实施，对 CCTV 检测技术的要求、评估方法等标准作出了规定。2018 年，何嘉林在融合 OTSU 和 KMeans 方法的基础上，首先检测到病害区域的投影位置，使用随机森林分类器识别管道缺陷，并在破裂、错口、沉积、堵塞 4 种病害类别中获得了较高的准确率。

7.1.2　检测的必要性

由于各类公共地下管线数量和建（构）筑物的增加，可利用地下空间越来越小，新建排水管道的敷设难度越来越大；随着时间的推移，原有管道的错位、渗漏、腐蚀等结构性缺陷情况越发严重，对其进行改造将成为城市发展过程中的重要环节。

根据王复明院士的报告——《地下工程水灾害防治技术的发展》：截至 2016 年，全国地下综合管廊建设长度达到 2005km，主要缺陷为渗漏、开裂、错位。中国城镇供水排水协会（CUWA）调查的数据显示，目前排水管网的泄漏率达到 39%。管线缺陷见图 7-1～图 7-4。

上海某区 2011 年排水管道检测结果显示，中度淤积以上的管道占总管道长度的 18.45%，平均每 1km 就有 1 处破裂、渗漏等结构性病害。此外，由于管道堵塞或淤积，使得管道中的污水溢出，污染地下水及地表水源。谭合等对湖北某开发区排水管网的现状进行了调研，结果表明：雨污分流接管错误的现象比较严重。Ashley 等研究表明：强降雨

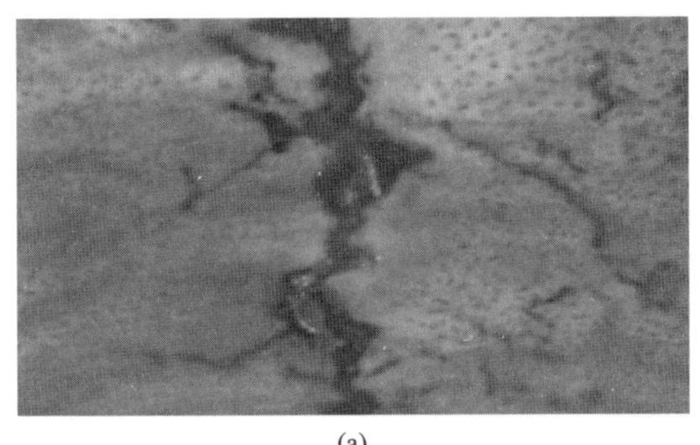
(a)

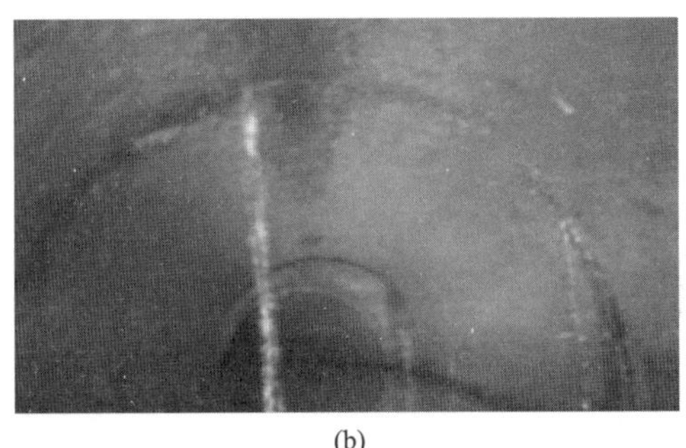
(b)

图 7-1　管道渗漏

（a）管壁渗漏；（b）管环连接处漏水

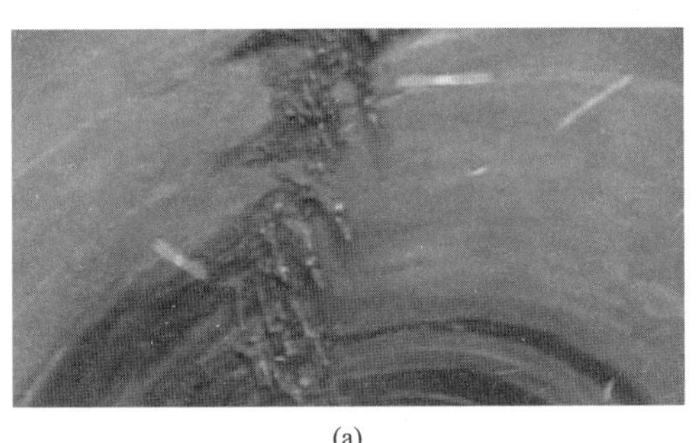
(a)

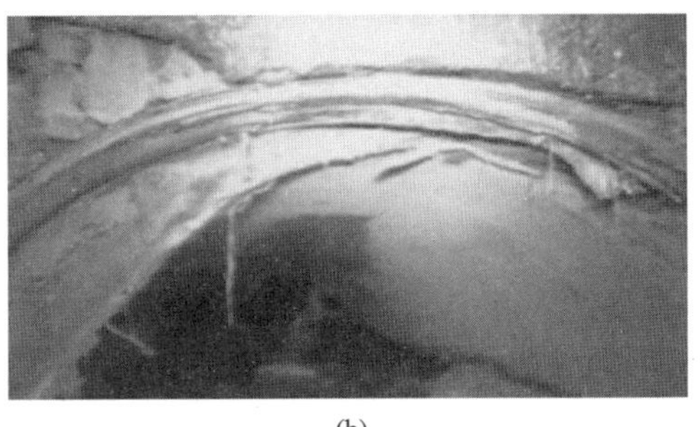
(b)

图 7-2　管道破裂

（a）纵向开裂；（b）环向开裂

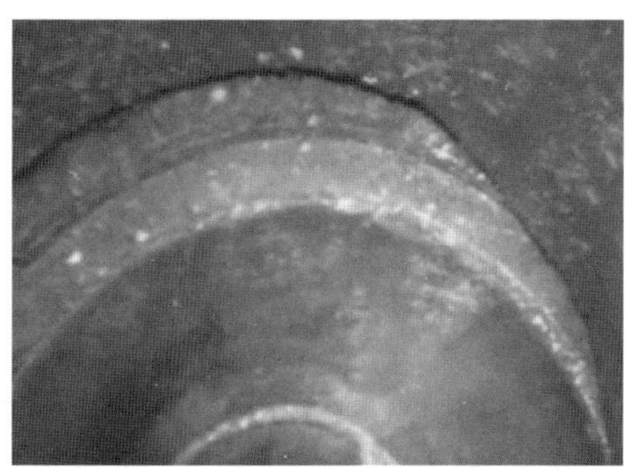

图 7-3　管道错口

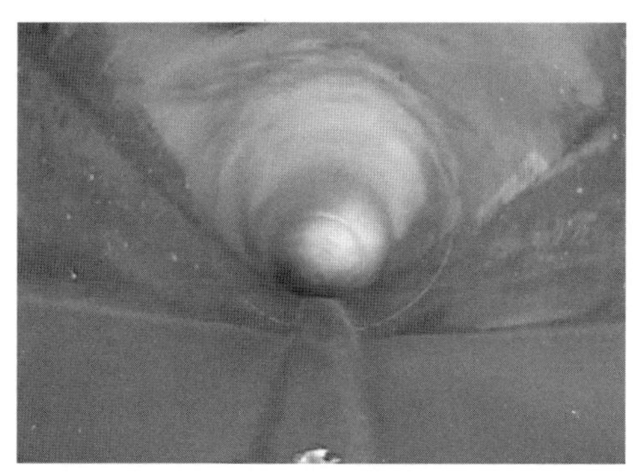
图 7-4　管道起伏

时受纳水体污染负荷的 30%～80% 都来源于溢流排放的管道。排水管道的破损会导致周边土体疏松，影响管道自身、周围建筑物和其他管道的安全。据报道，全国因排水管道破损而导致路基松动的情况时有发生，严重时还会发生沉管、路面塌陷事故，危害交通安全。深圳市在 2013 年内发生了十余次地面塌陷事故，并造成十余人伤亡；国内外不少地区因地下排水管道下沉导致路面塌陷影响交通的事故屡有报道。

近年来，因道路下的截污主干管道破损而造成的路面陆续出现下沉、塌陷的情况较为常见（图 7-5、图 7-6），引发了较为严重的事故，使交通受阻，造成部分收集片区的污水无法排入污水处理厂，影响污水处理厂的减排工作，也造成环境污染，影响到周边区域的环境安全。

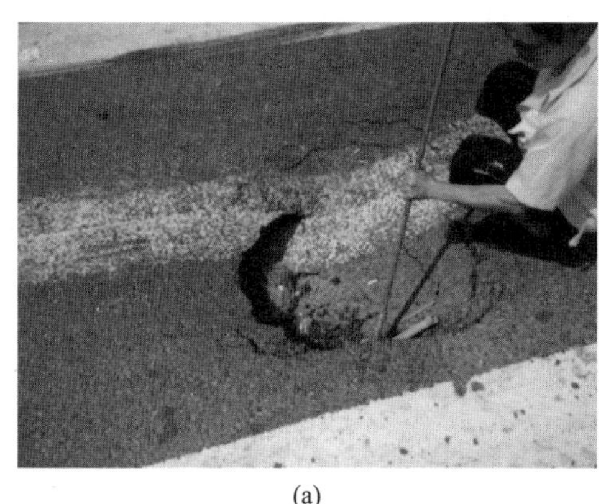
(a)

(b)

图 7-5　路面下沉、塌陷

（a）下沉；（b）塌陷

地下排水管道的准确检测是修复的重要前提，管槽开挖修复和非开挖修复的对策与方案均基于检测结果。采用管槽开挖修复的地下排水管道，在管道竣工验收之前，新敷设的管道内部无杂物，省去了疏通的环节，对所有新建的管道进行检测，能及时探明修复后管道连接处渗漏、沉降等缺陷。根据检测结果预先对管道进行修复，可减少因管道破损而发生的漏失量，降低对正常排水的影响，减轻环境污染，降低因排水管道破损导致路面塌陷而造成的损失。

因此，有必要对排水管网进行全面和定期的检测，掌握排水管道的运行性能，降低管道发生故障的可能性，将有助于采用合理的修复技术，同时便于管理部门开展维护工作。与发达国家相比，我国当前排水管道检测水平和检测效率均较低，仅有少数几座大城市在特定情况下开展仪器仪表检测，运行管理及维护水平仍有待提高。

图 7-6　检查井旁的路面发生下沉

7.2　排水管道缺陷及检测方法

7.2.1　缺陷类型

《城镇排水管道检测与评估技术规程》CJJ 181 归纳了 16 种常见排水管道缺陷，包括破裂、变形、腐蚀、错口、起伏、脱节、接口材料脱落、支管暗接、异物穿入、渗漏等 10 种结构性缺陷，以及沉积、结垢、障碍物、残墙坝根、树根、浮渣 6 种功能性缺陷（表 7-1）。

排水管道缺陷类型　　表7-1

缺陷性质	缺陷名称	定义	缺陷描述
结构性缺陷	破裂	管道的外部压力超过自身的承受力致使管道发生破裂。其形式有纵向、环向和复合3种	裂痕： 1）在管壁上可见细裂痕； 2）在管壁上由细裂缝处冒出少量沉积物； 3）轻度剥落
			裂口：破裂处已形成明显间隙，但管道的形状未受影响且破裂无脱落
			破碎：管壁破裂或脱落处所剩碎片的环向覆盖范围不大于弧长60°
			坍塌：1）管道材料裂痕、裂口或破碎处边缘环向覆盖范围大于弧长60°； 2）管壁材料发生脱落的环向范围大于弧长60°
	变形	管道受外力挤压造成形状变异	以变形占管道直径的百分比（≤5%、5%～15%、15%～25%、>25%）作为划分缺陷等级的指标
	腐蚀	管道内壁受侵蚀而流失或剥落，出现麻面或露出钢筋	轻度腐蚀：表面轻微剥落，管壁出现凹凸面
			中度腐蚀：表面剥落显露粗骨料或钢筋
			重度腐蚀：粗骨料或钢筋完全显露
	错口	同一接口的两个管口产生横向偏差，未处于管道的正确位置	轻度错口：相接的两个管口偏差不大于管壁厚度的1/2
			中度错口：相接的两个管口偏差为管壁厚度的1/2～1之间
			重度错口：相接的两个管口偏差为管壁厚度的1～2倍之间
			严重错口：相接的两个管口偏差为管壁厚度的2倍以上

续表

缺陷性质	缺陷名称	定义	缺陷描述
结构性缺陷	起伏	接口位置偏移，管道竖向位置发生变化，在低处形成洼水	以起伏高/管径（*R*≤20%、20%＜*R*≤35%、35%＜*R*≤50%）作为划分缺陷等级的指标*R*
	脱节	两根管道的端部未充分接合或接口脱离	轻度脱节：管道端部有少量泥土挤入
			中度脱节：脱节距离不大于20mm
			重度脱节：脱节距离为20～50mm
			严重脱节：脱节距离为50mm以上
	接口材料脱落	橡胶圈、沥青、水泥等类似的接口材料进入管道	接口材料在管道内水平方向中心线上部可见
			接口材料在管道内水平方向中心线下部可见
	支管暗接	支管未通过检查井直接侧向接入主管	支管进入主管内的长度不大于主管直径10%
			支管进入主管内的长度在主管直径10%～20%之间
			支管进入主管内的长度大于主管直径20%
	异物穿入	非管道系统附属设施的物体穿透管壁进入管内	异物在管道内且占用过水断面面积不大于10%
			异物在管道内且占用过水断面面积为10%～30%
			异物在管道内且占用过水断面面积大于30%
	渗漏	管外的水流入管道	滴漏：水持续从缺陷点滴出，沿管壁流动
			线漏：水持续从缺陷点流出，并脱离管壁流动
			涌漏：水从缺陷点涌出，涌漏水面的面积不大于管道断面的1/3
			喷漏：水从缺陷点大量涌出或喷出，涌漏水面的面积大于管道断面的1/3
功能性缺陷	沉积	杂质在管道底部沉淀淤积	以沉积物厚度占管径的百分比（20%～30%、30%～40%、40%～50%、＞50%）作为划分缺陷等级的指标
	结垢	管道内壁上的附着物	以硬质结垢造成的过水断面损失（≤15%、15%～25%、25%～50%、＞50%）和软质结垢造成的过水断面损失（15%～25%、25%～50%、50%～80%、＞80%）作为划分缺陷等级的指标
	障碍物	管道内影响过流的阻挡物	以过水断面损失（≤15%、15%～25%、25%～50%、＞50%）作为划分缺陷等级的指标
	残墙、坝根	管道闭水试验时砌筑的临时砖墙封堵，试验后未拆除或拆除不彻底的遗留物	
	树根	单根树根或是树根群自然生长进入管道	
	浮渣	管道内水面上的漂浮物	以漂浮物占水面面积（零星：≤30%，较多：30%～60%，大量：＞60%）作为划分缺陷等级的指标

《城镇排水管道检测与评估技术规程》CJJ 181 对检查井的外部和内部检查基本项目作了规定，外部检查项目：井盖埋没、丢失、破损、标示错误，井框破损，井盖间隙、高差、突出或凹陷，跳动和声响，周边路面破损、沉降，道路上的井室盖是否为重型井盖，

其他；内部检查项目：链条或锁具，爬梯松动、锈蚀或缺损，井壁泥垢、裂缝、渗漏，抹面脱落，管口孔洞，流槽破损，井底积泥、杂物，水流不畅，浮渣，其他。

7.2.2　检测方法

管道及检查井检测的重点是存在问题排水口的上游排水管道和检查井。检测由问题区域开始，由下游至上游，先干管后支管，应尽可能涵盖排水口服务范围内所有的排水管道和检查井。

（1）传统检测方法

传统检测方法指的是采用工器具对管道缺陷位置及尺寸进行量测的一种方法，包括目视检查、反光镜检查、潜水检查和量泥斗检测法等，宜用于大直径管道维护的常规检查。

1）目视检查

即通过观察管井水位，了解检查井井壁及管口的表观概况，判断排水管道是否存在淤积堵塞的情况；通过观察比较上下游管井内水质浑浊状况的变化来判断管道段内是否存在破裂、内壁脱落或坍塌。适用于检查井与管口小范围内及大口径管道内部功能性缺陷的情况。人员进入排水管道内部检查时，管径不得小于 800mm，水深不得大于 500mm，充满度不得大于 50%。

2）反光镜检查

通过光线反射原理，观察管井附近管道是否存在堵塞、管壁腐蚀、障碍物等缺陷。适用于管内无水，能检查管道顺直和垃圾堆积的情况，但是无法探测管道内部结构的损坏缺陷。

3）潜水检查

在紧急情况或缺乏检测设备的地区或管道环境良好的大口径管道中，潜水员潜入管道内进行功能性、结构性检查的方法，初步判断结构性损坏的各项指标，注意必须采取一定的安全预防措施，保证工作人员的健康与安全。适用于检查井以及直径不小于 1200mm 且无法断水管道的缺陷检查，要求管内低流速（流速不得大于 0.5m/s）。

4）量泥斗检测法

该方法主要检测检查井和管道口的积沙和淤泥深度，确认排水管道是否可以正常运行。该检测方法的优点在于直观、速度快，缺点在于无法检测管道内部缺陷以及结构损坏的情况，适用于量测检查井底或距离管口不大于 500mm 的管道内部的软性积泥。

（2）现代检测技术

由于目前城镇排水管道情况复杂，结构性缺陷问题突出，对检测提出了更高的要求，传统方法一般作为辅助性手段，不能满足现代管道检测的要求。随着科技的发展，CCTV 检测、管道潜望镜、声呐探测、渗漏定位仪检测等多种现代常用排水管道检测方法应运而生，都由软硬件系统结合实现。不同的地质条件和管道材质，则有相对应的检测技术，如电磁探测法、探地雷达等。其中，CCTV 检测是目前国际上最为常用的管道缺陷探测手段。

图 7-7　CCTV 检测车

1）CCTV 检测技术

CCTV 检测设备主要由摄像系统、灯光系统、控制系统（主控制器、操纵电缆盘等）、爬行器等组成（图 7-7）。工作时，由操作人员在地面操作控制系统，爬行器在管道内爬行，通过安装在检测车上的摄像头，探测管道内的情况，进行录像并同步保存，不仅能准确判断新建和运行中的管道内部大部分的结构性和功能性缺陷类型，而且能记录缺陷的位置，并将资料传输至地面，经工程技术人员分析评估、制定修复方案，作为档案资料永久保存，方便后期管道的修复更新。

CCTV 检测技术适用于管道内水位较低、不应带水作业的管道检测，管径范围一般为直径 150～2000mm。为此，采用 CCTV 检测系统进行管道检测前，必须对管道进行降水和清洗处理，管道内水位不大于管径的 20%，不能淹没摄像头，管道内壁无泥土覆盖。对于旧管道，封堵、冲洗的费用较高。

随着设备尺寸的缩小及摄像能力的提高，本技术受爬行器自身规格尺寸和摄像头能力的影响将会越来越小，适用范围将得到进一步扩大。此外，一般要求管道内没有雾气，避免管道内的雾气对成像质量造成影响。

2）管道潜望镜检测技术

管道潜望镜检测技术是基于便携式快速内窥摄像原理，主要由摄像头、照明灯、摄像头操作杆、存储器、管道摄像检测数据分析软件等组成。管道潜望镜是一种操作快捷的便携式排水管道人工内窥摄像检测设备，在检查井处利用摄像头操作杆将潜望镜伸入管道内，通过控制摄像头图像的缩放、对焦、灯泡亮度和测距动作，在管道内部进行变焦摄像和检测，并实时显示和储存摄像头采集的图像和距离，准确定位管道内的结构性缺陷。

潜望镜技术可对已经投入使用的检查井及其附近管道的裂缝、堵塞等缺陷进行初步判定，适用管径范围为 150～1500mm，可用于检查井间距小、管道埋设较深、支管较多、管内淤积物与杂物阻碍了爬行器灵活行动的情况，但是不能检测水面以下的管道情况，并且要求水位不超过管径的 50%，管道内部雾气较大时影响管道缺陷的检测效果。

3）探地雷达法

探地雷达法是一种基于电磁波在介质中的传播特性来确定地下介质分布的地球物理勘探方法。利用特定波段的高频电磁波以宽频带短脉冲形式，由地面通过发射天线的发射器向地下混凝土管道中发射，遇到电性差异的目标体时，电磁波在管线界面上反射并传递到接收天线，通过信息处理方法对雷达波形进行分析，最终确定管线的位置、埋深以及分布范围等。

当排水管道混凝土内部存在裂缝、不密实等质量问题时，由于这些部位与周围完整混凝土之间存在较大的电性差异，使雷达信号产生较强的反射，波形特征也会发生改变。因此，根据接收到的反射波幅度和波形等信息，可以检测排水管道的质量问题。

探地雷达具有快速、无损、可连续检测的优点，并能实时显示检测剖面，而且对道路及周边建（构）筑物不会产生破坏，但是，当管槽周围土质含水率较高时，会对探测产生较大的影响。

4）电磁探测法

电磁探测法是指利用电磁定位仪对地下管线及周围介质的导电性、导磁性和介电性差异特征，通过观测电磁场频率特性和时间特性，从而推断出地下管线埋深的一种检测方法。

根据电磁场产生方式的不同，又分为直接充电法和感应法。其中，直接充电法又称夹钳法，是将人工电流接在外露管线上，用接收机直接接收电流产生的磁场信号。这种方法产生的电磁场较强，简便可靠，在工程中应优先选用。如果受条件限制，可用感应法进行探测。

电磁定位法适用于金属管道或预埋金属标记线的非金属管道，如钢筋混凝土排水管道中的钢筋、检查井铁质井盖等；如果用该法探测非金属管道，可进一步在管道内插入电磁示踪器或通入带电导线，即所谓的示踪电磁法。

5）声呐检测技术

声呐检测体系，主要由控制系统、水下声呐探头、电缆盘、声呐数据分析软件4部分构成，以脉冲反射波为基础，通过声呐探头对水面以下的管道缺陷进行扫描检测，控制器可以结合声呐成像及分析软件实时显示横截面图像，并通过数据分析有效判断管道水下部分管壁的结构性缺陷以及淤积情况，但是不能检测到水面以上的管道情况。声呐检测水深要求应大于300mm。

与管道潜望镜检测技术相似，声呐检测技术主要适用于对已经投入使用的检查井及其附近管道水面以下的缺陷进行初步判断，其结构性检测结果只能作为参考。由于设备系统的体积限制问题，适用于管径范围在300～6000mm之间的污水、雨水、合流管道淤积、变形等的检测。

6）渗漏定位仪检测技术

聚焦电极渗漏定位仪是以排水管道壁作为电阻高的材料，对于电流来说就是高阻抗，管道内流动的水、土、砂及混凝土在有水状态下为0电位。从检查井处放入聚焦电极渗漏定位仪，并使其在管道内连续运动，通过聚焦电流快速扫描技术，检测并准确定位到所有的管道漏点。当管道无渗漏时，接地电极和移动电极之间的电阻值很大而电流很小；当管道出现渗漏时，接地电极、移动电极的电流导通，设备软件会自动记录电流的大小、发生的位置及渗漏点的长度、宽度等信息。

聚焦电极渗漏定位仪可以确定更小更细微的管道渗漏，工作时不需要停止管道的正常工作，适用于无塌陷、非满流状态下，管径为$D150$～$D1500$mm的各种管材管道损坏情况的检测，但是在管道周边土质含水率很高的环境下，聚焦电极渗漏定位仪工作失效，无法检测到管道漏点等信息。

7）3D扫描系统检测

3D扫描系统是专为检查井等密闭空间而设置的检测设备，主要由摄像系统、激光测距系统两大部分组成。摄像系统主要捕捉检查井内部的图像资料，目前根据摄像头的摄像方向分为竖直向镜头组合和水平向镜头组合两种类型。在获取影像信息的同时，由激光测距系统获得与影像相对应的点的空间数据，并形成检查井的三维透视图，在对图像进行技术处理后，即可测得检查井内部缺陷的情况。

7.3 检测技术创新

虽然现代检测技术得到了一定的发展，但是仍然存在缺陷，许多专家和学者在不断寻求提高现有检测设备功能的方法，研发新技术、新材料、新工艺和新设备，推动了检测技术的创新与发展，研究方向大多集中在新型检测设备的研发、不同检测技术与功能的集成、自动化缺陷判读技术等方面。

7.3.1 新型检测设备的研发

随着城镇化进程的加快，对城镇排水管道检测技术提出了更高的要求，为满足高效、简便和实用性强的需求，目前在管道检测设备的开发上，主要以改进 CCTV 管道机器人为主。为了避免因受到管道内部障碍物的影响，常规设备可能出现车轮打滑的现象，提出了履带式管道机器人的研发思路；为了有效避开管道底部淤泥和障碍物，使设备能够在有水管道内灵活移动，研制装载有摄像头的漂浮式管道机器人是检测设备开发的新方向；研发一种带自动高压射水清理系统的管道机器人，遇障碍物时可自动清洗，还具有兼顾清淤的功能。此外，新型检测设备的研发也可以往无线检测方向探索，可有效实现一次检测长度更长的管道缺陷检测，大大地提高了检测的效率。

7.3.2 技术组合与功能集成

为解决传统检测方法难以满足管道检测现代化发展需求的问题，国外研发了比较先进的多功能集成检测技术，如：管道扫描与评价技术、管道检测机器人技术、多重传感检测技术等。

（1）管道扫描与评价技术

管道扫描与评价检测系统由日本公司与 CORE 公司共同研究开发，充分利用了管道扫描仪扫描技术与回转仪及质量评价技术的优势，可以检测并出具排水管道详细完整的信息，包括被测管道的内径、壁厚、裂缝、错口等缺陷，以及具体的缺陷位置等，为排水管道日常的维修及未来的改造提供了科学的依据。

此技术的优势主要体现在数据的高质量、评估效率的快捷性、能够分类表格化扫描图像及收集其他相关数据等，可快速准确地找出缺陷的位置，并进行色彩标注以便于有效识别，有效测量并记录管道的水平及其垂直偏差。此方法技术先进，但是检测费用高。

（2）管道检测机器人技术

管道检测机器人技术由德国研发，将管道机器人放入排水管道内，在地球磁场的驱动下自由爬行，稳定性高、灵活性强。地面的工作人员可以远程控制机器人上的摄像头，任意弯曲和压缩，质量比较轻，摄像头可以拍出清晰标准化的图像信息，直接连接在显示器上供检测人员查看。此项技术是将机器人所具有的移动技术、机械自动控制技术、智能监测跟踪技术、数据自动化处理技术和系统评估技术相结合的新型技术，具有多种功能集成的优势。

（3）多重传感检测技术

多重传感检测系统是德国研发的管道缺陷检测技术，由传统的光学三角测量装置、微波传感器及声波系统等组成。其中，光学三角测量系统可以进行管道的形态检测，利用微波传感器可实现对管道周边土体检测的目的，而声学中的机械波振动等原理可检测管道的破裂缺陷问题。同时，此技术还可以检测排水管道的几何尺寸、周围土质情况、管道的渗漏和腐蚀等多种缺陷问题。

由于包含的传感系统众多，且这些商用传感器有着非常高的成本，从而导致整个管道的检测成本过高。

7.3.3　自动化缺陷判读技术

深度学习技术是基于强化学习和智能运行的一种自动化缺陷判读技术，可以成功应用于排水管道的缺陷识别和设备故障的预测中。排水管道的各类缺陷都具有明显的图像外观特征，应用深度学习中的神经网络算法，对数据进行识别，可以对排水管道的各类缺陷特征进行自动识别和提取，结合排水管道 CCTV 的照片拍摄技术，在短时间内得到大量的缺陷图片数据集，成为机器学习领域的研究热点之一。

深度学习应用于地下管道缺陷智能识别中具有自动学习效率高、运行稳定的特征，并且可以通过使用图形处理器进行运算，与典型的图像处理技术相比，识别速度较快；通过联合自动分类器来准确表示特征，极大地提高了工作性能。此外，深度学习可以将物联网技术与人工智能技术相结合，借助各自的优势，扩展其在实际工程检测中的应用，是未来排水管道缺陷检测技术创新的新方向之一。目前，该技术在排水管道缺陷检测以及设备故障方面的应用仍有待于继续研究。

7.4　清淤及检测一体化设备

7.4.1　技术研究背景

随着水环境治理项目的不断推进，绿色施工、信息化施工、节能降耗已成为水环境治理工程发展的时代要求，成为施工企业生产发展的必然选择。现有的暗涵清淤尤其是截面较小的暗涵清淤，通过高压水枪进行清淤的方法较为常见，但是不足之处在于清淤的同时不能进行实时检测，为保证清淤效果，往往需要重复多次清淤。清淤结束后，一般需要使用 CCTV 设备检测清淤效果，若检测结果不达标，不达标位置需重新清淤，并再次进行 CCTV 检测，重复清淤及检测直至全部达标后，清淤工作才算完成。这种清淤方式效果难以控制，施工工期较长，需要配备大量的人力和物力，导致清淤成本较高。目前，清淤及检测一体化设备辅助施工技术案例少，并未形成一套经济合理、步骤清晰的施工方法，研发一种施工简单、实用性强的方法，可填补此类工程施工的方法空白，有利于指导此类暗涵清淤疏通的施工作业。

7.4.2 主要技术内容

清淤及检测一体化设备辅助施工技术，核心内容包括清淤及检测一体化施工设备研制，以及清淤及检测一体化技术的具体施工流程。基于组合设备一体化的施工流程，可有效地指导暗涵疏浚工程的施工，区别于传统的暗涵清淤和检测分开施工的方法，使清淤和检测工作在同一设备上完成，将清淤和检测各自的技术特点进行结合，充分发挥两者的功能优势，通过高清摄像头查看清淤情况，实现了精确化施工，清淤效果可控。根据清淤情况调节注水压力，对于清淤效果不佳的位置，利用回拖设备和摄像头的可视功能，实现设备在清淤效果不佳位置的精确定位，再次进行清淤，有效地保障了清淤的效果，提高了施工的效率和质量，为清淤及检测技术开发提供了新的思路。

7.4.3 清淤及检测一体化设备的研制

目前，清淤及检测一体化施工技术相关案例少，未形成技术体系和施工技术方法。针对此类工程项目，本书提出了一套可实现暗渠清淤和检测施工的一体化设备。

（1）设备组成

针对管涵截面尺寸直径为 600～1200mm，箱涵截面尺寸宽为 400～1000mm、高为 600～1200mm 的暗涵，根据暗涵的曲直情况设计了可转向型和不可转向型清淤及检测一体化施工设备，如图 7-8～图 7-13 所示。施工装备长度约 45cm，宽度约 24cm，总高度约 48cm（喷头部分高 30cm，高清摄像头高 18cm），总质量 15～20kg，外接加压设备注水压力量程为 0～40MPa。

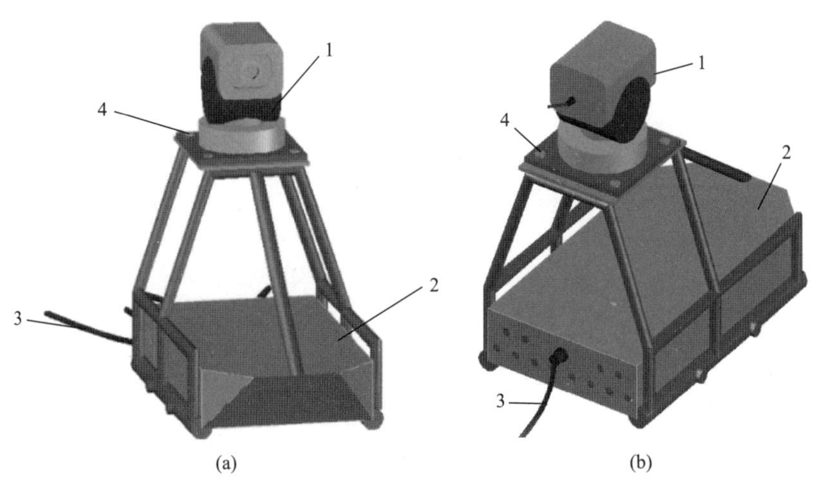

图 7-8 清淤及检测一体化设备侧向示意图（不可转向型设备）

（a）正向示意图；（b）侧向示意图

本施工设备主要包括：1 高清摄像头（101 摄像镜头、102 无线信号线、103 竖向转轴、104 水平向转轴、105 摄像头台座、106 上连接板）、2 清淤喷头（201 清淤壳体、202 注水孔、203 出水孔、204 导流及防护架、205 紧固螺栓、206 下连接板、207 注水空腔、208 分仓隔板、209 钢珠填充物）、3 压力注水管、4 连接螺栓（图 7-8～图 7-12）。其中，高清摄像头具有无线防水可转动可夜视等功能，可通过笔记本电脑对其进行控制、录像和查看视频等。清淤喷头可通过在喷头填料空腔仓内填充钢珠，增加清淤喷头自重，从而提高其自稳定功能。清淤喷头的一个注水空腔或两个相互独立对称的注水空腔，可通过控制压力注水管的开合或压力大小来控制设备的前进或转向；压力注水管可通过外接的清洗吸污车上的加压注水设备，控制注水压力的开合和大小。各构件可通过厂家定制，设备造价较低。各构件通过螺栓进行连接，可实现快速安装与拆卸。

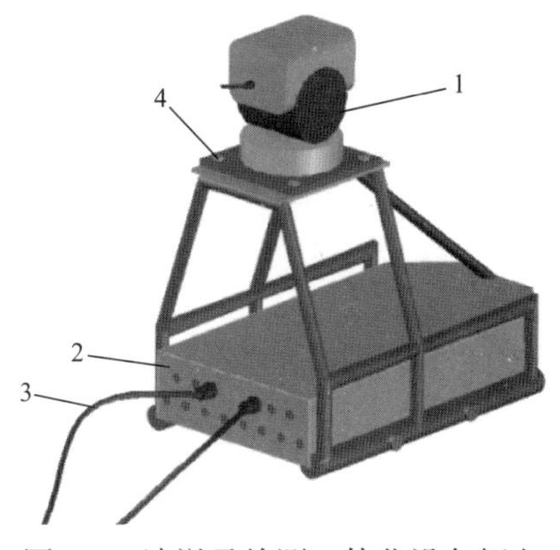

图 7-9　清淤及检测一体化设备侧向示意图（可转向型设备）

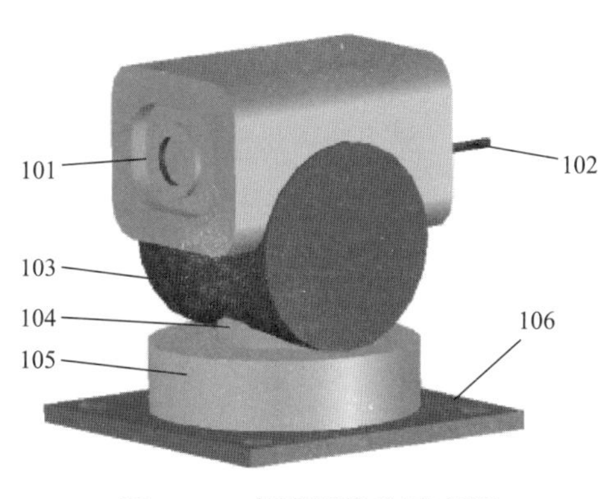

图 7-10　高清摄像头示意图

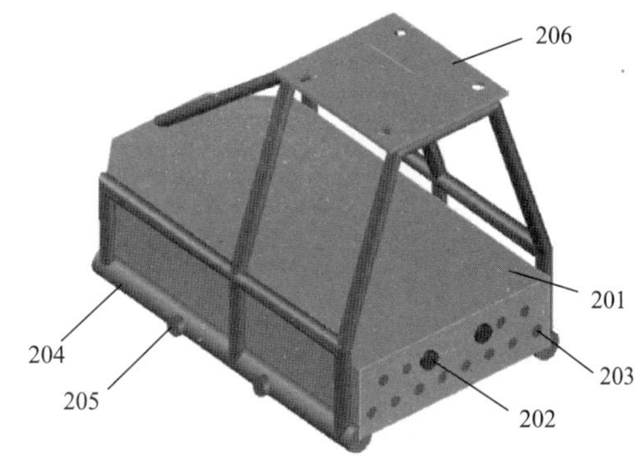

图 7-11　清淤喷头示意图（可转向型设备）

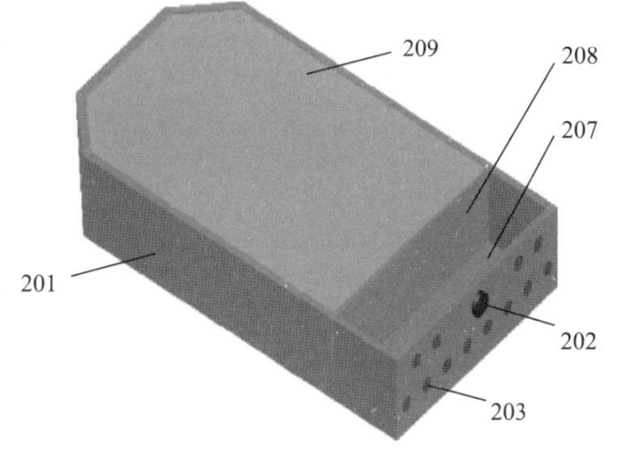

(a)

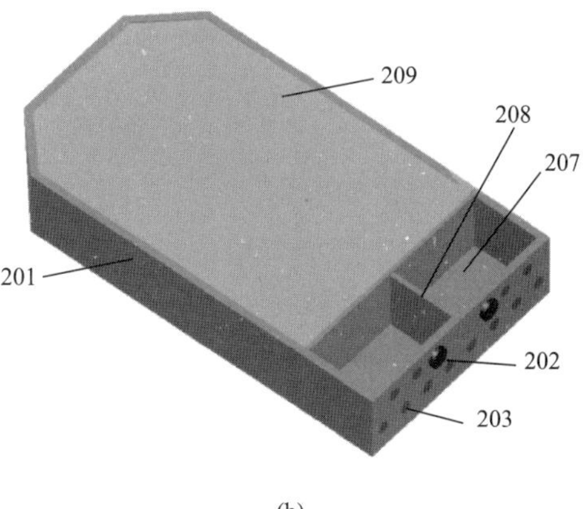

(b)

图 7-12　清淤喷头剖切图

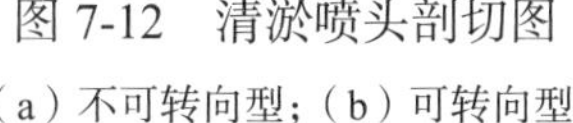
（a）不可转向型；（b）可转向型

图 7-13　施工设备（不可转向型）实物图

（2）清淤及检测一体化设备工作原理

设备工作原理如下：首先对施工设备进行组装，安装好压力注水管，注水管连接好清洗吸污车的压力注水设备或其他压力注水设备，通过笔记本电脑利用无线信号对高清摄像头进行连接，利用电脑上的摄像头控制软件对高清摄像头进行控制，并查看及录制高清摄像头拍摄的内容，接着在地面上通过调试注水压力大小，控制设备前进；确定设备前进平缓稳定时的注水压力，将其作为清淤作业时的初始注水压力值，关闭压力注水；将设备平稳置于暗涵入口，打开压力注水，将注水压力调至初始压力值，进行清淤，通过观察清淤效果和前进速度，在初始压力值的基础上增大或减小注水压力值；对于弯曲暗涵，利用可转向型清淤及检测一体化施工设备，通过控制左右两个压力注水管的开关和注水压力的大小实现清淤过程的转向，暗涵清淤不佳位置，可在关闭压力注水后，通过回拖注水管将施工设备往回拉，同时结合摄像头的可视功能，可将设备精确定位到清淤效果不佳位置，实施再次清淤。清淤到暗涵出口位置附近后，关闭压力注水，通过回拖注水管将施工设备拉回，同时摄像头拍摄录制暗涵全断面清淤检测视频。

7.4.4　清淤及检测一体化设备辅助施工步骤

根据暗涵的淤积情况，以及清淤及检测一体化施工装备的技术特点，确定清淤及检测一体化设备辅助施工流程，如图 7-14 所示。

（1）将无线防水可转动可夜视高清摄像头和清淤喷头进行组装，接入压力注水管，注水管与清洗吸污车的压力注水设备连接，并将笔记本电脑与高清摄像头进行无线信号连接，实现电脑对摄像头的功能控制以及对拍摄内容的实时查看和录制，将摄像镜头方向和前进方向调成一致，打开压力注水对设备进行调试，确定清淤及前进的初始注水压力值，如图 7-15 所示。设备现场调试，如图 7-16 所示。

（2）将清淤及检测一体化设备放入所需清淤管涵，开启镜头夜视功能，如图 7-17、图 7-18 所示。

（3）通过高清摄像头观测管涵内的淤积情况，打开清洗吸污车的加压注水开关，控制注水压力的大小，逐渐增大到初始压力值，进行清淤及前进；根据淤积情况适当加大初始压力，实现清淤效果最大化。现场调节注水压力见图 7-19，暗涵内清淤见图 7-20。

（4）清淤一段距离后，停止压力注水，控制旋转摄像镜头转至入口向，观察此清淤段的清淤效果，若清淤效果较好，则旋转摄像镜头至前进方向并重复步骤（3）；若清淤效果较差，则回拖清淤及检测一体化设备至清淤效果较差位置（图 7-21），旋转摄像镜头至前进方向，重复步骤（3）。

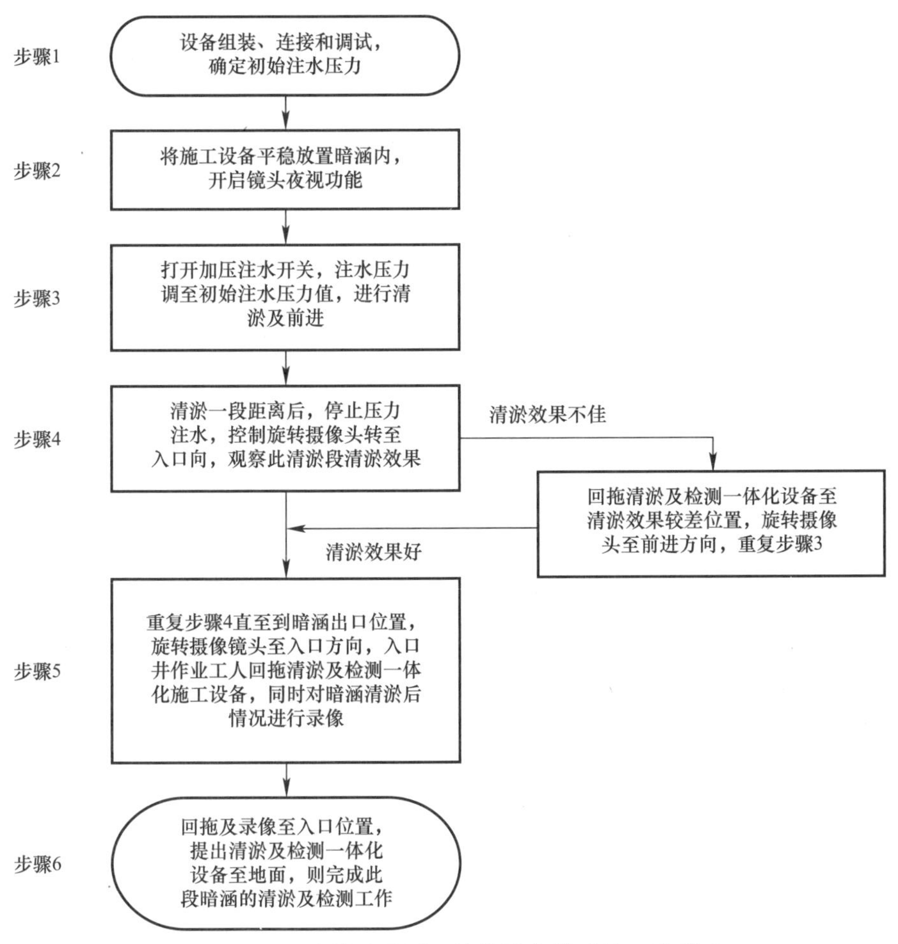

图 7-14　清淤及检测一体化设备辅助施工流程

图 7-15　安装组合后的设备实物图

图 7-16　设备现场调试

图 7-17　施工设备放入暗涵

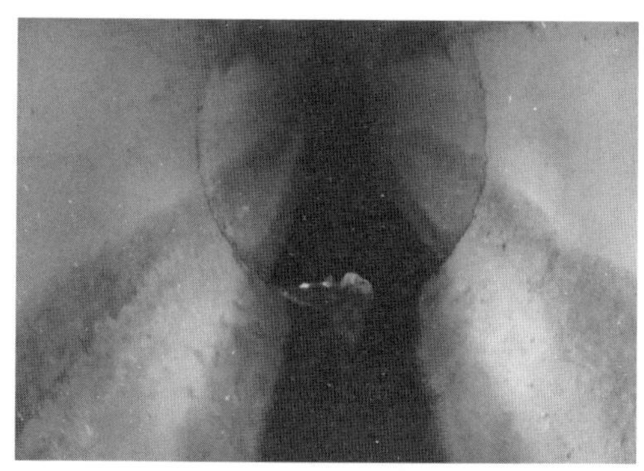

图 7-18　开启镜头夜视功能

图 7-19　调节注水压力

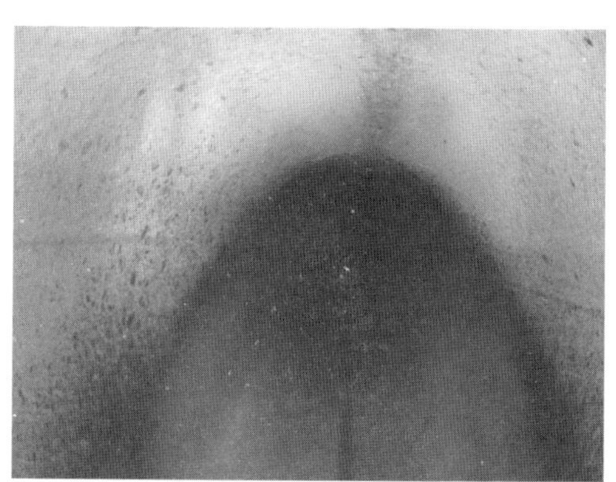

图 7-20　暗涵内清淤

（5）重复步骤（4）直至到管涵出口位置，旋转摄像镜头至入口向，对管涵清淤后的情况进行录像，同时入口井作业工人回拖设备并录制检测视频，如图 7-22 所示。清淤完成后的效果，如图 7-23 所示。

图 7-21　回拖设备至清淤效果较差位置

图 7-22　回拖设备并录制检测视频

（6）回拖及录像至入口位置，提出清淤及检测一体化设备至地面，则完成此段管涵的清淤及检测工作，拆除设备，如图 7-24、图 7-25 所示。

如上所述施工步骤，施工方便、操作较简单，可实现清淤工作的可视化，需要作业人员少，清淤效率高、效果明显，且节省了大量的水资源和人力物力，很好地践行了清淤及检测一体化绿色施工、环保节约的社会理念。

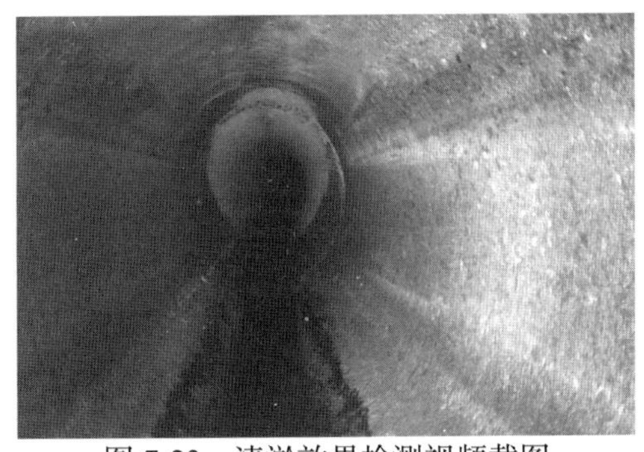

图 7-23　清淤效果检测视频截图

图 7-24　提出设备

图 7-25　拆除装备

7.4.5　经济效益和社会效益

（1）经济效益

1）施工工效

以某项目为例，项目共清淤暗涵约 12km，清淤及检测一体化设备辅助施工技术与高压水枪清淤 +CCTV 检测相比，具有实现清淤工作可视化、清淤效果更可控、清淤及检测工作一体化等诸多优点，可以极大地缩短施工工期。该技术较高压水枪清淤 +CCTV 检测施工平均每千米节约 5d，节省总工期约 60d。

2）材料及人工费用等节约

以某项目为例，项目共清淤暗涵约 12km，该技术较高压水枪清淤 +CCTV 检测的施工质量和效率大大提高，工作量大幅减少，每千米人工费节省 2.4 万元，材料费节省约 1.05 万元，设备租赁费节省约 3.54 万元，其他费用节省 1 万元，每千米节省费用约 7.99 万元，节省总费用约 95.88 万元。

3）其他综合效益

从施工现场安全文明施工分析，清淤及检测一体化设备辅助施工技术，极大地减少了工地文明施工强度。从社会信誉分析，使用清淤及检测一体化设备辅助施工技术，有利于提升公司的整体竞争力。

（2）社会效益

随着社会的不断发展，绿色施工、节能减排已成为新时代发展要求，也是企业生产发展的必然选择。绿色施工是指工程建设中，在保证质量、安全等基本要求的前提下，通过科学管理和技术进步，最大限度地节约资源与减少对环境负面影响的施工活动，实现四节一环保。

清淤及检测一体化设备辅助施工技术，有别于传统清淤和检测工作相互独立、清淤效果不可控、信息化程度低的特点。采用这种技术进行清淤，可实现清淤与检测工作同步进行，有效地提高清淤与检测施工效率和质量，同时，节约资源、降低清淤与检测成本。

1）节能效益

采用清淤及检测一体化施工技术，实现了清淤及检测的一体化施工，提高清淤精度、清淤与检测效率和质量，减少常规清淤和检测工作中人力、物力、水资源的大量浪费，是节约资源十分重要而有效的举措。

2）环保效益

① 采用清淤及检测一体化施工技术，以水压清淤为主，清淤检测过程中产生的噪声较少，对管涵周围居民的影响较小。

② 采用清淤及检测一体化施工技术，以水压清淤为主，电池为镜头工作提供动力，使用的都是较清洁能源，施工装备简单，施工时间大大缩短，避免一般清淤过程中的机油泄漏，以及机油燃烧带来的环境污染。

③ 本技术的应用减少了清淤工作的反复进行次数，减少水资源和人力物力的浪费，实现了管涵的快速化、准确化清淤和检测，有效提高清淤及检测的效率和质量，得到了监理和业主单位的一致好评，具有显著的社会效益和推广价值。

综上所述，清淤及检测一体化施工技术符合绿色施工的节能、环保要求，具有较好的经济效益和社会效益。

7.4.6 总结

（1）根据暗涵清淤及检测的技术特点，分析当前暗涵清淤及检测施工技术的不足，针对暗涵清淤的不可视、清淤效果不可控、清淤工作和检测工作分开进行、工作量大的特点，开发出一套清淤及检测一体化设备。

（2）根据暗涵清淤及检测的技术特点，依托清淤及检测一体化施工设备，设计出一套可视化清淤、清淤效果可控、实现清淤与检测同步功能，并设计具体的施工流程。

（3）通过将清淤及检测一体化设备辅助施工工法应用于实际工程，总结分析在施工操作过程中出现的难重点与关键内容，整理出一套适用本技术的施工方法及施工要点，促进相关技术的推广应用。

（4）“清淤及检测一体化设备辅助施工技术”较好地解决了暗涵清淤及检测工作一体化程度低、清淤效果不可控的施工问题，施工方法简单、绿色环保，不仅实现了暗涵清淤及检测的快速施工，也加强了清淤的精确性，保障了暗涵清淤的效果和质量。

本章参考文献

[1] 中华人民共和国住房和城乡建设部．城镇排水管道检测与评估技术规程 CJJ 181—2012 [S]. 北京：中国建筑工业出版社，2012.

[2] 中华人民共和国住房和城乡建设部．城镇排水管道维护安全技术规程 CJJ 6—2009 [S]. 北京：中国建筑工业出版社，2010.

[3] 广东省质量技术监督局．城镇公共排水管道检测与评估技术规程 DB44/T 1025—2012 [S].2012.

[4] 朱军，唐建国．排水管道检测与评估 [M]. 北京：中国建筑工业出版社，2018.

[5] 刘林湘．城市污水管网的腐蚀与检测修复研究 [D]. 重庆：重庆大学，2004.

[6] 朱幸福，高将，程鹏．城市地下排水管道缺陷检测与修复 [J]. 江苏建筑职业技术学院学报，2017，17（01）：64-66.

[7] 金增华．探地雷达在地下管线探测中的应用 [J]. 市政技术，2011，29（S1）：140-141+147.

[8] 李田，郑瑞东，朱军．排水管道检测技术的发展现状 [J]. 中国给水排水，2006（12）：11-13.

[9] 王新妍．城市排水管道缺陷检测方法及发展现状探析 [J]. 铁道建筑技术，2020（02）：50-53+58.

[10] 曹淑上，贺建旺．CCTV 检测技术在新建排水管道竣工验收中的应用 [J]. 科技创新与应用，2016（34）：149-150.

[11] 张云霞，吴嵩，李翅，等．声呐检测系统在排水管道淤积调查中的应用 [J]. 测绘与空间地理信息，2020，43（08）：216-218.

[12] 薛昆，等．东莞市大朗—松山湖南部污水处理厂截污主干管修复工程（松山湖 Wx 段）初步设计说明书 [R]. 长春：中国市政工程东北设计研究总院有限公司，2019.

[13] 康旺儒，等．莞惠路大朗段截污主干管破损修复工程可行性研究报告 [R]. 兰州：中国市政工程西北设计研究院有限公司，2016.

[14] 王复明．地下工程水灾变防控技术的发展 [R]. 郑州：郑州大学 / 广州：中山大学，2020.

[15] 广东省住房和城乡建设厅．广东省城镇排水管网设计施工及验收技术指引（试行）[S].2021.

[16] 王俊岭，邓玉莲，李英，等．排水管道检测与缺陷识别技术综述 [J]. 科学技术与工程，2020，20（33）：13520-13528.

[17] 谭合，雷锦洪，陈永祥，等．某开发区排水管网现状调研及整改策略 [J]. 广西城镇建设，2009（03）：70-72.

[18] 张辰．加强城镇排水管网规划建设管理 保障高效安全运行 [J]. 给水排水，2016，52（08）：1-3.

[19] 龙甜甜．城市排水管道检测技术应用与适用性分析 [J]. 城镇供水，2020（06）：79-84.

[20] 康斌．城市基础设施新建管网 CCTV 检测探讨 [J]. 四川水泥，2019（02）：146+185.

[21] 王燕，黄明．巢湖老城区排水管道健康状况的检测与评估 [J]. 工业用水与废水，2012，43（04）：33-35+50.

[22] 罗东旭．城市河流沿线排水管道检测及修复技术研究 [J]. 工程技术研究，2019，4（06）：97-99.

[23] 葛如冰．排水管渠的探测方法综述 [J]. 勘察科学技术，2009（06）：25-28.

[24] 葛如冰．CCTV 检测技术在排水管渠质量检测中的应用 [J]. 城市勘测，2010（03）：142-143.

[25] 郑伟俊，吴宝杰，沈辰龙．探地雷达在地下混凝土排水管道质量检测中的应用研究 [J]. 浙江建筑，2014，31（02）：56-58+65.

[26] 吴宝杰，黄林伟，黄云勇．探地雷达在地下室底板质量检测中的应用研究 [J]. 浙江建筑，2011，28（07）：58-61.

[27] 魏晓杰，刘亚克．探地雷达在浅层管道探测中的应用［J］. 现代测绘，2017，40（03）：38-41.

[28] 张宇维．城市排水管内窥图像分类与病害智能检测研究［D］. 广州：广东工业大学，2019.

[29] 晏先辉．市政排水管网检测新技术及其应用［J］. 科技创新导报，2011（09）：20-21.

[30] 李育忠，郑宏丽，贾世民，等．国内外油气管道检测监测技术发展现状［J］. 石油科技论坛，2012，31（02）：30-35+75.

[31] 户莹．基于深度学习的地下排水管道缺陷智能检测技术研究［D］. 西安：西安理工大学，2019.

[32] 周长亮，苗盛，王明丽，等．基于深度学习和物联网技术的智慧污水管控系统［J］. 安全与环境工程，2021，28（01）：191-196+208.

[33] 刘起鹏．城市排水管道检测技术的应用与发展［J］. 城市建筑，2019，16（03）：148-149.

[34] 白丁．城市排水管道检测技术的应用及发展［J］. 建材世界，2019，40（04）：83-86+95.

[35] 任光合，田日红．非开挖修复工程发展趋势分析［J］. 工程经济，2020，30（08）：70-73.

[36] 徐晔．论城市排水管道检测技术的应用及发展［J］. 大众标准化，2020（04）：19-20.

[37] 嵇鹏程，沈惠平，邓嘉鸣，等．一种新型排水管道清淤机器人控制系统的设计［J］. 中国农村水利水电，2010（07）：64-66+69.

[38] 于鹏飞．管道 CCTV 检测在道路排水管道工程中的应用研究——以机场保税港区 CCTV 检测工程为例［J］. 建材与装饰，2020（16）：58-59.

[39] 陈逸，石立国，周亚超，等．地下管道清淤技术在城市水环境治理中的应用［J］. 施工技术，2020，49（18）：16-19.

[40] 黄超，揭敏，席鹏，等．管道淤堵的清淤技术应用［J］. 施工技术，2019，48（24）：85-88.

[41] 郑瑞东．上海市排水管道 CCTV 检测评价技术研究［D］. 上海：同济大学，2006.

[42] 李怀正，柏蔚，邱平平，等．一种新型排水管道在线检测设备的设计［J］. 绿色科技，2013（07）：295-299.

[43] 李婧琳，缑变彩，杨志远．市政排水管道清淤技术浅谈［J］. 山西建筑，2017，43（27）：104-105.

[44] 边艳玲，董巍．排水管道中的清淤方法［J］. 黑龙江水利科技，2003（03）：95.

第 8 章　地下排水管道修复

8.1　地下排水管道修复发展现状

8.1.1　国外发展现状

管道修复可分为开挖修复和非开挖修复两种。其中，管道非开挖修复技术最早在英国开始应用。19 世纪 70 年代，英国工程师提出了原位固化法管道修复技术，并且成功用于排水管道的修复，即通过固化原有管道中的软管，提高了管道的结构强度。此外，英国还开发了闭路电视检测系统（CCTV），对百年来的自来水和污水管道进行现状调查，并相继开发出用于管道更换和修复的非开挖修复技术。

随着开挖修复方式带来的成本提高、污染严重、资源浪费等缺点的显现，非开挖方式得到进一步的发展和应用，各种非开挖敷设、更换和修复的方法与设备陆续被开发，也为管道非开挖修复技术奠定了良好的基础。管道非开挖修复技术刚开始主要应用于石油、天然气等行业内管道的维护更换修复，之后逐步应用于给水排水管道破损的修复工程中，尤其在塑料管如 HDPE、PVC 等新型化学管材上的应用得到迅速发展。

20 世纪 80 年代，紫外光固化修复技术起源于欧洲，自此非开挖技术得到大规模的推广与运用；英国出版了《排水管道修复手册》第一版；英国北方水务集团采用非开挖修复技术修复的管道长度达到 161km。英、美、德均在国内著名大学设立了非开挖技术专业和相关的研究机构，加上该技术在实践应用中的不断改进，使其得到了飞速的发展。从 1985 年至今，非开挖技术、工艺和设备得到进一步完善，成本优势进一步显现。通过对软管材料进行改进，部分非开挖修复技术（如原位固化法）修复后管道的质量和安全性逐步提高。

20 世纪 90 年代，阿根廷水务公司通过非开挖技术对 900km 管道进行了改造。1990 年，Brandenburger 公司进入污水管道修复市场，利用缠绕玻璃纤维软管研发了无缝内衬产品，缩短了固化时间，在施工长度达 135m 的管道工程中，固化时间仅需要一个小时。据不完全统计，此类内衬管在欧洲市场占比达到 50%。1994 年，美国政府开展了为期 7 年、耗资 2.5 亿美元的“先进的钻探和挖进技术国家计划”，非开挖技术被列入其中。

日本在 1983～2000 年期间，利用非开挖修复技术修复的地下管道长达 1400 多千米。

2001 年，加拿大超过 80% 的城市利用了软管内衬技术对管道进行修复施工。美国自 2005 年以来，非开挖施工技术在排水管道更换与修复中的应用已达到 65% 以上。

8.1.2 国内发展现状

我国的非开挖修复技术起步较发达国家迟。20 世纪 90 年代至 21 世纪初引进国外技术，开始出现专业施工公司，之前将水泥内衬技术应用于破旧管道的主要目的是防腐。1993 年，我国管道修复技术正式起步，同年，中国石油集团工程技术研究院成功开发了 PLC 复合结构管道修复技术和 NCF 原位固化管道修复技术。20 世纪 90 年代末，利用翻转内衬 CIPP 法成功修复了 8300m 的排水管道，从此实现了我国在非开挖技术领域的重大突破。

2000 年至今，我国管道修复技术开始形成设备、材料、工程、科研一体化的自主研发产业；2002 年，中国非开挖技术协会制定了《水平定向钻进管线铺设工程技术规范》，代表着中国非开挖技术行业的壮大与成熟；同年，广东省科协成立了非开挖技术协会，开始推广非开挖修复技术。2007 年，住房和城乡建设部将“非开挖施工技术”列入节水与水资源开发利用技术领域城镇供水管道系统类目的推广技术。此后，非开挖技术在我国得到了广泛应用，修复和更换管道的里程快速增长。2008 年，中国通过德国 Saertex 公司将紫外光固化玻璃纤维增强的内衬工艺引进国内，并于 2011 年成功修复了直径 800mm 的排水管道。2009 年，我国通过非开挖管道修复技术修复或更换管道里程达到 302.43km，比往年增加了 31.8%。2013 年，住房和城乡建设部又出台了《城镇排水管道非开挖修复更新工程技术规程》CJJ/T 210，表明我国已经具有比较完善的市政管道非开挖修复更新技术规程，为城镇排水管道的更新修复提供了技术支撑。

2010 年，国内首次运用原位固化法修复了杭州一条 10.1km 的长距离排水管道；同年，天津一条长度为 475m 的水泥承插污水管，部分被水泥堵塞，导致过流能力受阻，采用非开挖技术中水平定向钻的方法成功地进行了管道疏通；此外，天津已运行 46 年的老旧排水管道经过长时间的腐蚀，管道的内壁有严重裂缝，并且已经造成 3 处地面塌陷，内部淤泥沉积厚度达到 300～400mm，采用德国 Saertex 公司的非开挖含玻璃纤维的全内衬管技术得到成功修复。2011 年，国内首家“管道修复技术试验中心”成立。自 2015 年以来，国务院及相关部门相继发布了一系列政策性文件，也促进了地下管网检测及修复的进程。目前，国内很多省市都在积极筹划环境保护和管网修复的计划。

根据国家统计局的数据显示，截至 2019 年底，全国城镇排水管道总长度约 74.3 万 km。根据中国城镇供水排水协会（CUWA）调查的数据显示，目前排水管管网的渗漏率达到 39%，按照该比例计算，需要进行修复的管网总长近 30 万 km。

上海市在 2019 年审议通过的《上海市排水与污水处理条例》中明确规定：排水管道及检查井的修复和改造，优先采用非开挖工艺，这也预示着非开挖修复工艺将会有更大的发展空间。

管道非开挖修复技术低影响、高效益的特点日益受到各方关注，在我国有着巨大的发展、应用前景。近些年来，虽然非开挖技术的发展略有成效，但是与国外专业化技术水平相比还有一定的差距。

8.2 修复预处理技术

管道预处理是非开挖修复之前的重要工序。在排水管道非开挖修复过程中，由于管道存在变形、坍塌等问题，所以在修复时，需要对管道进行预处理使其恢复原状，然后再进行内衬修复，使管道满足通水要求。在诸多变形、坍塌较为严重的管道非开挖修复中，预处理工作占总工期的 95%。因此，采用合理的管道预处理措施，对非开挖修复的进度与质量影响较大，在管道修复中发挥了重大的作用。目前，国内外针对排水管道预处理的修复技术还处于不断探索的阶段。

8.2.1 管道清淤技术

为了改善管道淤积、堵塞等不良运行状况，保证管道的修复质量，使管道能够正常通水运行，发挥其最大功效，对既有排水管道进行清淤疏通作业显得尤为重要，是管道修复预处理的重要环节之一。较为常见的清淤方法有高压水枪清淤法、绞车清淤法、吸泥车清淤法、水冲刷清淤法等，施工时可根据管径大小、淤积程度等不同情况选择具体的施工方法。其中，由于高压水枪清淤法具有成本低、易操作等特点而得到广泛使用，往往需要与吸污车联合使用，形成高压清洗车清洗方式，如图 8-1 所示。

高压清洗车清洗是通过高压清洗设备将普通水加压到一定的压力，然后通过清淤喷头喷射高压水流，对管内进行高压清洗，如图 8-2 所示。在进行管道清淤作业时，往往需要封堵管道下游的排口，致使高压喷头冲洗出来的污水无法从排口排出，所以需要采用吸污车在检查井处将从管道内冲洗下来的淤泥、沉积泥沙等污物加以吸除，并运出检查井，如图 8-3 所示。

从施工安全方面考虑，清淤施工的自动化和智能化是未来清淤施工的发展趋势。近年来，为了满足特殊工况的清淤需求，将高压水枪清淤进行了改进，研发出具备旋转切割、敲击振动等功能的特种喷头。若管道内具有较多的沙粒或石子时，高压水枪清淤的效果及效率会受到一定的影响。当管道内部局部管段出现大量堵塞物时，可采用将注射喷嘴穿过堵塞物后再进行疏通的清淤方式，具体清淤流程为：使用反向式喷嘴，向下游检修井内放入软管及注射嘴，使其穿过或越过堵塞部位，然后开启高压泵，回拉软管，保持喷嘴一直处于移动状态（避免持续高压喷射对管壁造成损伤），喷嘴向后喷射高压水，从而达到清除堵塞物的目的。

图 8-1　采用高压水枪清洗现场

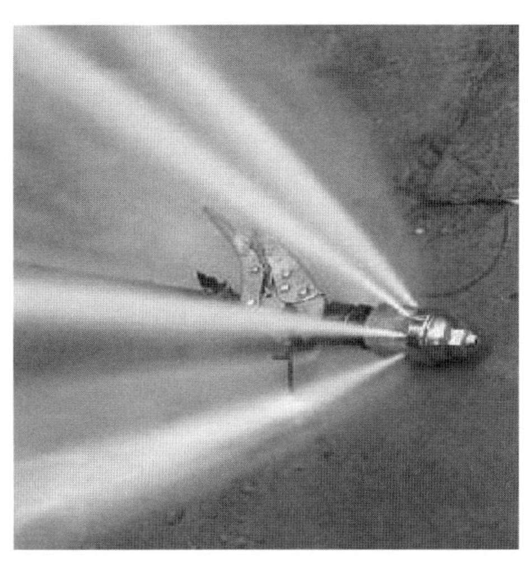

图 8-2　常见清淤喷头

图 8-3　吸污车吸污图片

为了适应管道各种清淤工况的处理需求，国内一些科研机构在研制清淤机器人，但是，由于淤泥的快速无害化处理存在一定困难，且清淤机器人受传输压力的影响较大，从而使技术的发展受到限制。考虑到清出的淤泥浓度相对较低，因此，清淤机器人一般需要与泥水分离技术搭配使用。

清洗后的管道表面应无明显附着物、尖锐毛刺、影响内衬管道施工的突起，必要时可采用局部开挖的方法清除管内影响清淤作业的障碍。

8.2.2　注浆加固与堵漏技术

在进行排水管道非开挖修复时，由于部分排水管道存在较严重的塌陷、渗漏、变形、错位等缺陷问题，在清除管内杂质与塌落物时容易引起二次坍塌变形，以及促使管道填埋层产生“流沙”现象。所以，在非开挖修复作业之前，需了解管道周围的土体情况及路面情况，如果管道所在地区的路面存在明显下陷或管道周边土体存在明显流失的情况，建议在排水管道周围填埋层进行注浆加固处理。通过控制注浆管的压力进行土体注浆，可以快速填充管道周边土体中的空洞，防止修复时坍塌，保证修复质量，为排水管道非开挖修复施工创造安全可靠的作业条件。

（1）注浆加固技术

当排水管道穿过地基承载力较低、变形较大等不良地质时，容易产生不均匀沉降，导致管道出现变形甚至断裂等现象，因此，在非开挖修复之前，应采用注浆加固预处理技术，否则，长期的不均匀沉降会导致内衬管变形，甚至出现渗漏、洼水等情况，直接影响到管道非开挖修复的效果。注浆预处理工艺增加了管道周边粉砂土层的承载力，可以有效地降低土体对管道的影响，减少不均匀沉降。

注浆加固技术是指通过管内或者地表向排水管道周围土体注射浆液，固化土体，短时间内形成较为稳固的注浆体，增强地基承受能力和变形模量，形成隔水帷幕，防止产生“流沙效应”，可作为各种非开挖修复的前期处理工艺。在排水管道非开挖修复中，注浆加固一般需要与其他非开挖修复技术联合使用，作为一种预处理技术的辅助方法。注浆加固技术能够快速加固土体，为非开挖修复形成安全有效的操作空间。在管周布置一系列的注浆孔，均匀注浆使周围土体达到良好的固结效果。为了将砂土注浆形成整体的固结拱，支撑管道上部的土体不致坍塌，单一注浆体之间必须互相搭接，搭接后浆液之间互相渗透，以加强搭接区域内的固结体强度，发挥整体抵抗坍塌的作用，以确保管道非开挖修复工作的正常进行。

注浆方式按照超前小导管注浆的理论，在管道塌陷部位以 15° 斜角向上打入注浆管，沿管周环向布置，注浆孔采用梅花布孔形式，以使变形、塌陷部位周围软弱土层、流沙地层固结。根据排水管道的大小，可分为管内注浆和地表注浆两种形式。管内注浆的优点是操作快捷，容易控制，注浆位置精度高，可以使得管道周围浆液分布较均匀，注浆效果更好，节约浆液用量；其缺点是预处理作业需要人员进入管道内操作，由于管道内空间狭小，有毒有害气体难以消散，应采取安全措施。一般大型排水管道进行注浆孔预设、施工工艺操作等较方便，可以采用管内注浆的方式。为了实现小型管道管内注浆的目标，国内外研究人员正在研究管内注浆小型机器人，加强自动化、智能化作业以降低工程风险。

管外注浆是指直接在地面钻孔打入注浆管，而不需要人员进入管道内作业的施工方法。但是通常需要进行道路钻孔作业，对交通以及周边环境造成一定的破坏；需要投入重型设备且注浆管的施打位置可能会产生偏差；注浆树脂或水泥用量较大，成本较高。此外，应在管段塌陷部位进行管内钻孔注浆，以加固塌陷部位周围土体，避免管道上部土体塌陷而影响作业安全。对于小型排水管道，目前一般采用地表注浆的方式。

（2）注浆堵漏技术

注浆技术是较早应用的一种排水管道堵漏的辅助修复技术。注浆堵漏技术是通过在管道及检查井周围进行土体注浆后，会在周围固化形成一层隔水帷幕，填充因水土流失造成的空间空洞，增加地基承载力和变形模量，堵塞地下水进入管道及检查井渗透的一种有效方法。

对于渗漏情况较为严重的管道，地下水进入管道后会影响树脂的固化时，必须在修复前对漏水点进行止水预处理。采用小导管注浆的方式在渗漏部位进行注浆止水，并对周围土层进行注浆加固，有效控制管道的进一步渗漏。在原位固化修复工程中，在部分渗漏比较严重的管道内，由于内衬管和原管道之间的贴合可能不够紧密，导致内衬管承受的渗漏压力较大，可采用注浆堵漏技术进行处理。

8.2.3　封堵导流措施

在管道修复施工前，必须对待修复管段进行封堵处理。气囊封堵法由于其安装和拆除方便，作为临时堵漏方式广泛应用于管径较小的排水管道修复工程中，但随着管径增大，气囊所能承受的水头压力减小，风险增大。

当上游来水量很大时，在进行管道修复前，需要用与管径配套的封堵气囊和安全止水挡板对施工管道的上游进行封堵。管道封堵完毕后，管道内水位升高，管道在封堵前必须做好临时排水准备，需设置导水措施，将上游污水导入下游可正常通水的管道中，可以在下游或附近的检查井中设置抽水泵，通过抽水泵强排水的方式将污水导入到附近的非修复管道中。导流施工时需根据水量增加速度及大小，按需增加导水设备，以避免造成上游管道内的积水过多，确保排水通畅。

8.2.4 管道变形预处理

（1）基本原理

管道变形预处理适用于修复城镇小直径排水管道结构性缺陷和功能性缺陷。利用顶进挤压设备对坍塌、变形等结构性缺陷部位进行复位处理，再利用加强型链条铣头对管道内部的水泥固结物进行清除处理，使管道功能性缺陷得到修复，同时配合预制钢环节节顶进的方式将管道贯通，使塌陷变形的管道恢复原有的形状，从而完成管道变形的预处理施工。

（2）施工流程

1）对两端检查井进行改造加固，完成改造后分别安装油缸顶进设备和牵拉设备。

2）牵引挤压锥头放入管口，顶进设备及牵拉设备分别放置在两端检查井内，锥头上放置高清摄像头对挤压过程进行实时监控。

3）塌陷部位的顶进施工遵从先顶进后套钢圈的原则。承插式钢环紧跟挤压锥头，待土体稳固后通过顶进设备逐环顶入，以接替缺陷部位管道承压。

4）待管片内衬施作完成后，通过管片中间预留的注浆孔，填充管片内衬外部的空隙。

（3）施工要点

1）锥头姿态控制及纠偏

严格控制挤压锥头顶进受力及速度，根据锥头前进姿态及受力情况，实时对锥头顶进速度进行控制和调整，牵拉导向杆需保证跟随原管道走向前进，当锥头偏离管道中心时需及时采取纠偏措施。

2）实时调整锥头实现减阻目的

在管内挤压设备顶进的过程中，若出现局部阻力过大的情况，则需人工调整锥头，待钢环内衬施作完成后再进行下一进尺的顶进，如此反复直至整个变形部分顶进完毕，恢复原有管道形状。

3）切割处理管道的塌陷部位

当管道变形塌陷较严重时，需先使用顶进设备将钢制导向杆顶至另一端检查井，再在管道内安装牵引钢丝绳；在锥头上安装割刀，纵向切割管道的塌陷部位，以减小其对锥头的挤压力和摩擦力。

8.3 管道及检查井修复技术

8.3.1 修复原则及方式

排水管道及检查井现场修复作业应符合现行行业标准《城镇排水管道维护安全技术规

程》CJJ 6、《城镇排水管渠与泵站运行、维护及安全技术规程》CJJ 68、《城镇排水管道非开挖修复更新工程技术规程》CJJ/T 210 等。现场使用的检测设备，其安全性能应符合现行国家标准《爆炸性环境　第 1 部分：设备通用要求》GB 3836.1 的有关规定。管道修复施工完毕且经检验合格后，应进行管道闭水检验，具体要求按照《给水排水管道工程施工及验收规范》GB 50268 的规定执行。

（1）修复原则

1）满足管道的荷载要求；

2）整体修复后的管道流量一般应达到或接近管道原设计流量；

3）修复后的管道强度必须满足国家或行业现行的相关规范要求；

4）为了尽量减少管道过水断面的连续变化，改善水力条件，防止损坏，对于同一管段出现 3 处及以上结构性缺陷的，应采用非开挖整体修复方法；

5）修复施工期间，需做好临时排水措施，以确保周围排水户的排水不受影响；

6）管道整体修复后的管道设计使用年限应符合《城镇排水管道非开挖修复更新工程技术规程》CJJ/T 210 的规定；

7）分流制地区，修复后的排水管道应杜绝雨污混接，严禁污水管道直排水体；

8）严禁分流制排水系统与合流制排水系统连接；

9）经过结构性缺陷修复的污水管道和合流制管道，地下水入渗比例（地下水入渗量和地下水入渗量与污水量之和的比值）不应大于 20%（排水区域地下水入渗量调查法），或地下水入渗量不大于 $70m^3/km \cdot d$（排水管段地下水入渗量调查法）。

（2）修复方式

1）根据施工条件分为开挖修复和非开挖修复

① 开挖修复

开挖修复指的是将上层土层全部挖除后，撤除旧管并替换新管管节，进行管线敷设施工，或修复存在缺陷管段的一种作业方式，在早期的管线增设工程中较为常用。通常使用大型挖掘器械对管道沟渠进行开挖、更换或修复敷设管道后，再进行沟槽的回填。在覆土前，用闭水试验检测渗漏位置及程度，覆土后应及时清理废弃土料。因施工需要可能临时封堵了其他管道，施工完成后应清除封堵的设施，恢复正常的排水功能。

相对来说，施工对周边环境的影响较大，很可能对沿线的公路运输造成影响，在城市繁华地区的应用受到限制。特别是对于一些布置在公路及建（构）筑物附近的管线，在开挖之后很可能对地基基础的稳定性造成威胁，致使其使用寿命降低。

② 非开挖修复

非开挖修复是一种采用极少开挖甚至不开挖地面的修复技术，对于现已损坏的排水管道进行局部或者整体修复，使排水管道修复后达到原有管道的承载力，恢复其结构功能。它最初主要被用于新建工程，之后在沉管抢修和预防性修复工程中逐渐得到应用和推广。

非开挖修复技术的主要特征如下：

修复的管节或管段不具有连续性；

极少开挖甚至不开挖地面；

修复对象大多是位于人口密度较大的城区老旧管道；

修复前的预处理可能使结构的受力不平衡，容易造成地表塌陷、管环错位等现象。

与开挖修复技术相比，非开挖修复技术仅需要采取钻挖的方式辅助施工即可，在既有管道内部安装内衬，延长其使用寿命，修复成本低，施工安全便捷且适用性良好，对地表结构、环境、交通运输、商业及生活等影响较小，在排水管道的修复和敷设中均可发挥作用。由于非开挖技术克服了传统开挖技术的诸多缺陷，因而在排水管道修复施工中得到广泛应用。

2）根据修复范围分为局部修复和整体修复

① 局部修复

局部修复是对旧管道内的局部破损、接口错位、局部腐蚀等缺陷进行修复的方法。如果管道仅在局部出现少量缺陷，整体质量比较好，宜选择局部修复的方法，节约成本。

② 整体修复

整体修复是对两个检查井之间的管段进行整段加固修复的方法。对管道内部严重腐蚀、接口渗漏点较多，以及管道的结构存在多处严重损坏或不宜采用局部修复的管道，宜采用整体修复。

整体修复可分为内衬法和涂层法两大类。内衬法修复的管道不仅可以防腐、防渗，而且可按需要增加内衬管管壁厚度，达到增加管道总体结构强度的目的，但是同时也减少了过水断面面积。内衬法施工速度快，强度较高，在排水管道非开挖整体修复中应用较多。涂层法修复的排水管道主要目的是防腐、防渗。

3）根据管道缺陷性质分为结构性缺陷修复和功能性缺陷修复

针对现状排水管存在结构性、功能性缺陷造成的污水冒溢、道路积水、地面沉陷、外水入渗等问题，应按照相关规范要求进行排查与修复。

① 结构性缺陷修复

修复排水管道及检查井存在的各种结构性缺陷，是解决地下水等外来水入渗和污水外渗的根本措施。结构性缺陷修复方式的选择应结合管道的检测结果、水文地质条件、交通情况、周边环境、管内运行水位、修复投资等因素综合确定。

② 功能性缺陷修复

功能性缺陷修复整治主要针对淤泥沉积等，可采用疏通清理等方式，恢复管道过水断面，及时清除排水管道及检查井中的沉积物，可有效减少进入水体的污染物。

8.3.2 管道非开挖修复技术

（1）局部非开挖修复技术

1）局部树脂固化法

现场固化法（Cured In Place Pipe，CIPP），原本是一种整体修理方法，实际上是采用原位固化法对管道进行局部修复的方法。将浸渍热固性树脂的软管用注水翻转或牵引等方法将其置入原有管道内，通过加热（利用热水、热气或紫外线等）使其固化，待加热固化后，在管道内形成新的管道内衬。软衬管的作用是挟带树脂，所以软衬管应满足能承受安装应力，并且具有足够柔性以适应管道的不规则性的要求，直到它就位并且固化为止。

CIPP 技术适用于管径 500～2700mm，管线长度为 900m 左右，管材类型为钢管、混凝土管等的地下排水管道，在城市中交通拥挤、地面设施集中或占压严重、采用常规开挖地面的方法无法修复和更新的排水管道修复中应用。这种技术具有管道过流断面损失小、流动性能好、施工速度快、修复质量好的优点，能适应非圆形断面和弯曲的排水管道管段的修复施工，修复的管道寿命可达 30～50 年，因此成为目前国内外最为常用的一种非开挖修复技术之一。

2）点状原位固化法

修复前，先将待修复部位两侧的排水管道进行封堵，封堵部位一般位于检查井外侧，如图 8-4 所示；然后将浸渍常温固化树脂的纤维材料固定在破损部位，通过充气设备注入压缩空气，使纤维材料紧紧挤压在管道内壁，经固化后形成新的管道内衬；用于管道脱节、渗漏、破裂等缺陷的修复。采用点状原位固化法修复施工时，对于管道错位、下沉超过 10cm 的缺陷，应采用土体固化法加固周围土体配合内衬修复的施工方法。

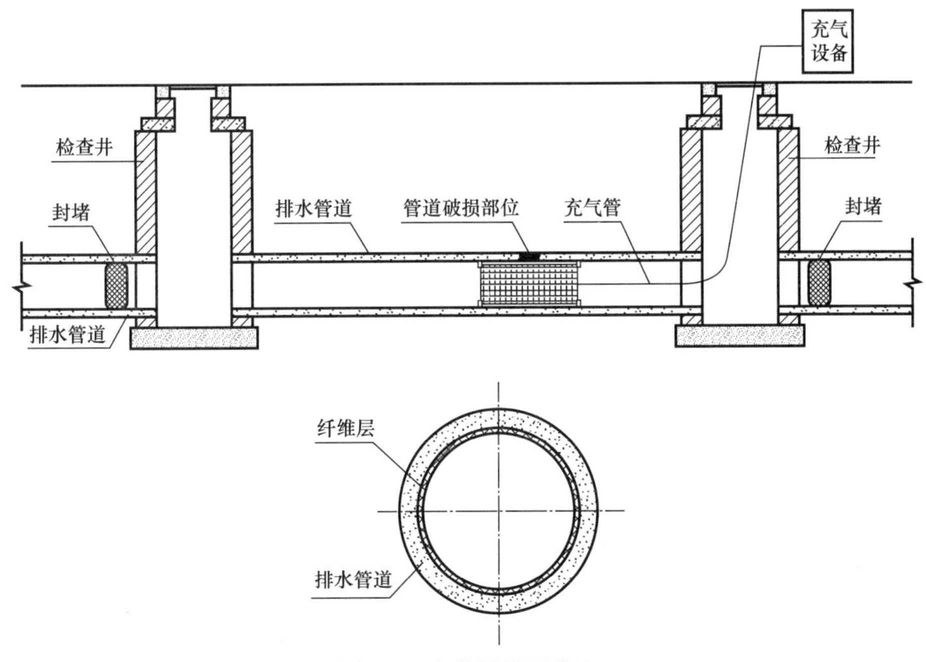

图 8-4　点状原位固化法

3）不锈钢套筒法

外包止水材料的不锈钢套筒膨胀后，在原有管道和不锈钢套筒之间形成密封性的管道内衬，堵住渗漏点。主要用于脱节、渗漏等局部缺陷的修复。

具体修复流程为：在工作井和接收井各设置一个卷扬机牵引不锈钢套筒运载车和 CCTV 设备，通过控制卷扬机将运载车输送到管内指定修复位置，然后缓慢向气囊内充气，使不锈钢套筒和海绵缓慢扩展开，密贴并锁定在原有管道内壁，再缓慢释放气囊内的气压，最后通过卷扬机回收运载车和 CCTV 设备，如图 8-5、图 8-6 所示。

图 8-5　包裹毡筒后的修复器

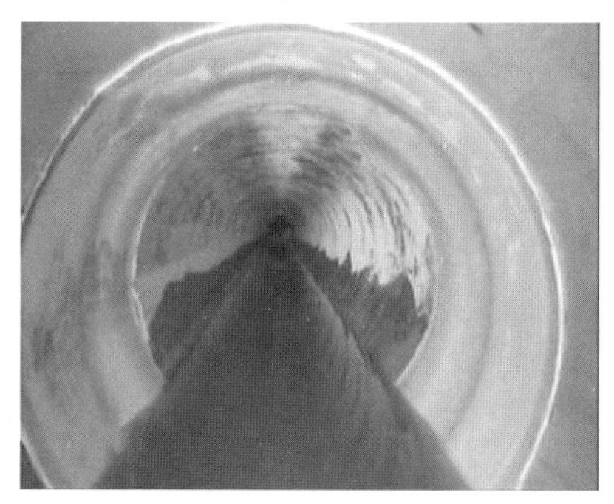

图 8-6　不锈钢套筒法修复后的管道图

图 8-7　不锈钢双胀环修复现状图

4）不锈钢双胀环修复法

采用环状橡胶止水密封带与不锈钢套环，在管道接口或局部缺陷部位安装橡胶圈双胀环，橡胶带就位后用 2～3 道不锈钢胀环固定，达到良好的止水效果，如图 8-7 所示。此种修复技术更适合应用于 800mm 以上的管道中，用于变形、错位、脱节、渗漏，且接口错位小于 3cm 等缺陷的修复，但是要求管道基础结构基本稳定、管道线形无明显变化、管道壁体坚实不酥化。

5）管道水泥或化学灌浆法

灌浆法主要用于修复管道的渗漏处（接头部分）或砖制的污水管道，前提是管道的结构性完好。灌浆法适用于管径为 900mm 以上的各种管道。

注浆材料分为水泥浆和化学浆两类，我国目前几乎全部采用水泥浆，化学浆价格贵但效果更好。为了增加浆液的流动性并降低造价，水泥浆中通常要添加 2% 水玻璃和适量的粉煤灰。灌浆法的优点是：干扰小、材料和设备的费用低。灌浆法的缺点是：难以控制施工质量。

化学灌浆法是指将多种化学浆液通过特定装备注入管道破损点外部的下垫面土层和土层空洞中，利用化学浆液的快速固化特点止水、止漏、固土、填补空洞的一种修复方法，如图 8-8 所示。化学灌浆法适用于各种类型管道内部已发现的渗漏点和破裂点的修复。

采用化学灌浆法修复施工，灌浆完成后，缝隙处不再出现任何渗漏水的现象。在复杂地层条件下，可在两个检查井之间用双化学浆液来恢复地层对排水管的支撑强度。将排水管两端堵住，先注满 A 浆液，然后泵出；再注满 B 浆液，随后也泵出。两种浆液成分之间发生化学反应，可堵住管道内的接头或裂隙渗漏，从而提高周围地层的稳定性。

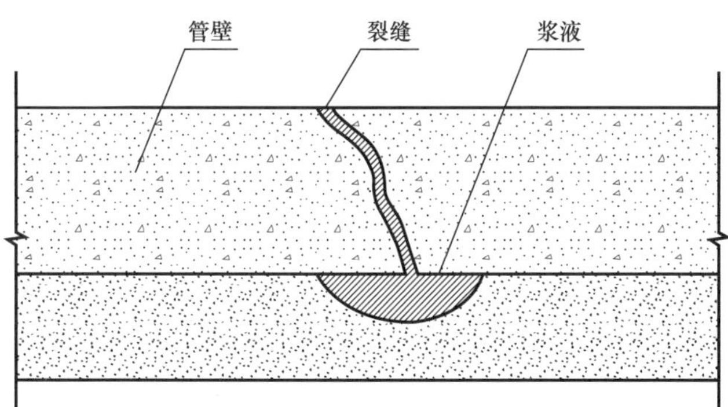

图 8-8　管道化学灌浆法示意图

此方法主要特点为：通过灌浆可快速修复裂缝、渗漏等缺陷，大量灌浆时可对基层进行加固；施工简单，无需大型机械施工作业，成本较低。但是，对于小管径管道的修复而言，施工难度大，由专用设备完成，人工无法施工；当管径大于 800mm 时，需要人工进入管内施工，对安全管理的要求高。

（2）整体非开挖修复技术

1）紫外光原位固化法

拉入式紫外光原位固化法，采用绞车把渍光敏树脂的软管拖入原需要修复的管道中，加压充气使软管张开并紧贴管道内壁，将紫外光固化专业设备拖入软管内进行照射固化，使软管在修复管道内形成新的管道内衬，从而达到排水管道原位修复的目的，如图 8-9 所示。

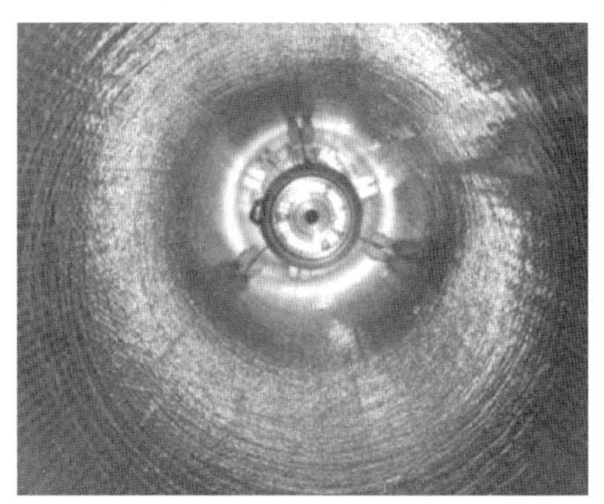

图 8-9　紫外光原位固化法修复示意图

采用拉入式紫外光固化法施工时，应按规定对紫外光的固化速度进行控制，修复过程中通过安装在紫外光前端的 CCTV 监控测点温度，并实时进行调控。如有意外，可通过操作控制系统，及时停止修复作业。

紫外光固化管道修复技术具有较好的可变性与扩展性，因此更适合修复圆形或蛋形管道中的结构性缺陷，同时可以较好地吸收管道中产生的拉力。此外，其具有非常好的机械性，对管道壁的薄厚没有具体要求，完成管道修复后不会给界面带来损伤。

具体修复流程：

① 拖入保护膜，保护膜起到保护内衬软管的作用，防止软管被划伤或造成破损。

② 拉入玻璃纤维内衬软管。把预先碾压并切割的软管通过卷扬机从检查井拖拉进需修复的排水管道内，并在管道两端安装闭气设备。

③ 软管加压充气及紫外光固化设备安装。采用压缩机对内衬软管进行加压充气，通过空气压力使内衬管充气膨胀，使其与管壁密贴。内衬软管充气后，拖入紫外光固化设备，对紫外光固化设备进行调试、检测，应防止软管充气加压过程中出现过度膨胀或褶皱

的现象。

④ 紫外光固化。通过设定紫外光固化设备的前进速度和软管内温度等运作参数，以及通过设备自带的 CCTV，及时检测并调整运作参数，保证软管在设定的硬化条件下进行固化。管内紫外光设备前进速度平均为 0.5m/min，启动紫外线灯，玻璃纤维内衬管则覆盖在紫外线灯经过的旧管内壁上。固化前在内衬软管两端、软管外壁和旧管内壁间设置 1～2 个密封圈，以防止两管间隙渗水。

⑤ 端头处理。紫外光固化后切除修复管段外软管，拆除扎头、通气管道及小车。对管道两端的毛边进行修整，内衬管与老管在井口处设一道橡胶圈止水环，止水环外用聚合物环氧树脂组合砂浆涂抹。

⑥ 抽出软管内膜。端头处理后，拉出内膜，清理固化施工现场。

⑦ 检测验收。采用 CCTV 检测系统对修复后管道内部情况进行检测，保证管壁达到光滑、连续、无破损渗漏的修复效果。必要时可以根据《给水排水管道工程施工及验收规范》GB 50268 的规定进行闭水试验。

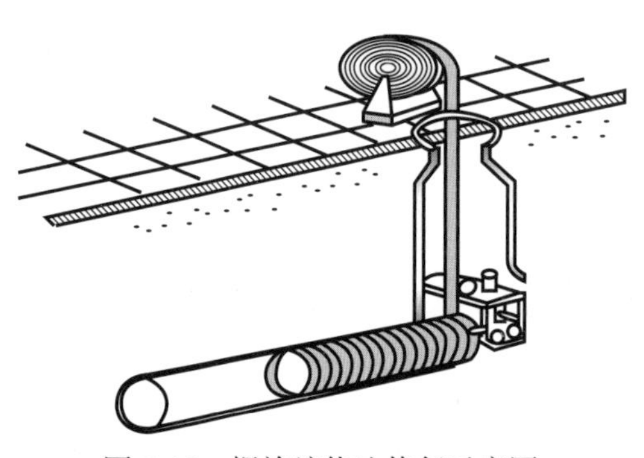
图 8-10　螺旋缠绕法修复示意图

2）螺旋缠绕法

采用机械缠绕的方法，通过安放在井内的制管机将塑料板带型材绕制成螺旋状管，并不断向旧管道内推进，在原有管道内形成一条新的管道内衬，可根据上层的荷载压力，对新管道的厚度进行确认，但同时也需要考虑到对管道流动能力的影响，修复后的管道内壁光滑，输送能力比修复前的混凝土管要好，如图 8-10 所示。

螺旋缠绕法施工作业量较小且安全，噪声小，无需进行钻孔施工，可通过既有检查井直接用于修复作业，选用的材料为带状材料，施工占地面积较小，在一些长距离的管道修复作业中也可使用，施工完成后无需进行养护作业，直接投入使用即可，管道的承载性能较好。适用于圆形混凝土、塑料以及玻璃钢夹砂排水管道结构性缺陷的修复，可适应管径的变化，并且可带水作业，一般管道内的水深控制在 30% 时便可进行修复施工，但是过流断面损失较大。

3）管片及短管内衬修复技术

① 管片内衬修复技术：将片状型材在原有管道内拼接成一条新管道，当管片之间采用螺栓连接或焊接连接时，应在新管道与原有管道之间的连接部位注入与管片材料相匹配的胶粘剂或密封胶进行填充。

② 短管内衬修复技术：将特制的高密度聚乙烯（HDPE）短管在井内螺旋或承插连接，然后逐节向旧管内穿插推进，并在新旧管道的空隙间注入水泥浆固定，形成新的内衬管，如图 8-11 所示。

用于破裂、脱节、渗漏等缺陷的修复，管道形状不受限制，修复迅速、快捷。采用内衬法施工结束后，已修复的内衬管内表面应光滑，无明显的褶皱、突起现象；内衬管内部

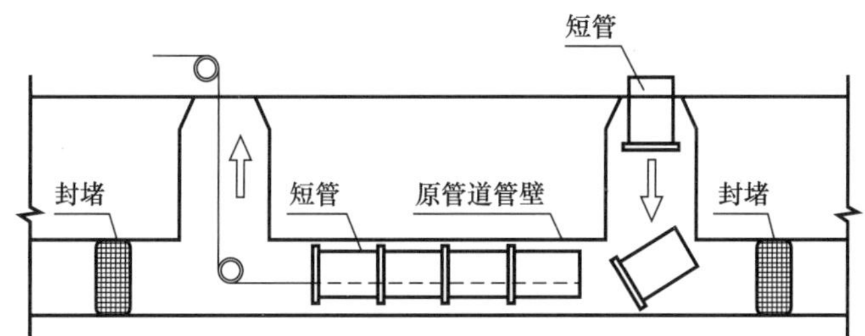

图 8-11　短管内衬修复示意图

表面没有漏水、渗水迹象。施工工艺简单，施工设备常规，易于人工操作，分段施工时对交通和周边环境的影响很小，投资少，施工成本低。但是，过流断面损失较大，穿插入新管后，流量有明显损失。此外，环形间隙要求注浆，由于环状间隙较小，导致注浆作业较困难。

4）速格垫垫衬法整体修复

速格垫垫衬修复技术是采用速格垫作为修复的内衬材料，首先将速格垫依据待修复的管道尺寸预制成工程实地需要的规格，拉入需要修复的管内，然后通过充气或注水的方法使其与管壁充分接触；通过灌浆的方法将速格垫与管壁之间的空隙进行填充，使速格垫与原管道形成一个整体（图 8-12）；利用速格垫与灌浆料形成新的管腔结构层，以达到对老旧管道进行维护的非开挖修复技术。

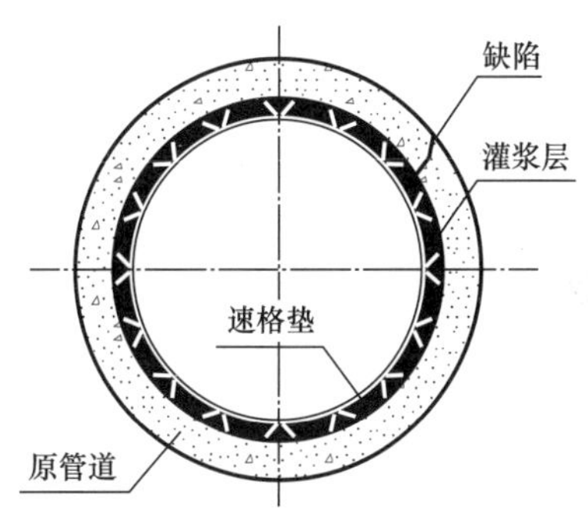

图 8-12　速格垫垫衬示意图

该技术适用于在任何形状管道、箱涵内进行整体施工，可修复管道破损、渗漏、脱节、错位等情况。灌浆材料可填充管道周边空洞缺陷，起到加固作用。

该技术结合了热塑性塑料的柔韧性、延展性、耐腐蚀等优点和混凝土强度高的特点，将原有管道变成一个刚柔相结合的结构，可适应结构二次变形，有效保护了管道不被污水或硫化氢、氨气等气体腐蚀；采用完全不开挖的修复方式，对环境无任何污染隐患；施工速度较快，修复后即可投入运行；工人只需利用检查井进行施工作业，无须进行管内作业，安全可靠；当管径小于 1500mm 时，只能采用整体修复的方法，不可局部施工；对施工技术要求较高，需熟练工人完成或指导完成关键施工工序，以保证修复质量。

5）胀管法

将一个锥形的胀管头装入到旧管道中，将旧管道破碎成片挤入周围土层中，与此同时，新管道在胀管头后部拉入，从而完成管道更换修复的过程。胀管法适用于破裂、变形、错位、脱节等各种管道缺陷的修复。施工前，先在旧管内穿一根钢丝绳，钢丝绳两端连接胀管头和机动绞车，由绞车提供动力，以牵引胀管头向前推进，如图 8-13 所示。

该方法适用于直径为 *DN*50～*DN*1000 的排水管道，特别是采用脆性材料进行建造的管道工程项目，具有保证原管径和增大管径同时更换，施工便捷的优势，但不适合用于弯管的更换修复。缺点是在部分端头井不具备开进管坑条件，使设备受到限制，尤其当土质不好时，在施工过程中可能会出现坍塌的情况。

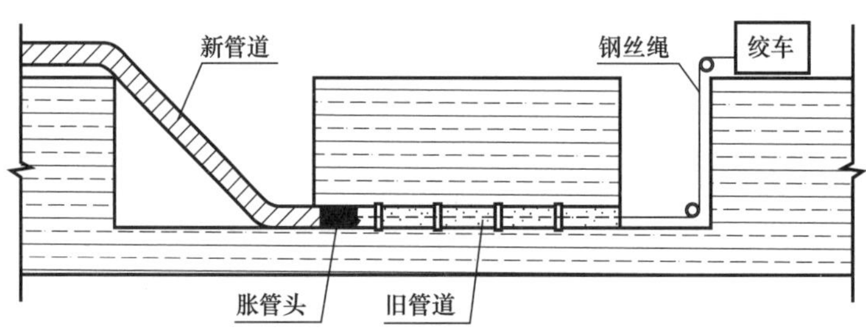

图 8-13　胀管法修复示意图

6）聚合物涂层法

将高分子聚合物乳液与无机粉料构成的双组分复合型防水涂层材料，混合后均匀涂抹在原有管道内表面，形成高强坚韧的防水膜内衬，可用于破裂、脱节、渗漏等各种缺陷的修复。

8.3.3　检查井修复技术

（1）检查井原位固化法

将浸渍热固树脂的检查井装置吊入原有检查井内，加热固化后形成检查井内衬；适用于各种类型和尺寸检查井的渗漏、破裂等缺陷修复，不适用于检查井整体沉降的修复。

（2）检查井光固化贴片法

将浸渍有光敏树脂的片状纤维材料拼贴在原有检查井内，通过紫外光照射固化形成检查井内衬；适用于各种类型和尺寸检查井的渗漏、破裂等缺陷修复，不适用于检查井整体沉降的修复。

（3）检查井离心喷涂法

采用离心喷射的方法将预先配制的膏状浆液材料均匀喷涂在井壁上，形成检查井内衬，喷涂材料为聚合物环氧树脂组合砂浆；适用于各种材质、形状和尺寸的检查井破裂、渗漏等各种缺陷的修复，可进行多次喷涂，直到喷涂形成的内衬层达到设计厚度。

离心喷涂法主要是利用砂浆搅拌机把涂料与水充分搅拌，通过输料管，由砂浆输送喷涂机高压送到高速旋转的喷涂器内，在离心作用下，涂料被抛甩，均匀喷涂到检查井井室内壁四周，实现检查井内壁的喷涂修复。

8.4　修复技术创新与发展

地下排水管道渗漏造成的损失很大，引起了普遍重视。不少专家学者在管道防渗漏修复技术上进行了大量的研究，在新材料、新技术、新工艺等方面取得了技术突破。

8.4.1　修复新材料

（1）发泡聚氨酯类非水反应高聚物

非水反应类高聚物复合材料自 20 世纪 80 年代起在欧洲得到广泛应用。当前国内外排水管道修复材料主要采用水泥和水反应高聚物两大类材料，这两类材料均需要与水发生化学反应，水泥难以在抢险等紧急工作环境中得到很好的应用，常规高聚物材料遇水膨胀，对于管道出现大量涌水和压力较大的喷涌的情况，封堵效果较差。基于以上不足，王复明院士提出了非水参与反应特种封堵材料的防渗漏技术概念，并带领团队进行了非水反应高聚物材料的研究工作，改性预聚体亲水组分，研制不受水影响的新型防渗修复材料——发泡聚氨酯类非水反应高聚物。

（2）双组分高聚物复合材料

非水反应类高聚物复合材料以另一种高分子材料替代水反应类高聚物复合材料参与固化反应的水组组分，成为双组分材料。当两种组分接触后便可发生化学反应，进行固化。

1）双组分弹性体高聚物复合材料

双组分弹性体高聚物复合材料主要由多元醇和异氰酸酯构成。该材料在低温中仍能保持较好的柔性，且由于其固化过程中不发泡，因此反应后体积膨胀率很小。

2）双组分发泡体高聚物复合材料

双组分弹性体高聚物复合材料加入发泡剂后，便成为双组分发泡体高聚物复合材料。通过加入不同的组分，可得到具有不同特性的泡沫状材料，因此，可以根据项目的特定需求，对材料进行适配。该材料一般具有较快的反应速度和较大的膨胀率，膨胀到原体积的20～30倍仅需要6～10s。

双组分发泡体高聚物复合材料具有反应迅速并可调节反应时间、膨胀率高、防水抗渗、耐久性好等特点，是综合性能较优的高聚物复合材料。值得注意的是，若两种组分混合后在不同状态下形成的高聚物复合材料强度有较大差别，在水中状态下形成的高聚物强度小于干燥状态的30%，这部分双组分发泡体高聚物复合材料成为水敏感型材料。

（3）PUR-X100和ACRYL-X1000注浆材料

PUR-X100和ACRYL-X1000是我国从比利时进口的专用注浆材料。PUR-X100是一种单组分、遇水反应、低黏度的聚氨酯树脂。在与水接触时，PUR-X100会膨胀并反应形成一种刚性的封闭泡沫体，充分固化后，泡沫会在裂缝和接头部位形成永久性的密封圈，保证构件防水的耐久性。PUR-X100可用于快速堵水，一般仅需几秒钟。ACRYL-X1000是一种无毒的多功能丙烯酸单体溶液，在使用前加入活化剂或引发剂几秒钟到几分钟后，树脂就会凝固，该材料主要用于加固土体。

待修复管道漏水十分严重且水压力较高时，必须在修复前对漏水点进行止水预处理。预处理后，先采用PUR-X100进行封堵止水，再采用ACRYL-X1000材料加固周围土体，可有效解决常规的管内喷涂或注浆方法难以封堵的问题。

8.4.2 修复新技术

（1）高聚物复合注浆技术

基于非水反应高聚物在水中反应与膨胀扩散特性，王复明院士团队提出了高聚物水下注浆、膜袋注浆及其复合注浆方法，高聚物封闭域反压复合注浆技术主要依靠膜袋膨胀后形成的“栓塞”，达到快速封堵大量涌水或射流的目的，可在污水管道、检查井等防水工

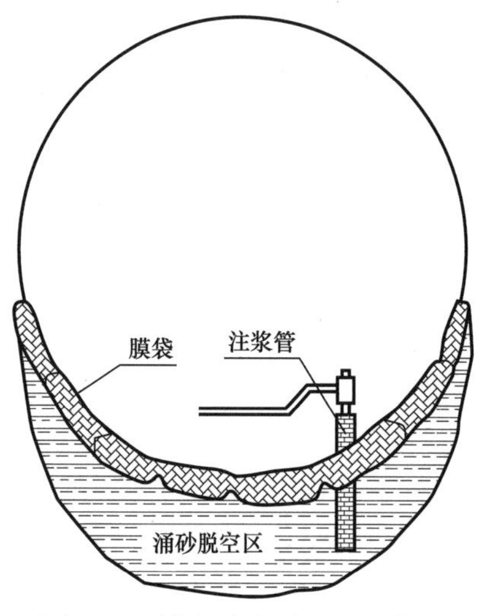

图 8-14　填充涌砂脱空区示意图

程中快速注浆封堵管道渗漏，在抢险工程中有效填充涌砂脱空区等，发挥了重要作用，达到了良好的预期效果，如图 8-14 所示。

（2）高聚物膜袋注浆与导管注浆相结合的复合注浆技术

本复合注浆技术施工工序为：先采用探地雷达检测仪确定污水管道渗漏、涌砂位置，结合高聚物膜袋注浆技术与高聚物导管注浆技术，在渗漏、涌砂处管道两侧注浆，利用高聚物复合材料的非亲水性原理对破损位置外侧周边环境进行固化，防止抽水时流砂进入管道内部，待抽空管道内积水后，施工人员进入管道，利用高聚物布袋注浆法对渗漏、涌砂部位进行有效封堵。如渗漏量不大，抽水、通风后，由施工人员进入管道内进行注浆，即可封堵管道的渗漏；当涌水涌砂量较大时，可在管道存水状态下，安排潜水员进入管道渗漏地点进行水下注浆作业，封堵渗漏。当排水管道部分管段出现涌砂而导致管段发生下沉时，可通过将高聚物膜袋注浆与导管注浆相结合的方式，形成固砂帷幕，如图 8-15 所示。

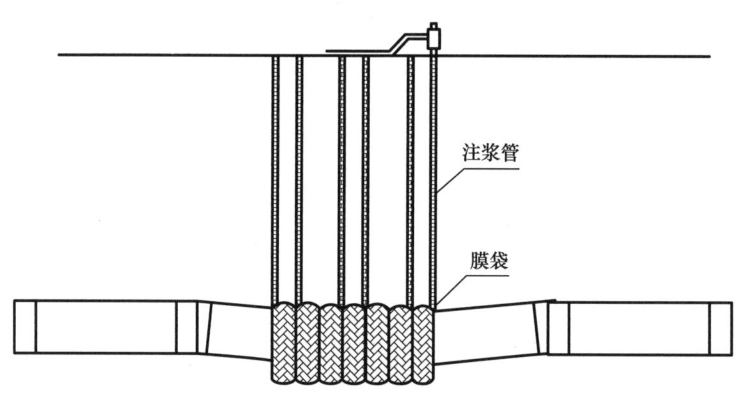

图 8-15　注浆固砂帷幕示意图

本技术可修复流砂、地下暗河和软弱土层等复杂地质条件下，由污水管道沉降导致的管道接缝处渗漏、涌砂等问题，能有效地稳定污水管道渗漏段的流砂，加固渗漏段的管道基础，使污水管道恢复正常的工作状态。

（3）Sprayroq Wall 喷涂施工技术

Sprayroq Wall 喷涂修复施工技术是一种新兴非开挖修复工程技术，Sprayroq Wall 材料由国外引进。该技术采用聚氨酯作为喷涂材料，通过在卷扬机拉力作用下的旋转喷头或者人工方法将材料依次在旧的排水管道或渠箱内进行喷涂作业，经固化后，形成管道 - 衬里复合管，达到对旧管或渠箱整体修复的目的，修复后管道的抗压、耐腐蚀、耐磨损等性能有所提高。

该方法适用于 800mm 以上的大管径管道或渠箱的原位修复，机械自动化程度高，操作简单，应用设备先进可靠，有效地提高了管道非开挖修复的施工效率。同时，喷涂修复施工主要在地下对排水管道进行原位修复，几乎不受施工场地周边环境因素的限制。

本章参考文献

[1] 中国工程建设标准化协会 . 城镇排水管道非开挖修复工程施工及验收规程 T/CECS 717—2020,［S］.2020.

[2] 中华人民共和国住房和城乡建设部 . 城镇排水管道非开挖修复更新工程技术规程 CJJ/T 210—2014,［S］. 北京：中国建筑工业出版社，2014.

[3] 中华人民共和国住房和城乡建设部 . 给水排水管道工程施工及验收规范 GB 50268—2008,［S］. 北京：中国建筑工业出版社，2009.

[4] 逄仲森 . 城镇排水管道非开挖修复技术研究［D］. 北京：中国地质大学，2012.

[5] 王复明，郭成超 . 隧道等地下工程渗漏防治及隔震技术进展与“工程医院平台建设”［R］.2019.

[6] 王复明 . 地下工程水灾变防控技术的发展［R］. 郑州：郑州大学 / 广州：中山大学，2020.

[7] 广东省住房和城乡建设厅 . 广东省城镇排水管网设计施工及验收技术指引（试行）［S］.2021.

[8] 朱军，唐建国 . 排水管道检测与评估［M］. 北京：中国建筑工业出版社，2018.

[9] 李明 . 高水压条件下排水管道局部树脂固化修复及预处理［J］. 中国给水排水，2020，36（20）：45-50.

[10] 侯照保，梁豪 . 小直径排水管道非开挖修复预处理技术应用研究［J］. 市政技术，2018，36（05）：151-153.

[11] 王和平，周利 . 塑料排水管道非开挖修复注浆加固预处理研究［J］. 给水排水，2015，51（09）：78-81.

[12] 宫俊哲 . 土体注浆与原位固化修复技术的结合运用方法探讨［J］. 中国市政工程，2017（04）：34-36+39+107.

[13] 周利 . 排水管道非开挖修复预处理技术的研究［D］. 广州：广东工业大学，2014.

[14] 李俊奇 . 管道非开挖修复技术在市政排水管道改造中的应用［J］. 智能城市，2020，6（22）：87-88.

[15] 孙剑斌 . 排水管道非开挖修复技术综述［J］. 河南建材，2019（04）：31-32.

[16] 廖宝勇 . 排水管道 UV-CIPP 非开挖修复技术研究［D］. 北京：中国地质大学，2018.

[17] 刘伟利 . 城市排水管道非开挖修复技术的推广探究［J］. 门窗，2019（20）：226.

[18] 齐杰 . 城市排水管道非开挖修复技术研究［J］. 工程技术研究，2020，5（13）：87-88.

[19] 吴坚慧 . 排水管道非开挖修复技术综述［J］. 城市道桥与防洪，2012（08）：267-269+273+394.

[20] 李晓峰 . 城镇污水管网健康状况评价与修复技术优选研究［D］. 苏州：苏州科技大学，2019.

[21] 任光合，田日红 . 非开挖修复工程发展趋势分析［J］. 工程经济，2020，30（08）：70-73.

[22] 陈琦琦 . 高聚物复合材料注浆技术在非开挖修复地下污水管道中的应用研究［D］. 广州：广州大学，2016.

[23] 杨晓慧 . 城市排水管道修复技术适用性研究及工程应用［D］. 西安：西安工业大学，2019.

[24] 刘林湘 . 城市污水管网的腐蚀与检测修复研究［D］. 重庆：重庆大学，2004.

[25] 李明 . 高水压条件下排水管道局部树脂固化修复及预处理 [J]. 中国给水排水，2020，36 (20): 45-50.
[26] 安关峰，刘添俊，李波等 . 高水位下渠箱半结构修复技术方案比选及其施工要点 [J]. 特种结构，2016，33 (01): 104-108+89.
[27] 张广春 . 广州市排水管道非开挖修复技术应用研究 [J]. 市政技术，2014，32 (02): 113-117.
[28] 李波 . 排水管道 Sprayroq Wall 喷涂施工技术及工程应用 [J]. 广州建筑，2017，45 (01): 30-33.

第 9 章　基槽明挖支护技术创新

9.1　基槽后支护结构设计与应用研究

9.1.1　研究背景和意义

（1）研究背景

基槽是指地下管网、管廊、渠道等带状工程的沟槽。传统基槽开挖与支护方法普遍存在造价高、适用范围受限、施工工期长等问题。目前，国内关于后支护在基槽开挖施工中的应用较少，国外虽然已将沟槽箱后支护作为一种沟槽开挖施工的强制性安全措施，但其应用范围仅限于对基槽位置的固定和有限空间的支护，在功能上无法实现基坑内部的有效移动，而且难以满足不同条件下的开挖和支护要求。随着国内市政管网建设规模的不断加大，越来越多的管道作业位于城市中心区，开挖施工受周围建（构）筑物、道路及复杂地下管线、不良地质、社会活动等因素限制，无法满足放坡施工要求。另一方面，施工人员心存侥幸，在看似地质条件良好的情况下，不按设计要求，采取不放坡无支护开挖施工方式，冒险在沟槽内作业而引起土体坍塌的事故屡见不鲜，如图 9-1 所示。

为了避免或减少上述工程事故的发生，有必要研发一种安全、适用、经济和高效的新型支护方式，为基槽开挖施工保驾护航。根据以往的研究发现，从适用性和可操作性角度来看，所研制的后支护结构未能达到预期效果（图 9-2），主要存在以下缺陷：

1）无法适用于不同开挖深度的沟槽；

2）整体结构不便于运输；

3）移动时遇到障碍无法克服；

4）承插式移动支腿，装卸麻烦且不适用于非连续、深度变化较大的基槽；

5）千斤顶操作不便。

依据过往对基槽后支护研究所发现的问题和经验分析，并在此基础上，本着力求突破和创新的精神，对基槽开挖后支护结构的关键技术开展进一步的应用性研究。

图 9-1　沟槽坍塌事故救援现场

图 9-2　过往研发的基槽后支护结构

（2）研究意义

开展基槽后支护结构设计与应用研究，旨在为复杂环境下提出解决基槽支护的新思路、新技术。研究方法结合了设计研发、数值模拟及现场试验，解决了在复杂环境下基槽支护的工程难题，满足了城镇建设的需求，同时对安全救援工作也具有重大意义，可为基槽工程支护施工提供良好借鉴。本技术具有以下应用价值：

1）在施工安全防护方面，后支护结构能够对沟槽侧壁土体起支护支撑作用，为施工人员提供安全可靠的作业环境。再者，实现垂直开挖意味着土方开挖、回填量和作业占地面积显著减少，有效解决沟槽开挖过程中遇到的难题，并产生良好的经济效益和社会效益。此外，施工作业对周边建筑物、复杂管线、社会活动等影响较小。

2）基槽后支护结构的零部件工厂加工生产，运输至施工现场，通过螺栓和卡槽的方式进行有效连接，可实现快速拼装与拆卸的目标。与常规的垂直开挖支护方式相比，这种支护方式更具有安全、经济、质量和高效的优势，并可以实现回收与重复利用，符合绿色施工要求。

3）应急救援方面，适用于出现土体坍塌事故的救援工作，可作为临时支护，为救援工作人员提供安全救援环境，防止土地再次坍塌造成二次事故。

4）工程适用性强，可应用于一定范围内不同宽度和深度的基槽开挖工程的支护，可实现基坑内部支撑区域的改变，即实现全标段基槽作业的支护。

（3）研究思路

基槽后支护结构的具体思路，如图 9-3 所示。

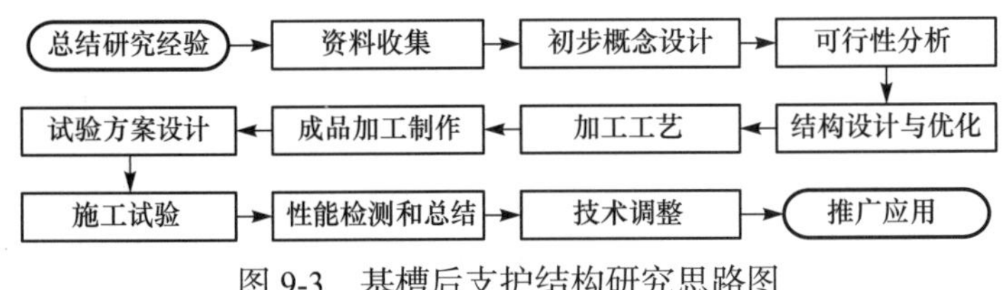

图 9-3　基槽后支护结构研究思路图

9.1.2　关键技术研究

（1）技术概况

基槽后支护结构设计与应用研究的关键技术内容涉及一种装配化安装、可改变自身宽度和使用高度、可实现短行程整体垂直提升和长距离水平移动的基槽开挖后支护结构。基槽后支护结构的构件可以在工厂提前生产，运至施工现场，通过人工现场组装的方式拼装成型，可实现安全防护、基坑支护、形体伸缩、提升与降落、移动的功能。其中，通过结构体形伸缩功能和增减侧壁护板以适用于不同深度和宽度范围的沟槽，利用液压提升系统和轮子驱动实现支护结构在沟槽内部短距离提升和沟槽方向移动，以变换基槽支护区域。

本支护结构采用模块化与装配化设计，装拆快捷简便，能为不同截面尺寸的基槽提供有效支护，且能为基槽内不同工作面的连续作业提供安全防护。

（2）基槽后支护结构的研发

1）基槽后支护结构组成

所研发的基槽后支护结构，如图 9-4～图 9-6 所示，结构长度为 4m，结构宽度为 1.5～2.3m（截面宽度方向具有伸缩功能），最大适用深度为 3m，整体重量约为 2t。功能性部件包括立柱系统、可调节支撑系统、可移动与滑动支座系统、液压控制系统和侧壁护板体系五种类型；系统构件的相关零件通过螺栓和卡槽的方式进行有效连接，可实现快速拼装与拆卸的目标。

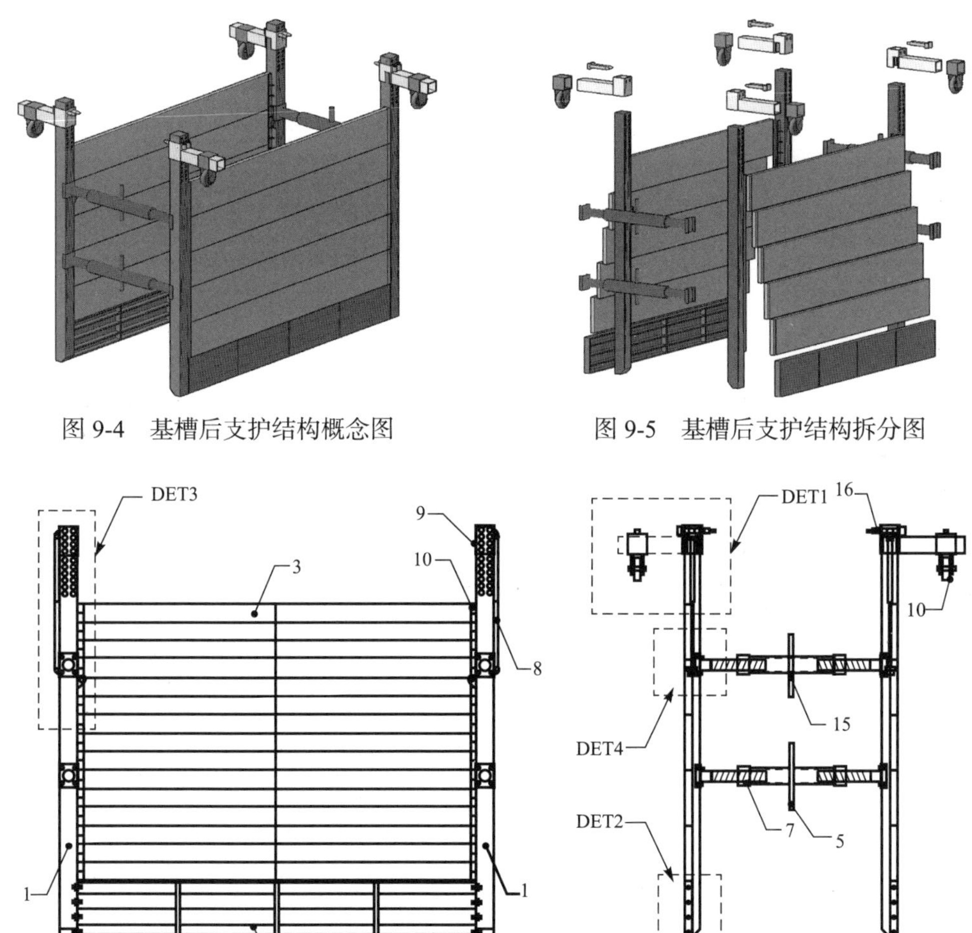

图 9-4　基槽后支护结构概念图

图 9-5　基槽后支护结构拆分图

图 9-6　基槽后支护结构平面图

1—立柱；2—吊耳；3—Ⅰ型侧壁护板；4—Ⅱ型侧壁护板；5—把手；6—螺栓；7—可调节支撑；8—液压油缸；9—滑动支座；10—定向轮子；11—托梁钢套；12—不锈钢；13—导轨；14—加劲板；15—旋转把手；16—定位插销；17—耳板

可移动与滑动支座系统由定向轮、矩形托梁钢套和定位插销组成，滑动部位可采用四氟板或不锈钢作为滑动面，如图 9-7 所示。可移动与滑动支座系统实现基槽作业面的改变，变换作业面前依据基坑地坪高度和行走地坪地面情况来改变插销插承位置（轮子落地）和托梁钢套的位置（轮子水平方向调整移动），使得轮子处于着地状态，然后紧拧调节螺栓使得螺栓杆伸长以顶紧托梁（托梁套较托梁的截面大，配合调节螺栓即具有一定上下微调空间以适应不同插销的插口高度），很好地实现了基槽方向的水平移动。

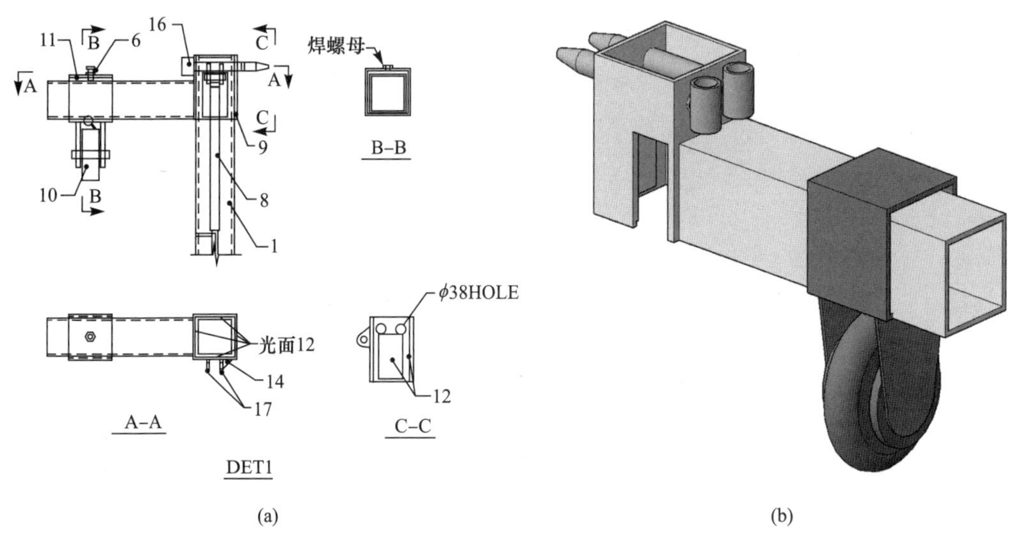

图 9-7　可移动与滑动支座系统示意

（a）可移动与滑动支座立面图；（b）可移动与滑动效果图

1—立柱；6—螺栓；8—液压油缸；9—滑动支座；10—定向轮子；11—托梁钢套；12—不锈钢；14—加劲板；16—定位插销；17—耳板

侧壁护板体系分为Ⅰ型和Ⅱ型两种，如图 9-8 所示，可采用轻质材料，如铝合金、FRP 材料，以实现构件的轻量化，构件高度方向以 500mm 为模数。Ⅰ型侧壁护板为封闭式肋梁板且与主体立柱通过卡槽导轨连接，旨在加大截面抗弯性能和避免肋梁积土；Ⅱ型侧壁护板为开放式肋梁板，与主体立柱通过高强度抗剪螺栓连接，高强度抗剪螺栓连接有利于承受基底较大土压力，且便于立柱之间的连接牢固。侧壁护板体系采用模块化和装配化设计，可以实现受损易于替换的功能，从而避免整体更换。

立柱系统长度为 3.7m，由上部带通孔的矩形钢柱、吊耳、液压连接耳板和卡槽导轨组成，如图 9-9 所示。矩形钢柱为厚板拼接而成，钢柱内部位于支撑轴力作用位置设有加劲板以承受可调支撑的轴心集中反力，并且内设螺母以提供其他构件的螺栓连接；卡槽高度方向均匀设置加劲腋板以承受侧壁护板传递的压力，柱底预设刃脚以便于后支护结构下沉和起拔。

可调节支撑系统是通过螺栓连接立柱，支撑杆件伸缩部位分别设有相匹配的正反粗牙螺纹，配合杆件中间穿旋转把手，通过人工操作即可实现后支护结构的形体伸缩功能，如图 9-10 所示。

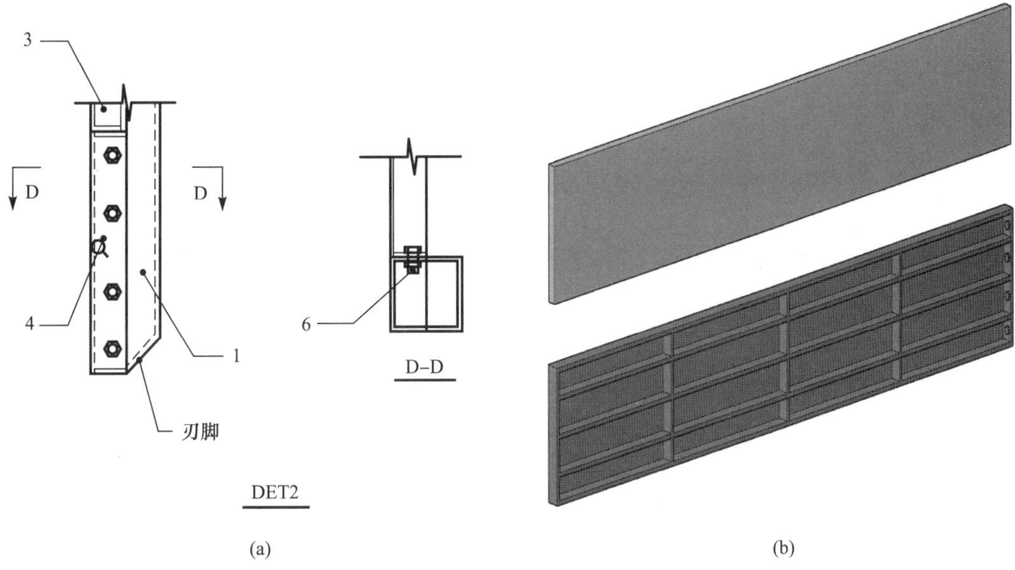

图 9-8　侧壁护板体系示意

（a）侧壁护板体系立面图；（b）侧壁护板体系效果图

1—立柱；3—Ⅰ型侧壁护板；4—Ⅱ型侧壁护板；6—螺栓

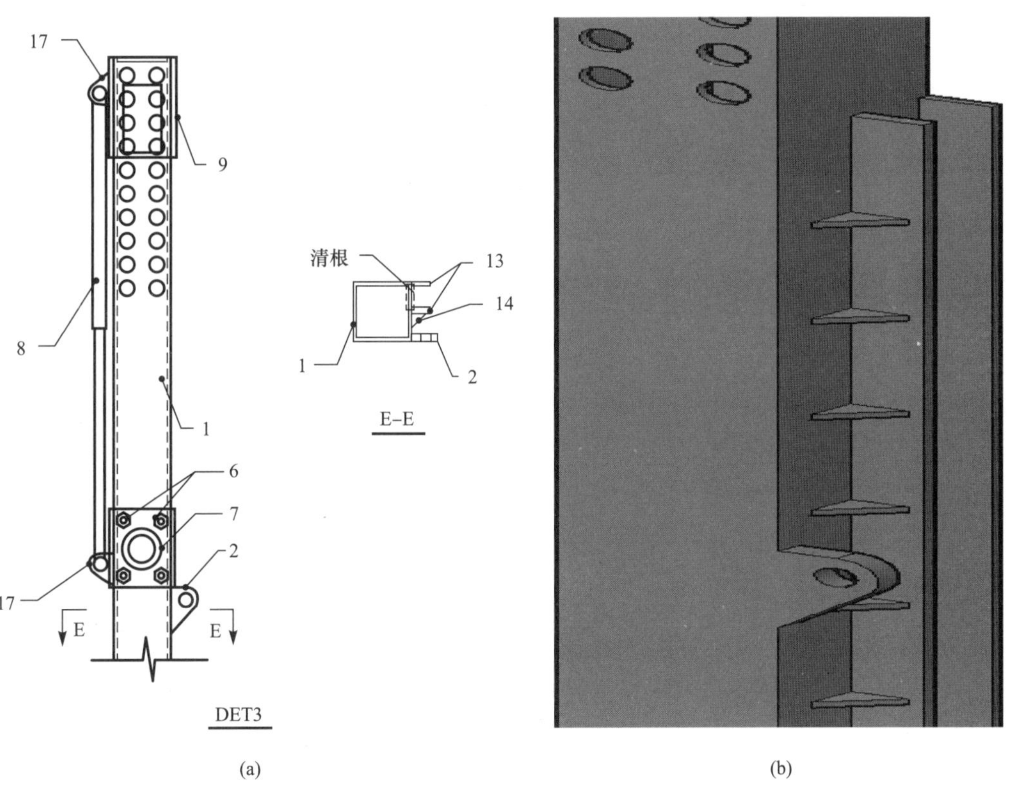

图 9-9　立柱系统示意

（a）立柱系统立面图；（b）立柱系统效果图

1—立柱；2—吊耳；6—螺栓；7—可调节支撑；8—液压油缸；9—滑动支座；13—导轨；14—加劲板；17—耳板

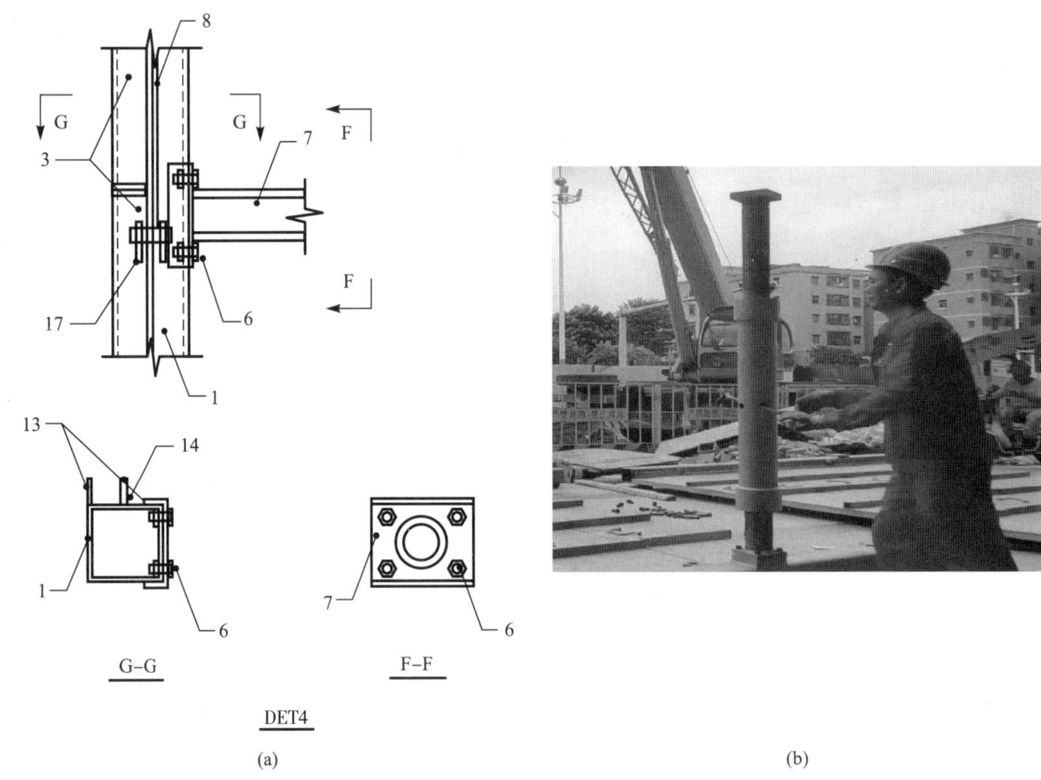

(a) (b)

图 9-10 可调节支撑系统示意

（a）可调节支撑系统立面图；（b）可调节支撑系统实物图

1—立柱；3—I 型侧壁护板；6—螺栓；7—可调节支撑；8—液压油缸；13—导轨；14—加劲板；17—耳板

液压油缸技术参数：行程为 410mm 顶升油缸，油缸内径 63mm，活塞杆直径 35mm，单动推力为 5t（联动推力为 20t），单动拉力为 3t（联动拉力为 12t），后支护结构自重为 2t，且配备液压锁 4 支，如图 9-11 所示。

(a) (b)

图 9-11 液压控制系统

（a）液压控制系统操作图；（b）液压控制系统构件图

2）解决的技术问题

① 基槽支护作用，相对于无支护垂直开挖，有效地规避了基槽侧壁坍塌的风险。对基槽开挖后的侧面直壁土体起支护加固作用，为施工人员提供安全可靠的作业环境。

② 散件运输和装配功能，解决了整体运输体量限制的问题。实现了零部件工厂加工生产、散件运输和施工现场人工组装，组装连接方式采用螺栓连接和卡槽连接，安装工作量少，相关辅助设备常用，装配与拆卸快捷简便。

③ 侧壁护板模块化和装配化设计，可以实现受损护板易于替换的能力，从而避免整体更换；通过增减侧壁护板，可适用于不同深度范围的基槽。

④ 形体伸缩功能，有利于减少下降与提升过程基坑侧壁土的摩阻力和为土体提供预压力。通过人工操作粗螺纹可调节支撑来实现本支护结构在沟槽截面方向的水平伸缩，支护时伸长以调整适应槽宽，或变换作业面前收缩（避免土体对侧壁护板的摩擦）以便于整体提升。

⑤ 提升与降落功能，实现了逐级覆土、避免刃脚摩擦和跨越所变化沟槽作业面的基底高低差。采用液压控制系统实现了本支护结构在变换作业面前进行短行程距离的整体提升与下落，便于逐级覆土以恢复侧壁土体的稳定性、整体沟槽方向的水平移动（避免土体对刃脚的摩擦）和跨越所变化沟槽作业面的基底高低差。

⑥ 移动功能，解决了支护结构位于基坑内部固定位置和有限空间支护的问题。采用可调移动系统实现了沟槽作业面的改变，在变换作业面前，依据基坑地坪高度和行走地坪地面情况来改变插销插承位置（轮子落地）和托梁钢套的位置（轮子水平方向调整移动），使得轮子处于着地状态，然后紧拧调节螺栓使得螺栓杆伸长顶紧托梁（托梁套较托梁的截面大，配合调节螺栓即具有一定上下微调空间以适应不同插销的插口高度），以很好地实现坑槽方向的水平移动。

⑦ 体量轻质化，便于人工安装和作业。基槽后支护结构的侧壁护板可采用轻质材料如铝合金、FRP 材料，以实现构件的轻量化；立柱与底层盾壁设有刃脚，以方便开挖作业时支护结构下沉；立柱在中间位置设有吊耳，以方便本结构的下沉与起拔。

（3）结构计算分析

采用 ABAQUS 通用有限元软件对初步设计的基槽后支护结构体系进行仿真模拟，并根据计算结果针对薄弱点、应力集中点或关键正常使用功能保证位置进行加强处理。依据支护结构的施工运作方案可分为三个受力工况，分别为：工况一，吊运过程；工况二，基坑支护过程；工况三，提升过程。

计算结果如下：

工况一，吊运过程。后支护结构运抵基坑边坡时，需通过吊装设备的钢丝绳起吊结构吊耳进行吊运，如图 9-12 所示，计算作用效应为 1.5 倍的自重效应。

电算结果如图 9-13 所示，应力最大点出现在吊耳内孔上方，材质为 Q345B 的吊耳最大应力为 $\sigma_{max} = 38.9\text{MPa} < \sigma_s = 295\text{MPa}$，故起吊过程结构安全。

工况二，基坑支护过程。试验主要以开挖埋管施工为主，管道埋深为 0.5～3.0m，管道所处地层主要为填土层，粉质黏土和粉质黏土层，地层具体参数如表 9-1 所示。

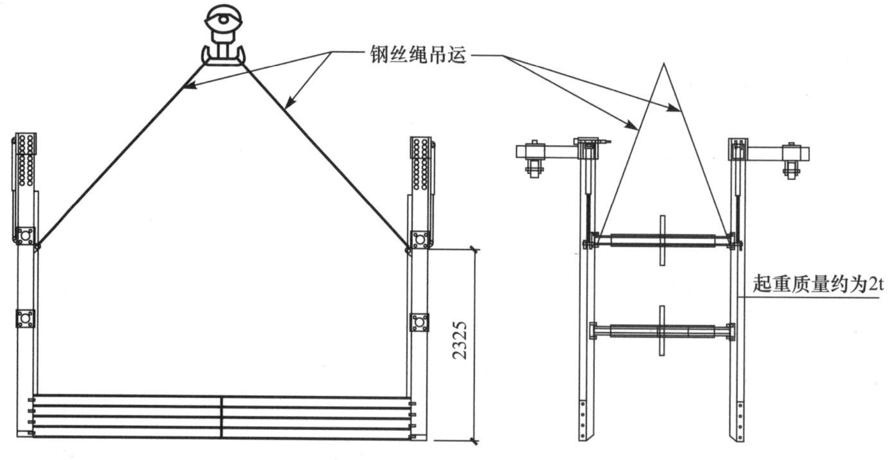

图 9-12　后支护结构起吊示意

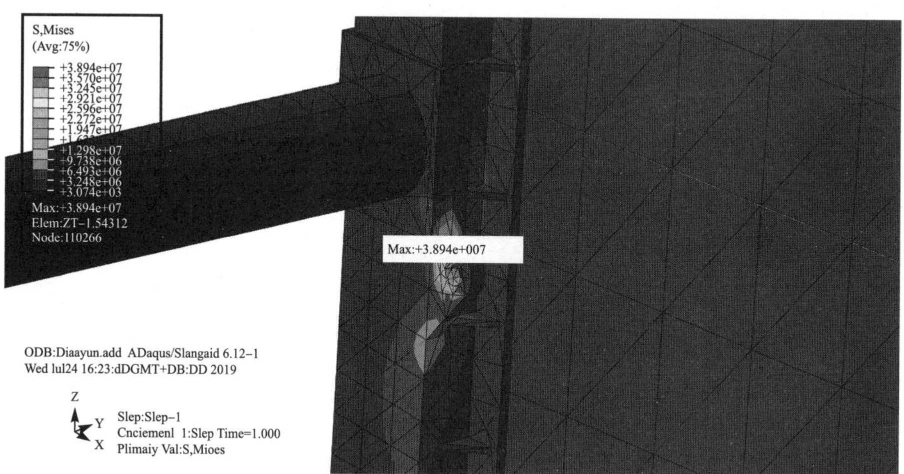

图 9-13　立柱吊耳处应力云图

地层物理力学参数　　表9-1

层号	岩土名称	密实度、状态	压缩模量E_s（MPa）	变形模量E_0（MPa）	直接快剪		土的重度γ（kN/m^3）	渗透系数k（m/d）
					黏聚力c_k（kPa）	内摩擦角φ_k（°）		
②	粉质黏土	可塑	5.5	15.0	30.0	17.5	19.0	0.008
③	粉质黏土	可塑～硬塑	5.0	25.0	27.0	14.0	19.0	0.008
④	粉质黏土	可塑～硬塑	6.0	35.0	31.5	18.0	19.0	0.008

为了便于计算，假设填土层皆为③粉质黏土，基坑顶部堆载为 10kN/m²，由主动土压力强度计算公式（9-1）所示：

$$e_{ak} = \gamma z_0 K_a - 2c\sqrt{K_a} \tag{9-1}$$

式中　e_{ak}——土压力（kPa）；

γ——重度（kN/m^3）；

K_a——主动土压力系数；

c——黏聚力（kPa）；

z_0——自稳临界高度（m）。

令 $e_{ak}=0$，有 $z_0=\dfrac{2c}{\gamma\sqrt{K_a}}=2.38m$

即自稳临界高度为 2.38m，考虑到粉质黏性土层条件下的开挖埋管施工，较浅基坑的开挖边坡具备一定的自持能力，满足后支护的要求。出于计算便捷和计算结果更为可靠考虑，假设后支护结构所处的地层为无黏性砂土，土的重度 γ 为 $19kN/m^3$、内摩擦角 φ_k 为 35°，其主动土压力分布如式（9-2）、式（9-3）、图 9-14 所示。

$$e_{0k}=pK_a=10\times\tan^2\left(45-\frac{\varphi}{2}\right)=3.5kPa \tag{9-2}$$

$$e_{ak}=\gamma z_0K_a=(19\times3+10)\times\tan^2\left(45-\frac{\varphi}{2}\right)=23.5kPa \tag{9-3}$$

式中　e_{0k}——顶部土压力（kPa）；

e_{ak}——底部土压力（kPa）；

γ——重度（kN/m^3）；

K_a——主动土压力系数；

φ——内摩擦角（°）；

z_0——自稳临界高度（m）。

电算结果如图 9-15、图 9-16 所示，应力最大点出现在可调节支撑与立柱交汇处的加劲腋板，材质为 Q345B 的结构最大应力 σ_{max}=307.3MPa＜σ_s=310MPa，支护过程结构安全；依据受力计算结果，加劲腋板位置非常接近设计值，此处会受到较大的剪弯效应，从安全的角度出发，原卡槽高度方向均匀设置的加劲腋板在可调节支撑与立柱交汇处进行加密且立柱内部焊接加劲板。

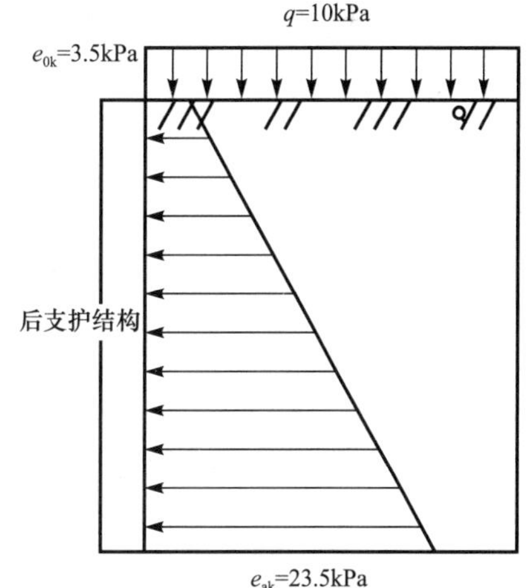

图 9-14　主动土压力强度分布图

工况三，提升过程。基槽后支护结构提升主要依靠滑动系统的轮子作为支座，并且配合液压油缸进行提升，整个过程中结构受力主要为自重和底层侧壁护板土体的摩阻力，为便于计算，本工况考虑的结构效应值为 1.5 倍的自重效应。

电算结果如图 9-17 所示，可移动与滑动支座连接处会受到较大的剪弯效应，应力最大点出现在可移动与滑动支座连接处，材质为 Q345B 的结构最大应力 σ_{max}=94.1MPa＜σ_s=310MPa，支护过程结构安全。

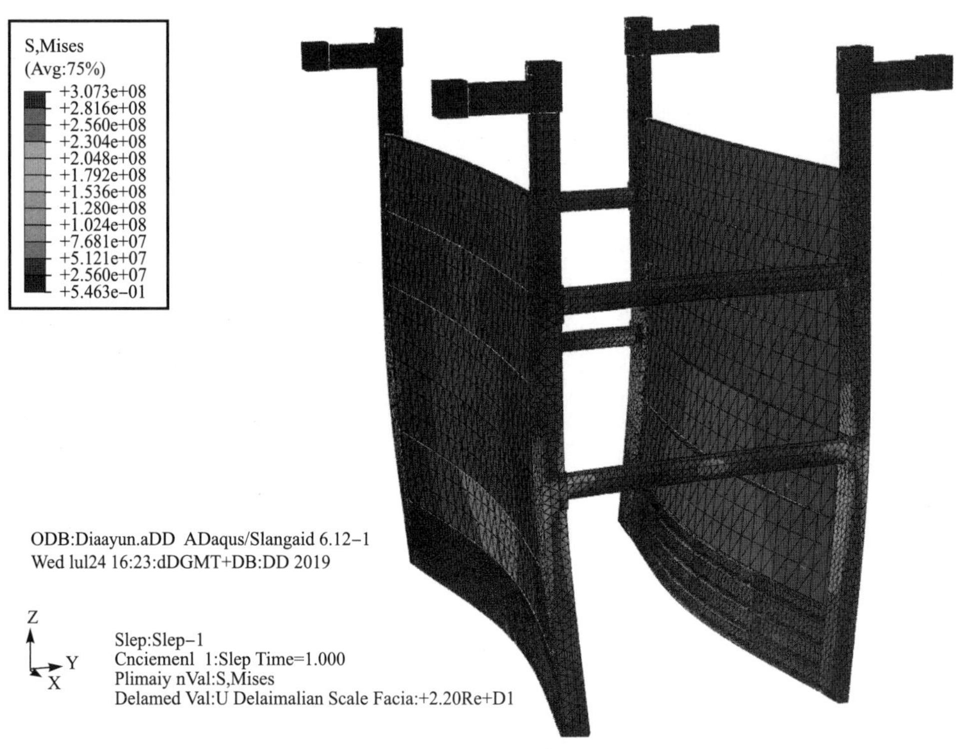

图 9-15 后支护结构整体应力云图

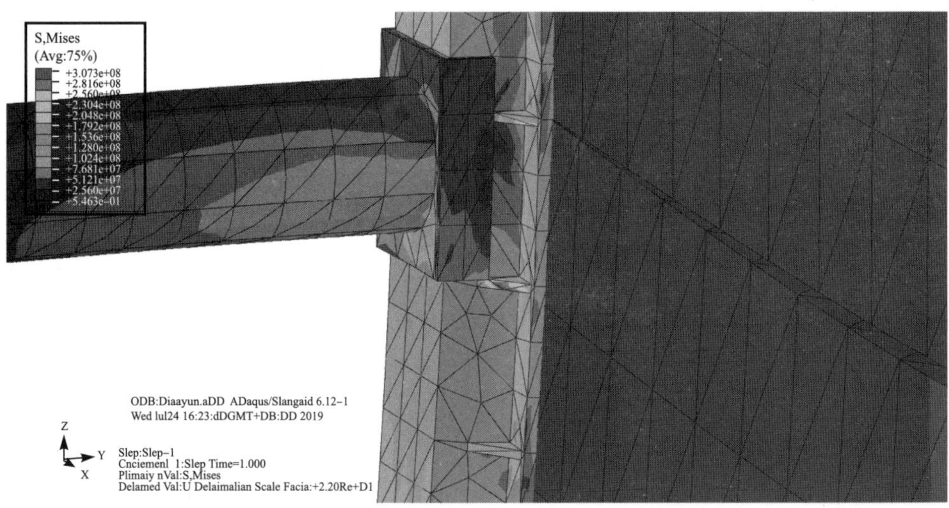

图 9-16 可调节支撑与立柱交汇处应力云图

（4）基槽后支护结构的加工制作与检验

1）材料

① 基槽后支护结构中的钢材应符合现行国家标准《碳素结构钢》GB/T700 和《低合金高强度结构钢》GB/T1591 的规定。主受力钢材宜选用 Q345B，其物理性能指标及材料强度设计值应符合表 9-2 和表 9-3 的规定。

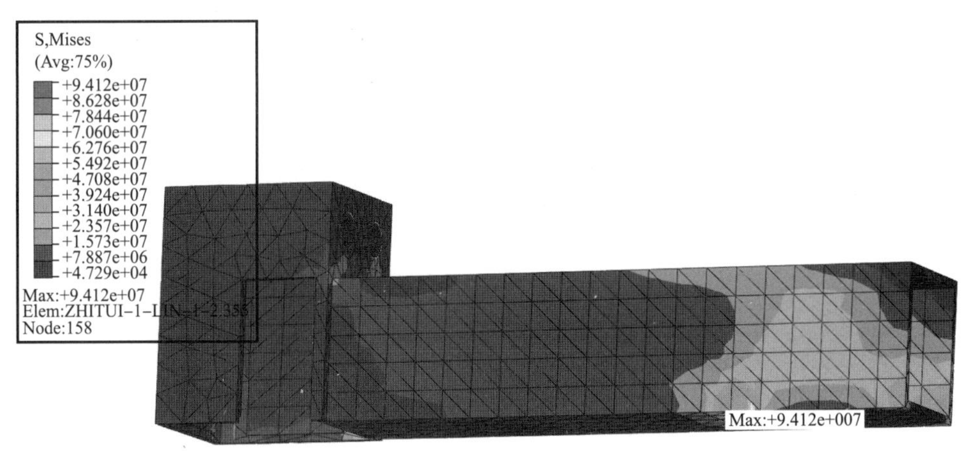

图 9-17　可移动与滑动支座连接处（隐去可移动支座）应力云图

钢材的物理性能指标　　表9-2

弹性模量E_a（N/mm²）	剪变模量G_a（N/mm²）	线膨胀系数α_a（/℃）	质量密度ρ_a（kg/m³）
2.06×10^5	79000	12×10^{-6}	7850

钢材强度设计值（N/mm²）　　表9-3

钢材牌号	厚度或直径d（mm）	抗拉、抗压和抗弯f_s	抗剪f_{vs}
Q345	$d\leqslant16$	310	180
	$16<d\leqslant35$	295	170
	$35<d\leqslant50$	265	155

注：表中厚度是指计算点的钢材厚度；对称轴受力构件是指截面中较厚板件的厚度。

② 钢材之间进行焊接时，焊条应符合现行国家标准《非合金钢及细晶粒钢焊条》GB/T 5117 中的规定，且相关连接与验收参考国家标准《钢结构焊接规范》GB 50661 的规定。

③ 螺栓应符合现行国家标准《六角头螺栓》GB/T 5782 和行业标准《钢结构高强度螺栓连接技术规程》JGJ 82 中的规定。

2）加工制作与检验

如前所述，加工制备的功能性构件包括立柱系统、可调节支撑系统、液压控制系统、可移动与滑动支座系统和侧壁护板体系五种，如图 9-18～图 9-20 所示。

相关加工要求如下：

① 成品应根据设计图纸编制生产工艺文件，且严格按工艺文件进行加工制作。

② 基槽后支护结构的加工质量应符合规范要求；构件料口应平整；护板、加筋、封边等部件组装焊接连接前应调平调直。

图 9-18　立柱与可调节支撑系统

图 9-19　侧壁护板体系

(a)

(b)

图 9-20　可移动与滑动支座系统

（a）支座系统图片 1；（b）支座系统图片 2

③ 组装焊接应根据变形控制的要求，采用合理的焊接顺序和方法，并在专用工装和平台上进行作业，模板组装焊接后若出现变形应进行校正。

④ 螺母、肋板、加劲板等焊接部位必须牢固。焊接应均匀，焊接尺寸应符合设计要求。焊渣应清除干净，不得有夹渣、气孔、咬边、未焊透、裂纹等缺陷。

⑤ 成品制作偏差许用值应符合表 9-4 的规定。

成品制作质量标准　　表9-4

项目		要求尺寸（mm）	许用偏差（mm）
外形尺寸	长度	4000	± 4.0
	高度	3700	± 3.7
插销孔洞	长度方向孔中心距	60	± 0.5
	宽度方向孔中心距	80	± 0.5
	孔径	38	+1.0
侧壁护板尺寸	长度	3700	−2.0

续表

项目		要求尺寸（mm）	许用偏差（mm）
侧壁护板尺寸	厚度	50	−0.5
卡槽尺寸	宽度	50	+1.0
可调支撑	伸缩范围	1200～2000	± 2.0
移动与滑动支座	嵌套尺寸	150	+0.5
立柱	截面	150	−0.5

⑥ 可调支撑所采用的螺纹应符合现行国家标准《普通螺纹 基本尺寸》GB/T 196、《普通螺纹 基本牙型》GB/T 192 和《普通螺纹 直径与螺距系列》GB/T 193 的规定。

（5）基槽后支护结构应用试验

相关部品部件工厂预制和现场安装，通过一系列结构功能构件和操作方法实现安全防护、基坑支护、形体伸缩、提升与降落、移动的预设功能，并总结分析在施工操作过程中出现的难重点与关键内容。

1）试验项目概况

本次试验工程是在已建污水管网的基础上进行截污次支管网建设。新建截污次支管总长约 94.08km，主管（*DN*100～*DN*800）长约 87.33km，预留支管（*DN*300～*DN*400）长约 6.75km，其中顶管 13.02km，开挖埋管 81.06km，建截流井 22 座，污水提升泵站 4 座。该工程主要以明挖埋管施工为主，管道埋深为 0.5～8.0m，开挖埋管的管材形式一般采用 HDPE 双壁波纹管，管径 *DN*100～*DN*800。其中埋深为 0.5～5m 的非深基坑开挖段施工总长约为 79.9km，管道所处地层主要为粉质黏土层，部分埋深为 3～5m 的开挖段管道所处地层为淤泥、全（中）风化花岗岩层。考虑到粉质黏性土层条件下的开挖埋管施工，较浅基坑的开挖边坡具备一定的自持能力，满足后支护要求。针对传统钢板桩支护施工，振动沉桩对周边环境影响较大、静压下沉工效慢且造价高等情况，采用基槽后支护结构进行试验，具有功效快、可实施性强等优点，可优化施工方案。

该试验段埋深 2.33～4.18m，长度共计为 639m，土质为粉质黏性土。施工段邻近商业街，对一侧道路进行围蔽，所处开挖作业路段交通较为拥挤（图 9-21），对施工围蔽道路进行局部破除，如图 9-22 所示。

图 9-21　试验施工段周边路况

图 9-22　施工道路围蔽进行局部破除

2）试验流程

试验流程如图 9-23 所示。

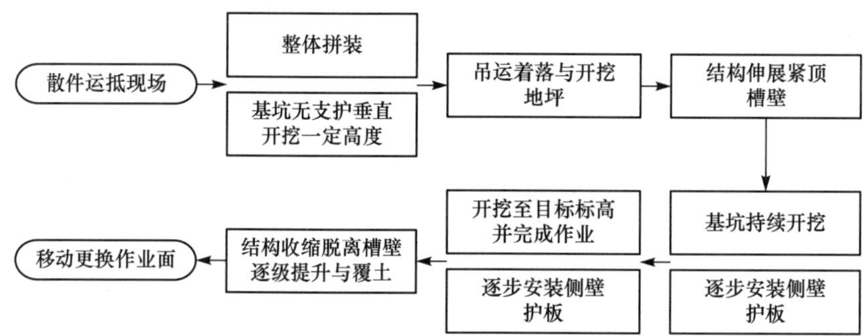

图 9-23　基槽后支护结构试验流程

3）资源需求

基槽后支护结构施工作业投入设备，如表 9-5 所示。

设备投入一览表　　表9-5

序号	设备名称	技术参数	数量	功能
1	汽车式起重机	25t	1台	吊装结构
2	挖掘机	CAT320	1台	开挖、下沉和下压
3	电动扳手	—	1台	螺栓安拆
4	小型振动碾	8t	1台	覆土碾压
5	全站仪	J2	1台	测量
6	液压破碎锤	SAGA200	1台	开凿破除

4）后支护结构现场组装

把所有功能性部件（图 9-24）运抵基坑开挖施工现场，以加快安装速度和吊装进度为目标，尽量减少起重设备起吊次数和安装时间，需对现有场地加以合理使用和依据预想组装顺序对构件进行堆放，如图 9-25 所示。基槽后支护结构现场拼装实际操作如下：

图 9-24　后支护结构功能性部件

图 9-25　构件堆放收纳情况

① 安装支护结构一侧。操作人员配合起吊设备将两根立柱分别在放线位置平躺放置，以人工操作方式把两根立柱和Ⅱ型侧壁护板通过高强度螺栓连接，如图 9-26 所示，随后对准立柱卡槽滑动安装Ⅰ型侧壁护板，如图 9-27 所示。

图 9-26　安装Ⅱ型侧壁护板

图 9-27　安装Ⅰ型侧壁护板

② 安装支护结构的可调节支撑。可调节支撑处于完全收缩状态，且所有支撑长度应相等，以人工操作方式把支撑和立柱通过高强度螺栓连接，如图 9-28 所示。

③ 安装另一侧组件形成箱体结构。通过起重设备把另一侧已完成安装的组件起吊并稳定在预定高度后，再经人工牵拉定位，对准可调节支撑螺栓孔，并最终形成箱体结构，如图 9-29 所示。

图 9-28　安装可调节支撑

图 9-29　箱体结构

④ 安装液压杆、可移动与滑动支座系统。基槽开挖工程采用无支护垂直开挖的方式开挖至 2m（基坑土体应具备较好的自稳能力，如前计算结果所述，自稳临界高度为 2.38m，且地下水位较高），通过起重设备把箱体结构从安装地坪吊运至沟槽开挖深度的底部，如图 9-30、图 9-31 所示；随后，可移动支座滑入滑动支座当中，滑动支座连同可移动支座套入箱体立柱，然后安装液压杆件和连通液压控制系统，形成所述的基槽后支护结

构，如图 9-32、图 9-33 所示。

5）后支护结构的功能实现

① 分别旋转把手使得在可调节支撑伸缩带动下结构伸展直至紧顶基槽侧壁，如图 9-34 所示。

② 随着基坑的持续开挖，后支护结构随即下沉，下沉至一定高度后，由人工逐步安装两侧I型侧壁护板，直至开挖和施工作业完成，如图 9-35 所示。

③ 对于需变换基槽的作业面，可对后支护结构进行基坑截面方向内部的移动。拔出处于初始位置的定位插销，通过液压控制系统联动四根液压油缸使得滑动支座的定向轮子着地，移动可滑动系统的托梁钢套以确保行驶过程中轮子不陷入基坑内部，定位完成后安插定位插销，拧紧螺栓紧顶支腿梁（托梁钢套较托梁截面大，配合螺栓即具有一定上下微调空间，以适应不同定位插销的插销孔高度），如图 9-36～图 9-38 所示。

图 9-30　起吊箱体结构

图 9-31　吊运箱体结构至沟槽

图 9-32　安装可移动与滑动支座系统

图 9-33　形成基槽后支护结构

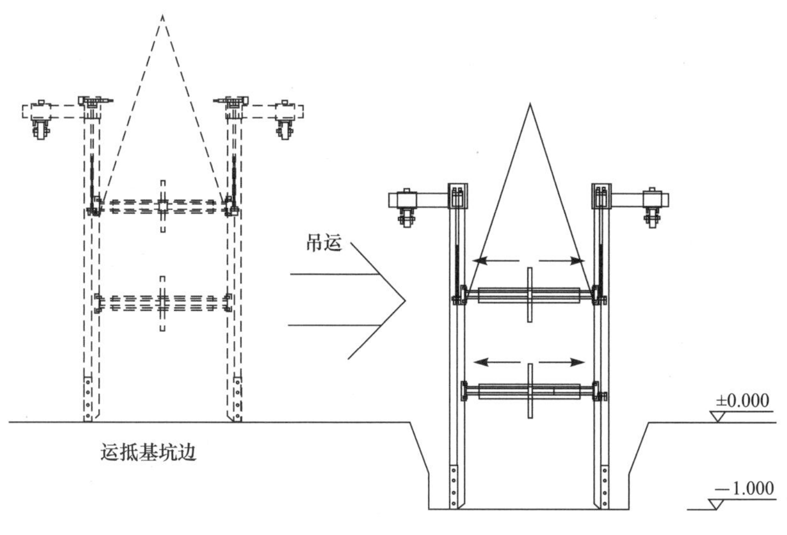

图 9-34　可调支撑伸展直至紧顶沟槽侧壁

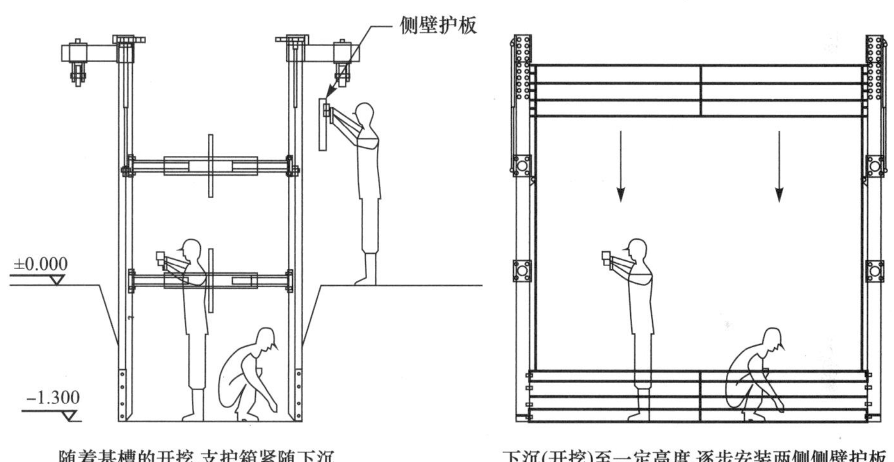

图 9-35　随挖随装侧壁护板

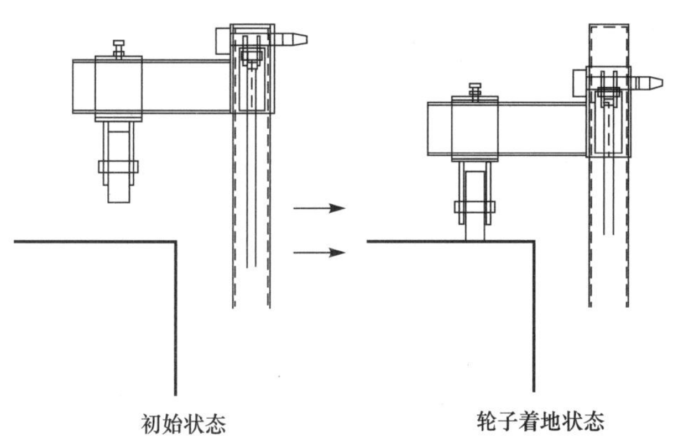

图 9-36　移动托梁钢套与微调调节螺栓轮子着地

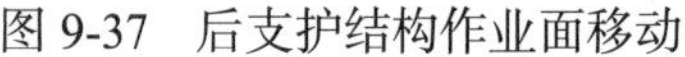

图 9-37　后支护结构作业面移动　　　图 9-38　后支护结构整体提升

④ 旋转把手使得可调节支撑收缩一定空间以脱离沟槽壁，随后在支撑位置放置爬梯，撤离人员和撤走器械，如图 9-39 所示。

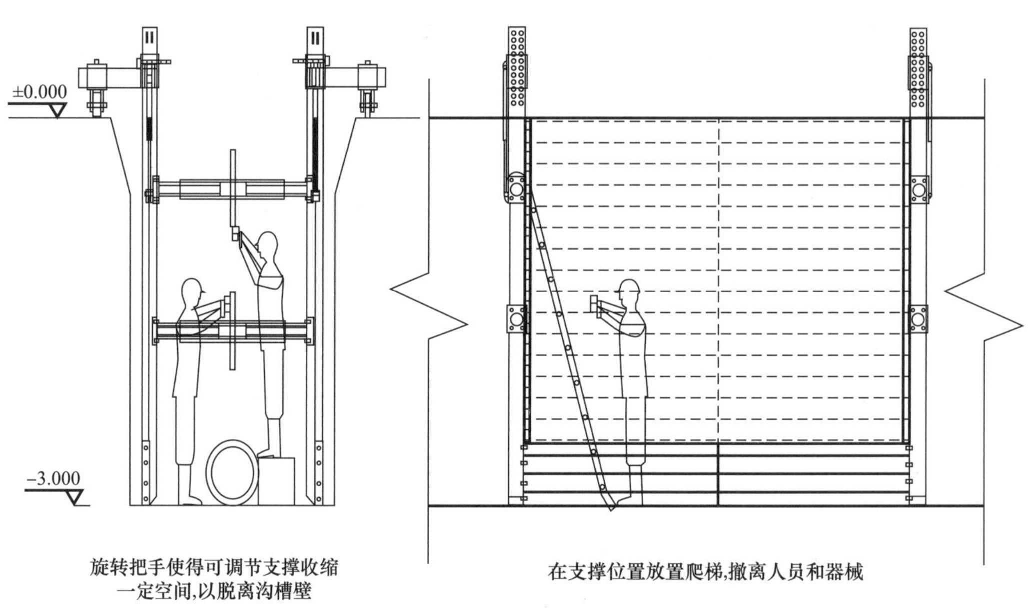

图 9-39　可调节支撑收缩脱离沟槽壁与人员工具撤离

⑤ 为保证支护结构上提过程中侧壁土体平衡稳定，需对基坑进行逐级覆土并使用振动碾碾压密实，联动四根液压油缸提升支护箱体，使刃脚距离覆土面一定高度，回填土体达到相应设计高度后，人工牵引移动支护箱实现作业面变更，如图 9-40～图 9-42 所示。

⑥ 重复上述步骤，最终完成施工标段的全部作业，再利用起重设备将后支护结构吊离沟槽，并拆卸回收和重复利用。

（6）施工重难点及措施

重点难点措施如表 9-6 所示。

图 9-40　施工人员在支护结构中作业

图 9-41　整体提升前逐级覆土

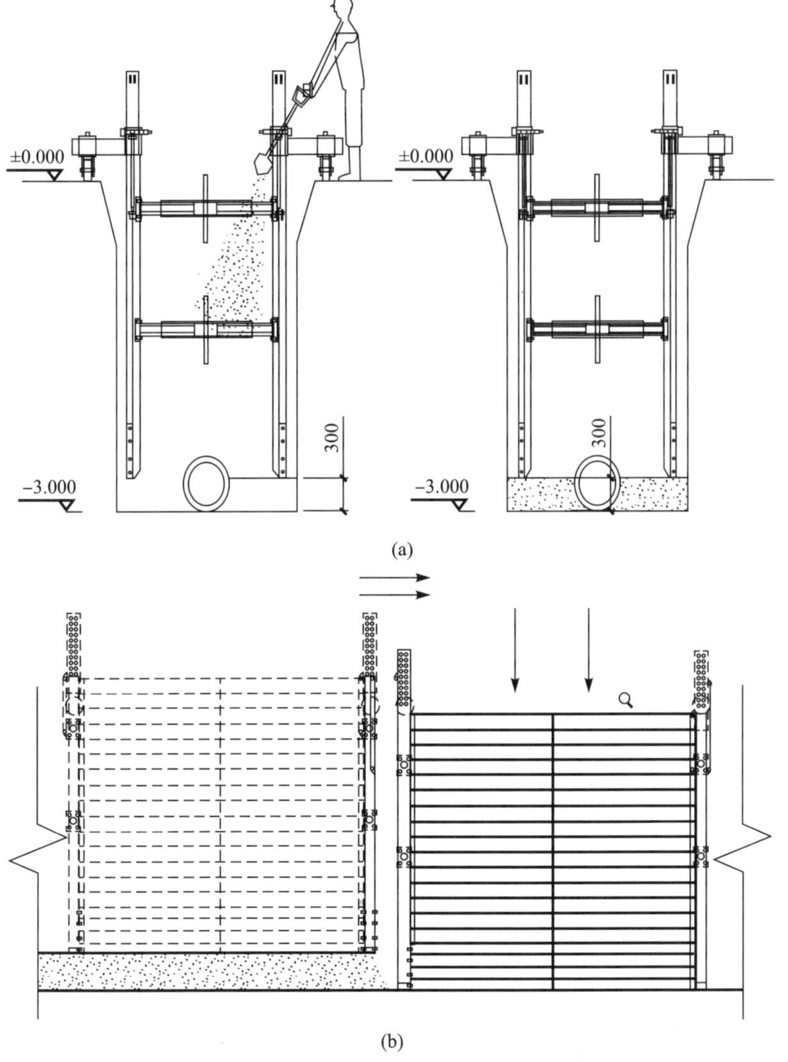

图 9-42　逐级覆土与支护作业面移动

（a）联动四根液压缸提升支护箱至设计覆土位置并覆土；（b）移动支护箱实现作业面变更

基槽后支护结构施工重难点及措施 表9-6

<table>
<tr><th>过程项目</th><th colspan="2">重难点</th><th>措施</th></tr>
<tr><td rowspan="5">制作过程</td><td rowspan="4">关键构件误差精度控制</td><td>滑动部位</td><td>滑动面平整；不得随意替换型材</td></tr>
<tr><td>卡槽</td><td>内槽焊接后做好清根，滑动面平整；矫正熔透焊造成的扭曲变形</td></tr>
<tr><td>插销孔对中</td><td>数控放样切割；严控中心线对齐开孔</td></tr>
<tr><td>护板平整度</td><td>矫正造成的扭曲变形</td></tr>
<tr><td colspan="2">安装组装</td><td>BIM拼装模拟；工厂组织预拼装</td></tr>
<tr><td>运输</td><td colspan="2">配送装车与成品保护</td><td>依据运输空间对零构件排板；考虑运输路线与路况</td></tr>
<tr><td rowspan="6">现场施工实施</td><td colspan="2">安装组拼</td><td>合理安排起重设备；组拼场地大致平整</td></tr>
<tr><td colspan="2">施工流程的明确</td><td>BIM施工模拟</td></tr>
<tr><td colspan="2">下挖过程遇孤石或岩层</td><td>采用破碎设备破除</td></tr>
<tr><td colspan="2">结构不均匀沉降</td><td>纠偏采用高压水枪掏空偏除土，使结构均匀下沉</td></tr>
<tr><td colspan="2">液压控制系统同步协调运作</td><td>设液控系统和监控；油缸提升或下降行测控制与紧急制动机制</td></tr>
<tr><td colspan="2">提升过程侧壁土体稳定</td><td>逐级覆土压实后进行提升</td></tr>
<tr><td>拆卸</td><td colspan="2">拆除顺序与保护</td><td>后装先拆；合理安排起重设备辅助拆除</td></tr>
</table>

9.1.3 技术创新点及适用范围

（1）技术创新点

1）实现了功能的提升。基槽后支护结构采用装配化安装工艺，在形体伸缩、提升与降落和移动功能方面做了技术上的完善。

2）可应用于一定范围内不同宽度和深度基槽开挖工程的支护，实现基坑内部支撑区域的连续改变，即实现基槽全标段作业支护。

3）后支护结构施工操作方法的改进。通过基槽不断开挖和冲水掏空立柱与底层护壁刃脚的土体，实现支护结构同步下沉，并依据支护高度需要逐步人工安装侧壁护板；移动更换作业面前，按照预设要求逐级覆土以恢复底层土体稳定性。

（2）适用范围

不但适用于地下管线、管廊、渠道等基槽土方开挖，还适用于不具备放坡作业条件、常规钢板桩支护和地质良好的市政沟槽开挖工程，以及作为土方坍塌事故的搜救工具器械。

9.1.4 效益分析

（1）经济效益

1）施工工效

长条形基坑后支护结构与常规垂直开挖支护方式相比，具有可提前预制、拼装方便、保证加工质量等诸多优点，可以极大地缩短工程施工工期，大大减少工人现场支护的劳动量，降低了劳动强度。

2）回收及再利用

后支护结构采用螺栓连接、卡槽连接和模块化设计，具有自重轻和拼装方便的优势，施工阶段支护作业结束，便可进行整体回收再利用，综合效益明显高于常规支护方式，在短平快的市政工程中更有优势。

3）工程适用性强

可应用于一定范围内不同宽度和深度长条形基坑开挖工程的支护，可实现基坑内部支撑区域的改变。

4）材料及人工费用节约

使用长条形基坑后支护结构，减少或省去常规支护的机械台班、人工投入、工时消耗和材料消耗数量。以某工程为例，该项目试验段长度共计为 639m，后支护结构在该标段适用长度为 512m，节约 2.63 万元，工期节约 7 天。

5）其他综合效益

长条形基坑后支护结构实现垂直开挖，意味着施工土方开挖、回填量和作业占地面积显著减少，有效解决了沟槽开挖占地面积大、支护时间长、回填土质量无法保证等诸多问题。

（2）社会效益

随着建筑业的不断发展，装配式建筑、绿色施工、节能降耗已成为建筑业发展的时代要求，成为建筑企业生产发展的必然选择。长条形基坑后支护结构在基坑工程中的应用，在保证质量、安全等基本要求的前提下，通过科学管理和技术进步，最大限度地节约资源与减少对环境的负面影响，实现了节能、节地、节水、节材和环境保护的目标。开展长条形基坑后支护结构设计与应用研究，旨在为复杂城区环境下施工提出解决深基坑支护的新思路、新技术，解决了在复杂城镇环境下长条形基坑支护的工程难题，满足了城镇建设的需求，同时对安全救援工作也具有重大意义，可为长条形基坑工程支护施工提供良好借鉴。相关关键技术具有以下社会效益：

1）施工安全防护方面，所研发的后支护结构直接功能是对沟槽开挖后的侧面直壁土体起支护支撑作用，为施工人员提供安全可靠的作业环境。

2）后支护结构现场通过螺栓连接和卡槽连接拼装而成，结构设备运作基本没有噪声，避免了常规打钢板桩的噪声污染，减少扰民现象，并且后支护结构实现了基坑垂直开挖，减少了对周围建筑物、复杂地下管线、社会活动等的影响。

3）应急救援方面，适用于出现土体坍塌事故的救援工作，可作为临时支护，防止救援队伍挖掘事故位置已倾覆的土体时可能引发的次生坍塌，从而有助于救援队伍在塌方位置安全迅速地搜救被掩埋人员。

4）环保效益方面，大规模应用长条形基坑后支护结构可更大地推动市政污水工程施工沟槽开挖的机械化和可重复利用，从而避免了施工时现场凌乱、产生大量施工垃圾及污染环境的废弃物，是一种新型环保的先进施工设备。

9.1.5　总结

本技术围绕复杂周边环境下基槽开挖的特点开展研发，主要在支护结构的功能以及施工操作方法上作了改进。

本技术重点在于对基槽开挖的支护及加固作用，并在构配件运输、安装、结构施工作业等方面作了完善，使其适用范围更加广泛。通过有限元分析验证了基槽后支护结构的强度满足吊运、支护及提升要求，说明了技术上的可行性，并将基槽后支护结构在实际工程项目上进行试验，通过施工现场吊运、装配化组装、作业过程支护等全过程实际操作，验证了本技术在工程应用上具有经济性、可行性、便捷性的优势。

9.2 复杂环境下明挖基坑砌体管井原位保护施工技术

9.2.1 概述

既有地下管线穿越基坑时，需要对穿越地下通道的未知管线进行处理，当存在某些管道难以迁移或重要性较高的管道无法迁移时，需进行原位保护。由于管井通常连接多条管道，如采用改迁施工将导致施工周期长、工程成本高等问题。与传统迁移方法相比，管井原位保护技术具有工期短、避免回迁作业、降低工程成本的优点，其产生的社会效益和经济效益是显著的。

砌体管井作为受压不受拉结构，需依据砌体结构的力学特性和工程特点采取合理的悬吊保护方案，防止砌体管井开裂甚至破坏。

下面以某项目地下通道的砌体管井悬吊保护工程作为案例，总结分析砌体管井保护技术，为类似工程提供借鉴。

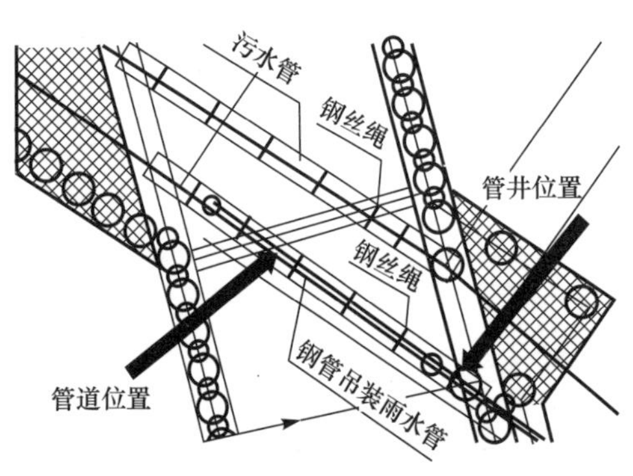

图 9-43 管井管道平面分布图

某工程为明挖基坑，支护形式为支护桩+内支撑支护，基坑开挖深度为11.82m，宽度为7.2m。本工程研究的悬吊保护对象为一雨水管及相连砌体管井，管道斜向横穿基坑内部，跨度约11.60m，其平面位置如图9-43所示。雨水管直径为1.6m，埋深约3.1m；砌体管井直径2.7m，埋深约3.6m。

由于保护对象为重要雨水管及砌体管井，同时地下通道基坑直接与地铁通道衔接，导致大直径雨水管无法迁改，只能进行原位保护，其中砌体管井为本次原位保护的重点对象。

9.2.2 关键技术研究

（1）技术概况

复杂环境下明挖基坑砌体管井原位保护施工技术的主要内容为：介绍了砌体管井悬吊保护结构构件组成及其力学性能的受力计算分析情况，明确了砌体管井原位保护施工技术流程，对砌体管井原位保护施工技术进行了总结。

（2）管井及管道保护结构的研发

为解决砌体管井及相应连接管道的保护问题，复杂环境下明挖基坑砌体管井原位保护施工技术主要从管井保护和连接管道保护两方面进行研究。

1）砌体管井悬吊结构的研究思路

砌体管井侧壁为砌体材料，底板为混凝土结构，砌体管井侧壁受压不受拉，悬吊过程中应避免拉力作用于管井侧壁。管井底板可以作为受拉点位置，但其强度及刚度不足。

为解决该技术性难题，本技术通过设置内外吊板，将砌体管井进行加强及保护，避免悬吊过程中砌体管井的砌体处于受拉状态，将拉力传递给内外吊板，保证砌体管井整体结构的安全。同时，设置承重梁柱对砌体管井进行支撑保护，增大结构安全富余度，以确保结构安全。

悬吊结构主要包括被保护的砌体管井、悬吊保护结构。其中被保护结构砌体管井主要由管井底板及其他管井侧壁组成；悬吊保护结构主要由承重钢管梁、内外吊板及与沉重钢管梁连接的钢绳索 / 钢筋、承重梁柱组成，如图 9-44 所示。

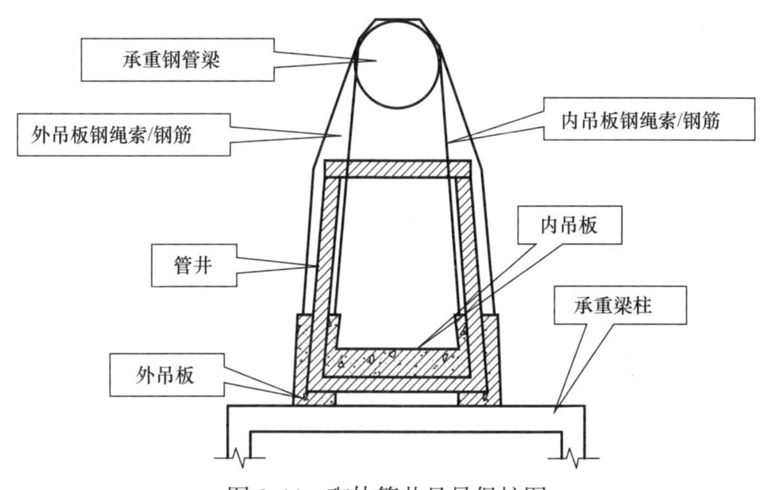

图 9-44　砌体管井悬吊保护图

内外吊板加固 + 钢筋悬吊 + 承重梁柱支撑悬吊保护方式能够很好地解决砌体管井在悬吊保护过程中的强度及刚度问题。内吊板设置于管井内底部，其钢筋穿透砌体管井侧壁，与外吊板相连形成整体，可以有效增加砌体管井结构的整体性。外吊板设置于管井外底部，考虑开挖的可行性，故外吊板采用局部开挖，并设置环形钢筋混凝土底板，用于支撑整个砌体管井。将承重梁柱置于外吊板底部，承担砌体管井的竖向荷载。

2）与管井连接的管道保护思路

由于与管井连接的管道位于砌体管井底部上方，在开挖至管井底部之前，需考虑对连接管井管道进行悬吊保护，考虑管道尺寸大小及走向，确定承重钢管梁的摆放位置，并考虑基坑两侧支挡结构的承载力以及管道与钢梁的连接问题。

钢绳索悬吊保护方式充分地考虑了钢管的圆形力学特性及施工工艺，需有效保护连接

图 9-45　连接管道悬吊保护图

管道及不影响施工进度。承重钢管梁摆放方向应与连接管道的走向一致，支撑在承重钢管梁的钢绳索保持作用于管道及管井正中心，不发生偏心作用。开挖到管道底部进行保护作业，使用钢绳索局部穿过土体能够避免对承重土体的扰动，减少了不必要的工序。同时，在钢绳索上安装塑料软管，使钢绳索与管道作用处受力均匀，必要时应进行预应力张拉，如图 9-45 所示。

（3）构件组成与规格

砌体管井悬吊保护结构由内吊板、外吊板、钢绳索 / 钢筋、承重梁柱、承重钢管梁组成，如表 9-7 所示。

砌体管井悬吊保护结构的构件类型表　　表9-7

名称	位置	保护作用
内吊板	砌体管井内底部	保护管井底部及提供拉力作用位置
外吊板	砌体管井外底部	保护管井底板与管井侧壁及提供外吊作用位置
钢绳索/钢筋	承重钢管梁与连接管道或管井处	提供拉力，对砌体管井及连接管道进行张拉
承重梁柱	砌体管井外底部	支撑砌体管井，增加安全富余度
承重钢管梁	基坑支护顶部	提供拉力

1）内吊板

内吊板采用现浇钢筋混凝土板，设置于管井内底部，紧贴砌体管井底板。钢筋摆放为双层双向钢筋，双层双向钢筋穿透砌体管井侧壁以便与外吊板现浇混凝土形成整体，通过内吊板提供内吊拉力的作用位置，避免作用于砌体管井底板，从而对砌体管井起到保护作用。内吊板考虑对砌体管井侧壁的保护，板厚取 400mm。双层双向钢筋为 Φ16@200 分布，如图 9-46 所示。

2）外吊板

外吊板采用现浇钢筋混凝土板，设置于管井外底部，并且紧贴砌体管井外底部。外吊板主要由底板及护角组成，环形板的宽度约为 0.4～0.6m，设置单层双向的底托钢筋，厚度为 200mm，底板的底托钢筋主要由部分内吊板钢筋伸出，保证内外吊板的整体性。护角由底板从竖向伸出，高度约为 1m，厚度为 200mm，紧贴管井侧壁，内置穿插管井侧壁钢筋与内吊板连接，竖向受力钢筋外露外吊板以便与悬吊钢筋进行连接，穿插管井侧壁钢筋为 Φ12@200，竖向受力钢筋为 Φ16@200。施工时需对砌体管井进行局部开挖，按吊板的尺寸先开挖，然后再进行支模、钢筋布置及浇筑混凝土作业，如图 9-47 所示。

3）绳索 / 钢筋

钢绳索 / 钢筋的设置原则为：根据悬吊保护部位以及工序的不同来选择采取钢绳索或钢筋。当对连接管道进行保护时，由于钢绳索悬吊具有容易包裹管道、避免集中受力、易

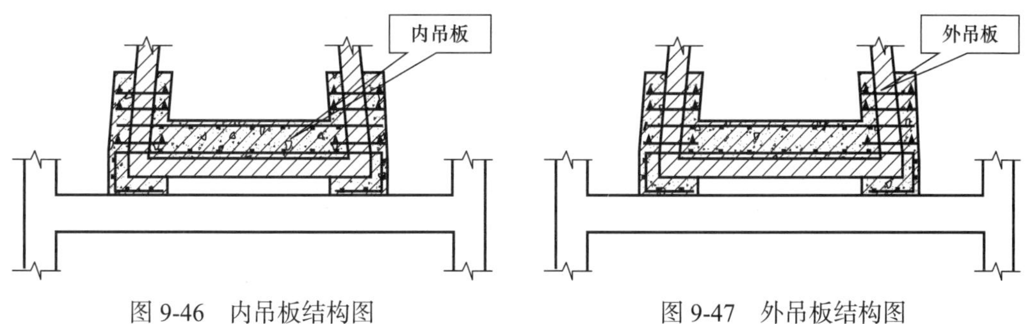

图 9-46　内吊板结构图　　　　图 9-47　外吊板结构图

穿过管道底部土体且施加预应力方便的优势，故对连接管道采用钢绳索悬吊的保护方式。当对砌体管井进行保护时，由于单根钢筋刚度较大，同时设置内外吊板等刚性较大的支座能够与钢筋很好地进行连接，故对砌体管井进行钢筋悬吊的保护方式。钢筋一般采用三级钢（16mm），钢绳索采用 6 × 19 钢绳索。

4）承重梁柱

承重梁柱作为增加砌体管井悬吊保护结构安全富余度的构件，主要由承重梁、承重柱及垫块组成，承重梁为双拼工字钢，承重柱为钢管柱，钢垫块为钢板；开挖土体前，对钢管桩施工后方可进行开挖；悬吊保护结构完成后，继续开挖并设置承重梁，设置垫块至底板底部，再继续开挖。

（4）结构计算分析

1）分析目的

砌体管井悬吊保护结构是一种针对砌体结构特性而设计的悬吊保护结构，在设计和施工工艺上，与传统意义上的常规悬吊保护施工存在较大的差异。为了确保悬吊保护结构施工安全，必须通过建立三维数值模型分析该悬吊保护结构的各项性能指标，尤其是力学性能指标。为了科学深入地了解该悬吊保护结构的力学性能指标，必须建立合理的力学计算分析模型，对组成该悬吊保护结构的各个构件进行受力计算分析，在安全保障方面提供科学理论依据，有利于后期该新型悬吊保护结构的推广应用。

2）工程概况

本基坑工程为地下通道，采用支护桩支护，基坑开挖深度为 11.82m，宽度为 7.2m。本工程所研究的悬吊保护对象为一 PVC 雨水管及相关砌体管井，管道斜向横穿基坑内部，长度约 11.60m，其平面位置如图 9-43 所示。雨水管管道直径为 1.6m，埋深 3.1m；砌体管井直径 2.7m，埋深约为 3.6m。采用内外吊板悬吊 + 承重梁柱支撑方案进行悬吊保护。

3）计算内容

① 计算参数

采用有限元软件 ABAQUS6.12，模拟分析砌体管井在悬吊工况下的工作性能。由于承重梁柱作为增加安全富余度的方式，故在模拟分析的过程中，不考虑承重梁柱在模型中的有利作用，只考虑内外吊板的悬吊工作。

以壁厚 $t=0.24$m、外径 $D=2.7$m 的雨水砌体管井为例，管井主要由砌体材质侧壁、混凝土底板、连接管三部分组成。悬吊保护结构主要由承重钢管梁、内外吊板钢绳索/钢筋、内外吊板、承重梁柱四部分组成。雨水砌体管侧壁厚度为0.24m，混凝土底板厚度为0.2m，外径为2.7m，连接管道为直径1.6m的PVC塑料管道。悬吊保护结构内吊板为厚度400mm的双层双向ф16@200的钢筋板，内吊板直径约为2.2m；外吊板为外径3.1m、内径1.82m、高度200mm的圆环，护角高度为1m；绳索采用钢绳索或ф16钢筋。承重梁柱采用双拼Q235的I30工字钢及D609管钢。其力学模型计算参数如表9-8所示。

模型计算参数 表9-8

材料	密度（kg/m³）	弹性模量（Pa）	泊松比	规格
C30混凝土	2540	3×10^{9}	0.2	
钢筋	7850	2×10^{10}	0.3	ф16
钢绳索	7850	2×10^{10}	0.3	6×19
砌体（M10）	1900	1.06×10^{10}	0.25	240mm厚
PVC波纹管	950	9×10^{11}	0.38	

② 悬吊保护结构图

悬吊保护结构图如图9-48～图9-50所示。

③ 悬吊保护结构计算模型

按照工程实际情况，对砌体管井悬吊保护结构进行模拟分析，采用手算及电算进行不同部位的计算，电算使用有限元软件ABAQUS6.12-1对沉井进行仿真模拟，具体如图9-51、图9-52所示。

假定钢管梁为固定支座，钢绳索及钢筋的边界为固定边界，如图9-53所示。

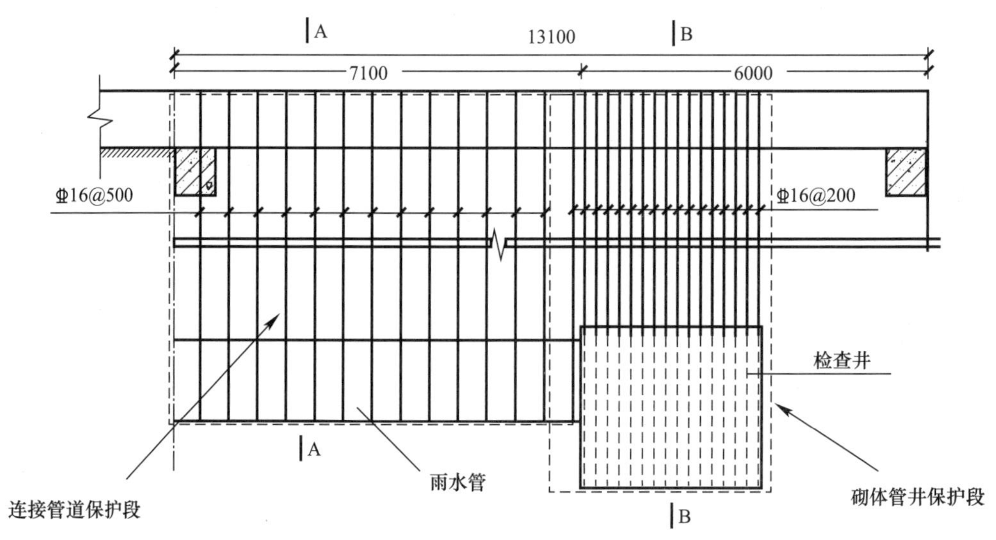

图9-48 砌体管井悬吊保护侧面图

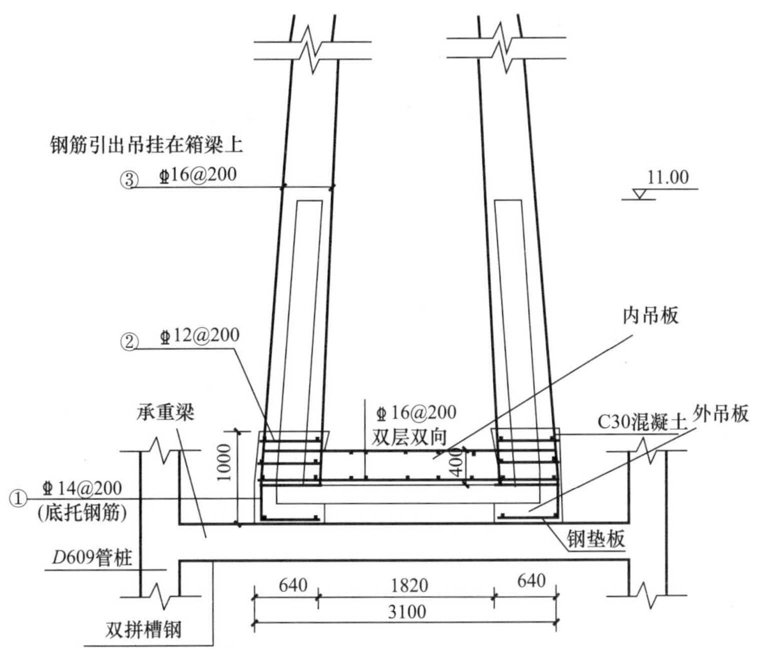

图 9-49　砌体管井悬吊保护结构图

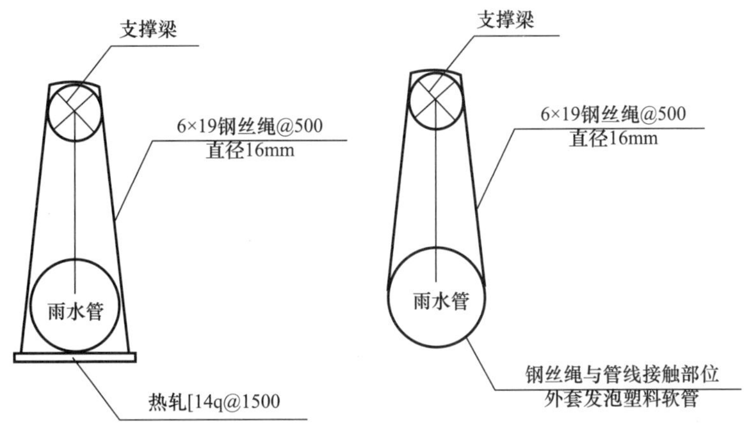

图 9-50　连接管道悬吊保护结构图

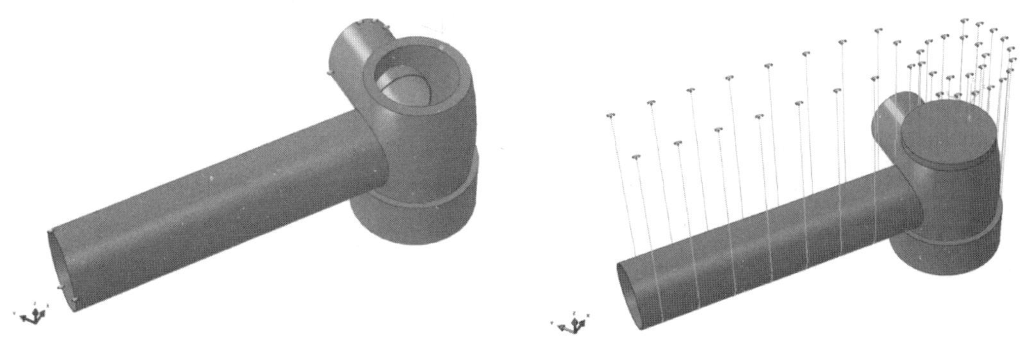

图 9-51　砌体管井及管道悬吊结构三维模型图　　图 9-52　砌体管井及管道悬吊结构边界示意图

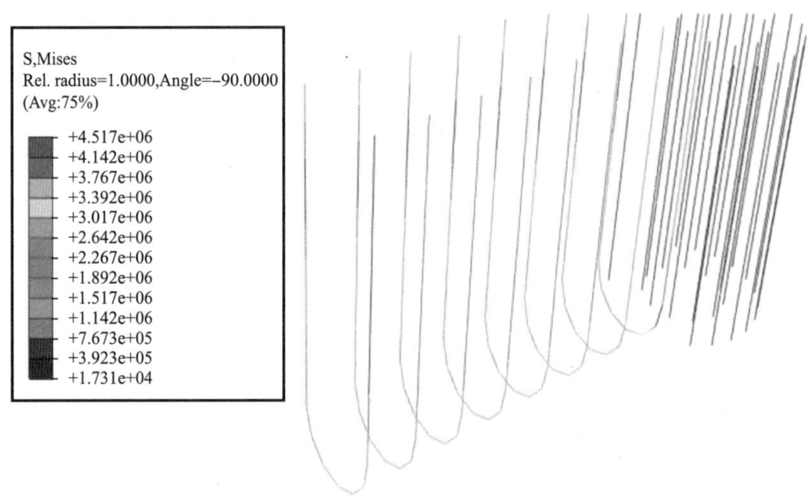

图 9-53 钢绳索 / 钢筋应力图

④ 承重钢管梁计算

A. 各种荷载（标准值）

11.6m 管线重量（1.2m PVC 管管壁以 10mm 计算）：1.226kN/m；

承重钢管梁自重（钢管 1220mm，壁厚 12mm）：5.98kN/m；

管内水荷载：11.31kN/m；

管井集中力：148.72kN；

管内水集中荷载：114.511kN；

牵引装置综合荷载（吊绳挂板等）：1kN/m；

施工荷载：1kN；

最不利情况（满水情况），按 11.6m 长均布荷载计算，管井距离支座处 1.5m；

恒荷载分项系数：1.3；

活荷载分项系数：1.5。

B. 承重钢管梁荷载验算：承重钢管梁按简支梁计算。

⑤ 管井钢筋混凝土计算

A. 内吊板计算

内吊板将圆形混凝土简化为条形梁，直径等于梁的跨度，板厚为 400mm，两边支承情况为简接，最不利工况为满水荷载情况（2.7m 水头）。

B. 外吊板计算

外吊板部分为承受管井自重部分，简化为悬吊梁计算。

⑥ 沉井计算

根据管道的实际工作情况，制定不同工况并计算，计算结果如图 9-53～图 9-55 所示。

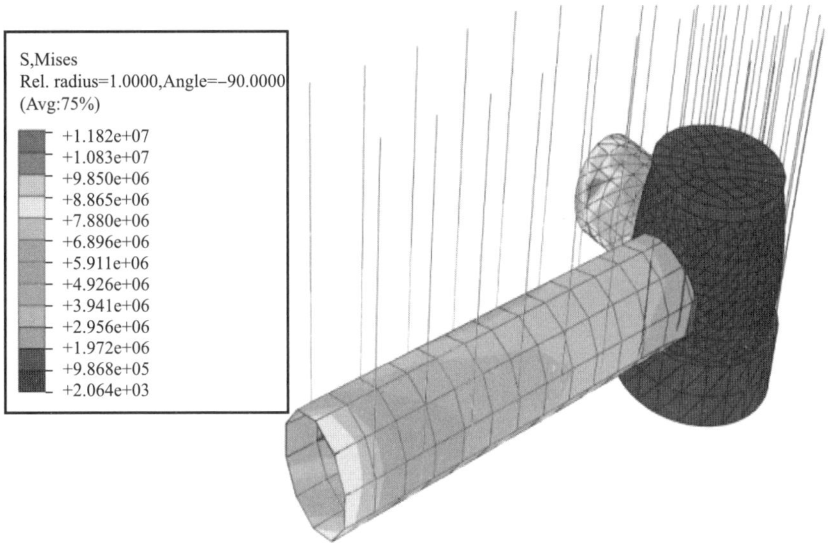

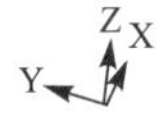

图 9-54　砌体管道及管井应力分布图

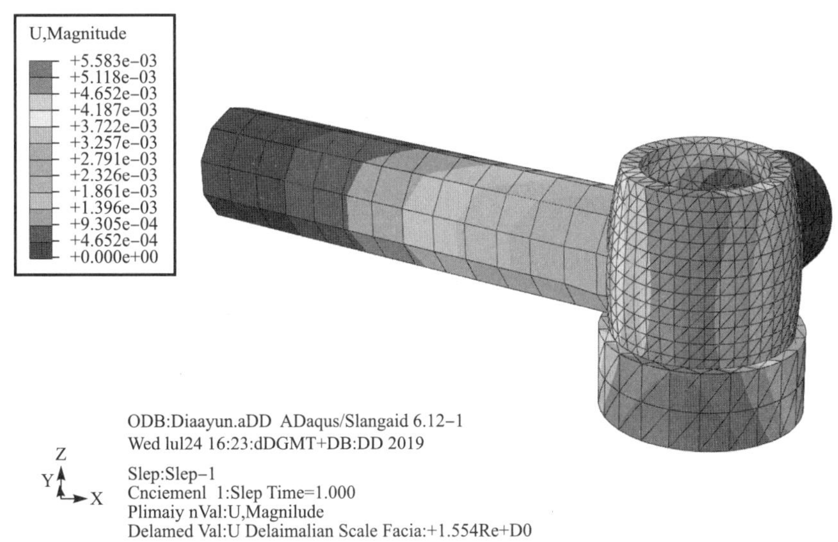

图 9-55　砌体管道及管井位移分布图

钢绳索 / 钢筋应力为 4.517MPa，小于 360MPa，满足要求。

最大位移为 21.330mm，小于 23mm，满足要求。

结论：钢筋 / 钢绳索及管井应力应变符合要求。

（5）砌体管井原位保护施工技术

1）施工流程

如图 9-56 所示。

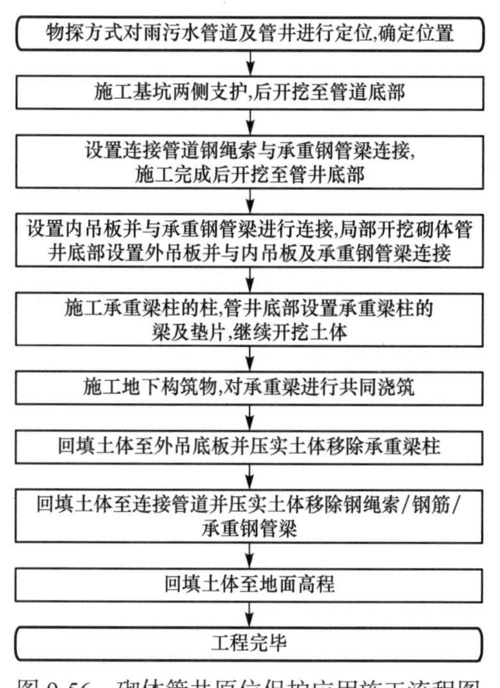

图 9-56　砌体管井原位保护应用施工流程图

2）连接管道悬吊保护技术流程

悬吊保护结构中，针对连接管道的悬吊保护，承重钢管梁摆放走向应与连接管道走向一致，支撑在承重钢管梁的钢绳索保持作用于管道及管井正中心，不发生偏心作用。土方开挖至管道底部，用钢绳索穿过土体，并在钢绳索上设置塑料软管，使套有塑料软管的钢绳索与管道处于均匀受力状态，必要时也可进行预应力张拉。如图 9-57、图 9-58 所示。

3）砌体管井悬吊保护技术流程

针对砌体管井侧壁的材料特性，采用内外吊板结合承重梁柱进行设计和施工。内吊板与外吊板相结合对整个管井进行保护，针对砌体结构受压不受拉的特性进行设计，通过现浇混凝土结构使得内吊板与外吊板形成整体，解决常规砌体结构悬吊保护过程中带来结构破坏、变形过大等问题，同时设置承重梁柱，增加对悬吊结构的进一步保护。具体施工流程见图 9-59。

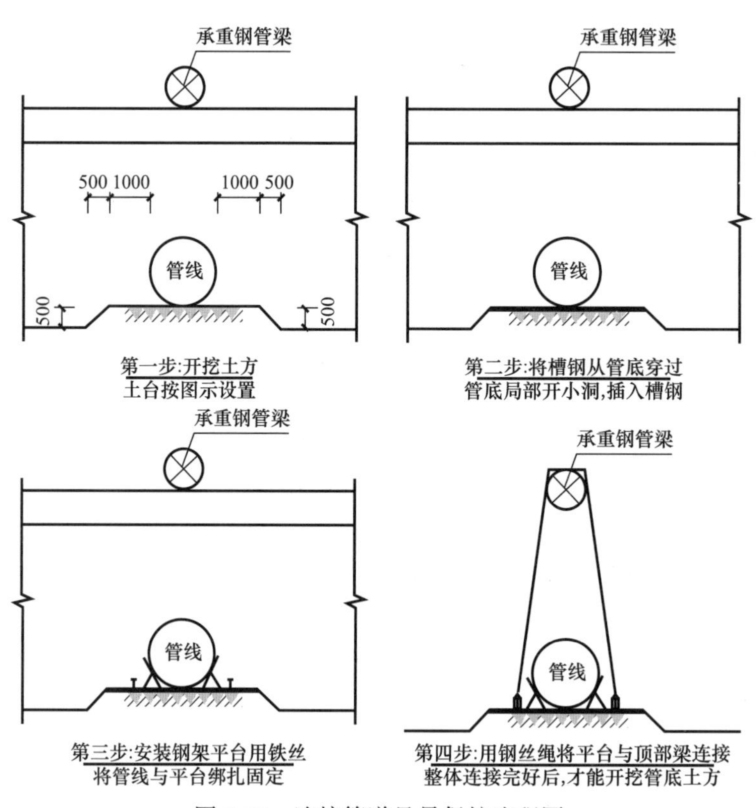

图 9-57　连接管道悬吊保护流程图

9.2.3　技术创新与适用范围

（1）技术关键与创新点

与传统砌体管井迁移方法相比，工期短，避免改迁作业，降低工程成本，砌体管井的悬吊保护易实现，避免管道停止工作带来的不便。与常规的悬吊保护方式相比，本技术采用内吊底板及外吊底板对砌体管井进行保护，直接在现场通过钢绳索或钢筋与承重钢管梁进行连接，使砌体结构保持受压状态，避免砌体管井受拉产生裂缝，甚至发生破坏。

（2）适用范围

管槽开挖、地下通道施工过程中一般会考虑交通疏解及管线改迁问题，管线一般在施工前进行迁移，但遇到某些难迁移或重要性较高的管道无法迁移时，可采用本技术进行原位保护。

图 9-58　连接管道悬吊保护实物图

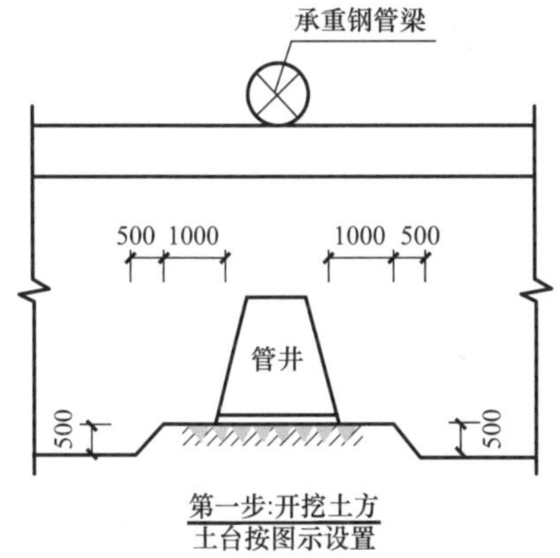

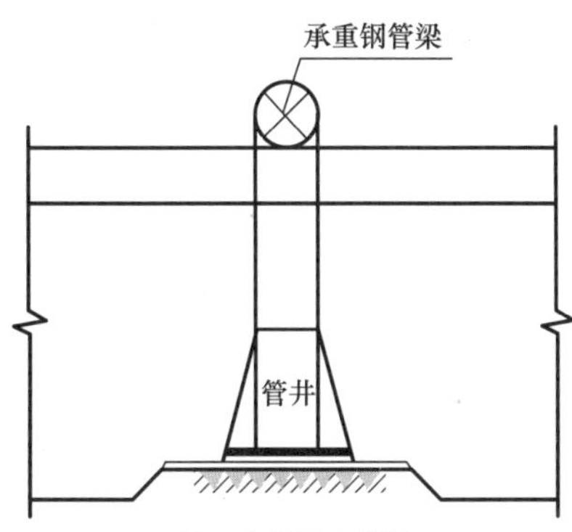

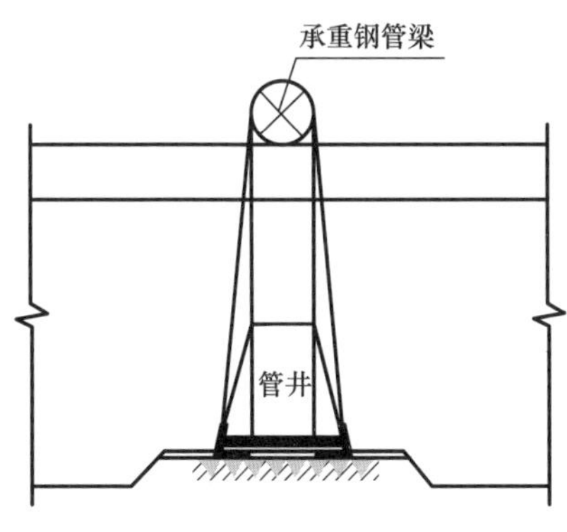

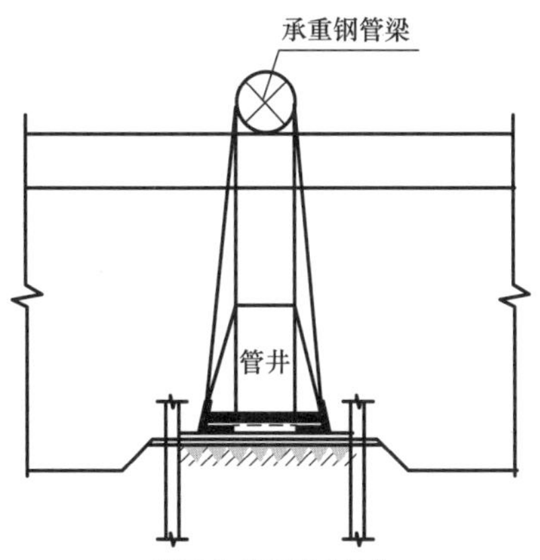

图 9-59　砌体管井悬吊保护流程图

9.2.4 效益分析

（1）经济效益

1）施工工效

砌体管井原位保护施工关键技术与传统管线迁改相比，在基坑开挖土方期间可进行管井保护，可以极大地缩短工程施工直线工期，大大减少工人劳动量，降低劳动强度。

2）材料及人工费用节约

例如，某项目使用砌体管井悬吊保护结构的施工技术，减少管井及管道引起的土方开挖和回填作业。施工过程中，省去了钢板桩的架设，减少了挖土方费用，节约材料及人工费约 207400 元；从工期上分析，悬吊保护结构用时短，工程总体进度按照每座井位施工可以缩短 4d 计，对总工期的缩短亦为可观。

3）其他综合效益

从施工现场安全文明施工分析，砌体管井保护采用钢管柱、钢管梁等钢结构构件，极大地减少了工地文明施工强度。同时，从现场施工占地范围分析，砌体管井占地面较小。从社会信誉分析，使用砌体管井保护技术，保持管井及管道的正常运行，不影响附近居民的正常工作和生活，有利于提高公司的整体形象和社会认可度。

（2）社会效益

1）节材效益

采用复杂环境下明挖基坑砌体管井原位保护施工关键技术，实现以悬吊替代传统的针对管井的管线迁改工作方式，避免新建管道及管井带来的资源耗费。

2）环保效益

① 明挖基坑砌体管井原位保护施工关键技术避免了新建管道管井带来的基坑开挖、回填、建造等施工，减少扰民。

② 明挖基坑砌体管井原位保护施工关键技术可更大地推动地下空间施工的规范化、标准化，从而避免传统的现浇沉井施工时现场凌乱、产生大量施工垃圾及污染环境的废弃物的现象，是一种新型的节能环保先进施工工艺技术。

③ 明挖基坑砌体管井原位保护施工关键技术采用部分钢结构构件进行原位保护，施工完成后可对钢结构构件进行回收、重复使用，有利于节约资源，以及减少建筑垃圾对环境的污染。

综上所述，复杂环境下明挖基坑砌体管井原位保护施工技术符合绿色施工节材和材料资源利用的要求，具有很好的经济效益和社会效益。

9.2.5 总结

本技术实现了对管井的原位保护目的，解决了管线改迁施工周期长、工程成本高等问题。本技术主要包括连接管道悬吊保护和砌体管井悬吊保护两部分内容，其中砌体管井为悬吊保护的重点，提出了相应的施工技术流程，可供日后类似工程项目参考与借鉴。

本章参考文献

[1] 中华人民共和国住房和城乡建设部．给水排水管道工程施工及验收规范 GB 50268—2008［S］. 北京：中国建筑工业出版社，2009.

[2] 中华人民共和国住房和城乡建设部．建筑基坑支护技术规程 JGJ 120—2012［S］. 北京：中国建筑工业出版社，2012.

[3] 中华人民共和国住房和城乡建设部．建筑深基坑工程施工安全技术规范 JGJ 311—2013［S］. 北京：中国建筑工业出版社，2014.

[4] 文杰，周书东，刘正刚，等．可移动沟槽支护结构设计与应用［J］. 特种结构，2020，37（04）：15-19.

[5] 李西彬，吴玲．新型支护设备——钢板箱［J］. 施工技术，2008，37（S2）：487-488.

[6] 李永东，王浩然，赵晓峰．市政管道沟槽支护技术研究［J］. 城市道桥与防洪，2015（09）：229-233+24.

[7] 赵玉军，柴宏．对深基坑（沟槽）、地下工程安全生产事故的分析与预控［J］. 建筑，2018（11）：74-75.

[8] 夏连宁，宋奇叵．沟槽箱在沟槽支护中的应用［J］. 特种结构，2017，34（05）：22-26.

[9] 陈继光．顶推法施工关键工艺改进［J］. 筑路机械与施工机械化，2008（03）：61-63+66.

[10] 李剑锋．沟槽事故救援重型支撑套具支撑技术［J］. 消防科学与技术，2015，34（09）：1230-1233.

[11] 周书东，张彤炜，刘亮，等．复杂环境下明挖基坑砌体管井保护技术［J］. 广东土木与建筑，2020，27（02）：53-58.

[12] 文一鸣，祁海峰．城市盾构下穿市政管线悬吊保护施工关键技术［J］. 西部探矿工程，2019，31（01）：180-182+185.

[13] 张伟．明挖基坑施工期间大直径城市输水干管保护方案设计与施工［J］. 工程技术研究，2018（05）：214-215.

[14] 张伯夷．横跨地铁深基坑的超大直径排水管悬吊保护技术［J］. 工程建设与设计，2019（22）：83-86.

[15] 卢乐伟．巨型排水箱涵施工过程中对大直径给水管道保护的研究［D］. 广州：广东工业大学，2018.

[16] 张凯，薛梦实，麻昌军，等．柔性管线原位悬吊固定施工技术［J］. 施工技术，2016，45（S2）：758-759.

[17] 薛梦实，于雷，银宏飞，等．地下段状排水管道原位悬吊加固保护施工技术［J］. 施工技术，2017，46（02）：76-78.

[18] 张恒忠．轨道交通基坑工程地下大直径管线的原位保护控制［J］. 建设监理，2013（03）：52-53+69.

[19] 姜伟，胡长明，梅源．某地铁车站深基坑工程管线悬吊施工技术［J］. 建筑技术，2011，42（06）：534-536.

[20] 解立强．新建地铁车站电力方沟悬吊保护措施及施工技术［J］. 建筑技术开发，2018，45（06）：60-61.

[21] 朱康宁．浅埋暗挖隧道下穿次高压燃气管保护方案［J］. 现代隧道技术，2012，49（02）：142-146.

第 10 章　装配式沉井

10.1　技术背景

随着建筑业的不断发展，装配式建筑、绿色施工、节能降耗已成为建筑业发展的时代要求，以及建筑企业生产发展的必然选择。目前，地下排水管道的沉井结构主要还是以现浇方式进行建造，作业面积大、施工周期长、建造成本高以及受天气变化影响大等缺点，使其不满足发展需求。国内外关于地下排水工程沉井结构采用预制装配式的工程案例较少，且已有实例采用预制装配式沉井结构进行建造的工程项目，节点间普遍都是采用后浇的方式进行连接，使装配式沉井结构形成一个整体。这种后浇连接方式存在施工周期较长、施工效率较低等问题。

基于以上背景，本文将结合工程实践案例，介绍地下排水管道工程中的装配式沉井结构，希望能够为日后类似工程项目提供参考与借鉴。

10.2　关键技术介绍

以某工程实践为例，具体介绍装配式沉井的相关内容。

10.2.1　工程概况

本工程所在区域地层自上而下主要为人工填土层、第四系全新统海陆交互相沉积层、第四系冲积层、第四系残积层，下伏基岩为第三系粉砂岩、层下古生界混合花岗岩（Pz1）。装配式沉井所处地层主要为淤泥，主要物理力学参数如表 10-1 所示。

物理力学参数　　表10-1

土层名称	土的重度γ（kN/m^3）	黏聚力c_k（kPa）	内摩擦角φ/（°）	沉井壁与土体间的单位摩阻力（kPa）
淤泥	15.8	5.5	2.5	10

10.2.2　装配式沉井的研发

通过借鉴和吸取国内外装配式沉井结构设计与施工的经验，结合本工程实际情况，选取工程量占比最大及市场应用最广的沉井进行研发。根据先竖向、后环向，并结合沉井结构的直径大小、壁厚和深度等综合考虑，把沉井结构拆分成一片片的井片，使其在预制生产、运输和现场安装时具备品质高效的特点。最终，本工程选用直径分别为 3m、4m 和 5m 的沉井结构采用装配式的方式进行建造。

（1）装配式沉井井片的构成与形式

装配式沉井的井片通过标准化和模块化设计后，最大限度地涵盖地下排水管道工程中沉井结构常用的规格尺寸，将不同规格尺寸的沉井结构进行分类处理。按照沉井结构的大小主要分为以下两种形式（表 10-2、表 10-3）。

装配式沉井类型和规格统计表　　表10-2

形式	沉井直径D（内径）	适用范围
第一种形式	3m	2.5m≤D<3.5m
第二种形式	4m、5m	分别适用于3.5m≤D<4.5m或4.5m≤D<5.5m

不同形式装配式沉井统计表　　表10-3

序号	型号	上部结构	下部结构
1	D=3m	完整的圆环，布设有吊耳、预留螺栓孔及预留手孔，单节高度1m	下部结构分为两个半圆，设有刃脚，井片间通过4组ϕ24螺栓连接，井片高度2m
2	D=4m	上部结构由两片半圆井片组成，通过4组ϕ24螺栓连接，单节井片高度1m	下部结构由4个圆心角为90°的井片组成，下部设有刃脚，每两组井片间通过2组ϕ24螺栓连接，井片高度2m
3	D=5m	上部结构由两片半圆井片组成，通过4组ϕ24螺栓连接，单节井片高度1m	下部结构由4个圆心角为90°的井片组成，下部设有刃脚，每两组井片间通过2组ϕ24螺栓连接，井片高度2m

第一种形式：沉井直径在 2.5m≤D<3.5m（D 为沉井内径；除有特别说明外，沉井直径均指内径）范围时，统一采用直径 D 等于 3m 的沉井，沉井由上下两种结构形式的预制井片组装而成，通过 8 颗 ϕ24 螺栓连接成一个整体。下部结构井片分为两个半圆预制，井片高度 2m，下部设有刃脚，井片间通过 2 组共计 4 颗 ϕ24 螺栓连接成一个环形整体；井片上部结构为一个完整的环形，单节高度 1m，环向均匀分布 8 颗螺栓连接，需留手孔及螺栓孔，可实现圆环井片与上、下井片间的有效连接与分离。上部具体圆环节数可根据沉井实际深度进行确定。

第二种形式：沉井直径在 3.5m≤D<4.5m 或 4.5m≤D<5.5m 范围时，分别采用直径 D 等于 4m 和 5m 的沉井，沉井底部由 4 个井片组成，每个井片高度为 2m，井片间通过螺栓连接，形成一个完整的圆环结构；上部井片则由两片半圆井片组成，半圆井片高度为 1m，半圆井片的每个端部都设有预留手孔和螺栓孔，可实现半圆井片与径向、上和下井片间的有效连接与分离，上部具体半圆井片数量可根据沉井实际深度进行确定。

无论是采用第一种形式还是第二种形式的装配式沉井结构，在不同井片之间都是采用螺栓干式连接，可实现井片间的有效连接与分离，且施工方便，实现了工厂标准化批量生产、现场装配式施工。

按照 1m 的模数制定装配式沉井的尺寸，装配式沉井设有多个不同的沉井尺寸（直径 D 为 3m、4m 和 5m 的沉井），以适应不同截污管网项目常用沉井结构的规格尺寸。对于截污管网项目中较少用到的沉井尺寸（例如，直径 D 为 6m、6.5m、7m、7.5m 和 8m 的沉井），考虑其外形尺寸较大，采用预制装配式结构，从运输、吊装上而言，不利于施工成本的控制，这些规格尺寸的沉井结构通常采用现浇的方式建造。

（2）装配式沉井结构的构成与形式

装配式沉井结构由井片、螺栓、止水橡胶条和吊耳构成。

1）第一种形式井片包括下部井片和上部井片。

以壁厚 t=0.3m、内径 D=3m、深度 h=6m 的装配式沉井为例，其模型如图 10-1～图 10-5 所示。

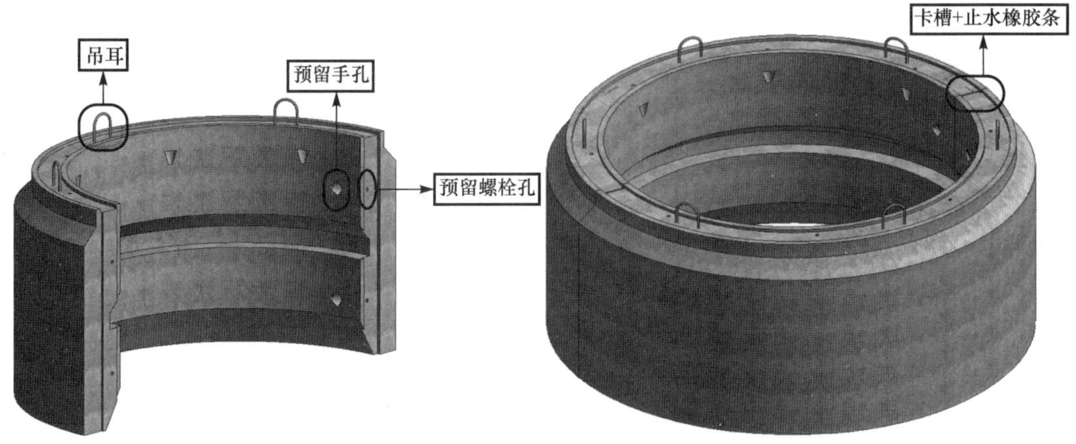

图 10-1　D=3m 的装配式沉井下部井片半圆结构

图 10-2　D=3m 的装配式沉井下部井片整圆结构

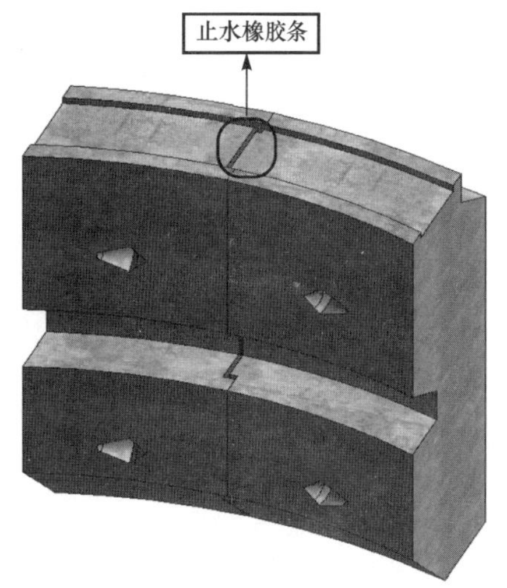

图 10-3　D=3m 的装配式沉井承插式竖向卡槽 + 止水橡胶条

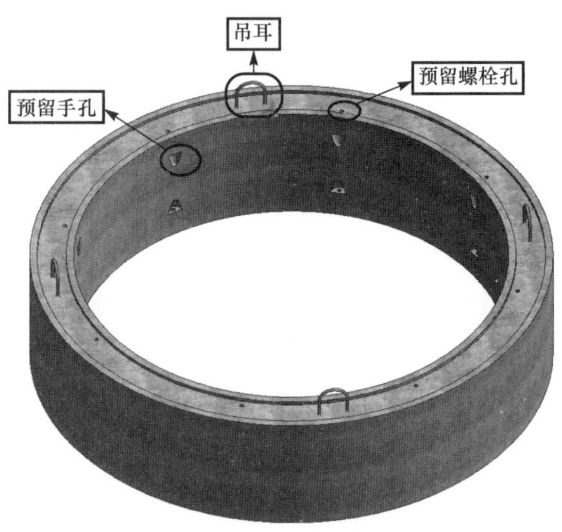

图 10-4　D=3m 的装配式沉井上部井片

① 下部井片

下部井片由 2 个高为 2m 的半圆组成一个完整的圆环结构，井片底部设有刃脚方便下沉，径向、竖向都设有预留手孔和螺栓孔，通过螺栓可实现环向和竖向井片间的有效连接与分离。井片的上和左右端部都设有凹凸卡槽，施工时在卡槽里敷设止水橡胶条能达到止水效果。下部井片每片重约 10.506t，经过力学计算分析在井片顶部设置 3 个吊耳，方便井片在运输、施工时进行吊装和现场拼装。

图 10-5　D=3m 的装配式沉井整体结构

② 上部井片

上部井片为一个高为 1m 的圆环结构，井片底部、顶部都设有预留手孔和螺栓孔，通过螺栓可实现环向和竖向井片间的有效连接与分离。井片的上、下端部都设有凹凸卡槽，施工时在卡槽里敷设止水橡胶条能达到止水效果。上部井片每片重约 7.460t，经过力学计算分析在井片顶部设置 4 个吊耳，方便井片在运输、施工时进行吊装和现场拼装。

2）第二种形式井片包括上部井片和下部井片。

以壁厚 t=0.4m、内径 D=5m、深度 h=6.4m 的装配式沉井为例，其模型见图 10-6～图 10-11（沉井内径 D=4m 与本模型图类似，只是沉井直径的大小不同）。

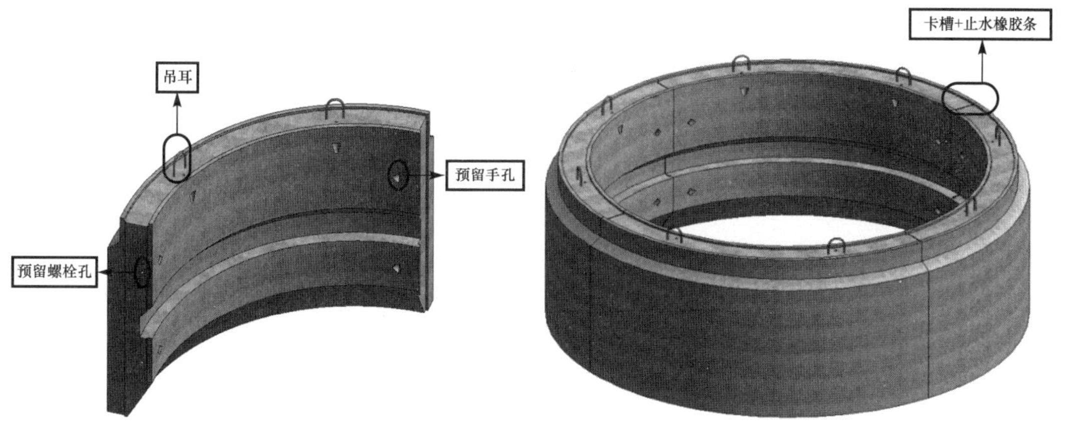

图 10-6　D=5m 的装配式沉井下部井片 1/4 圆结构

图 10-7　D=5m 的装配式沉井下部井片整圆结构

① 下部井片

沉井下部由 4 片圆心角为 90°、高为 2m 的井片组成一个圆环结构，井片底部设有刃脚方便下沉，径向、竖向都设有预留手孔和螺栓孔，通过螺栓可实现环向和竖向井片间的有效连接与分离。井片的上和左右端部都设有凹凸卡槽，施工时在卡槽里敷设止水橡胶条能达到止水效果。下部井片重量分为以下两种情况：沉井直径 D=4m，每片井片重约为

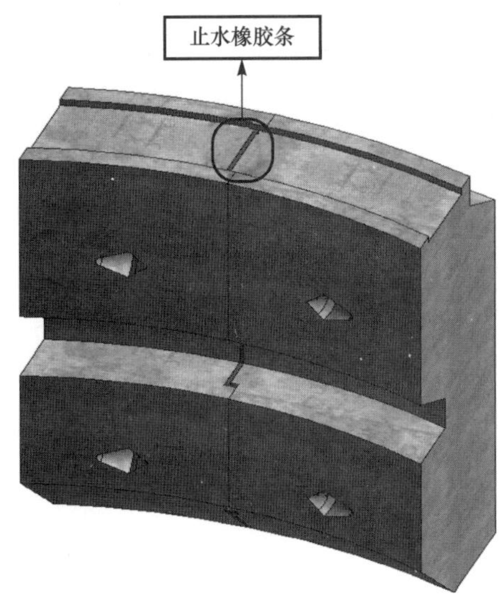

图 10-8 D=5m 的装配式沉井承插式竖向卡槽 + 止水橡胶条

7.915t；沉井直径 D=5m，每片井片重约为 12.516t。经过力学计算分析在井片顶部设置 2 个吊耳，方便井片在运输、施工时进行吊装和现场拼装。

② 上部井片

沉井上部由两个高为 1m 的半圆井片组成一个完整的圆环结构，井片底部、顶部均设有预留手孔和螺栓孔，通过螺栓可实现环向和竖向井片间的有效连接与分离。井片的上、下端部都设有凹凸卡槽，施工时在卡槽里敷设止水橡胶条能达到止水效果。上部井片重量分为以下两种情况：沉井直径 D=4m，每片井片重约为 5.925t；沉井直径 D=5m，每片井片重约为 8.406t。在井片顶部设置 3 个吊耳，方便井片在运输、施工时进行吊装和现场拼装。

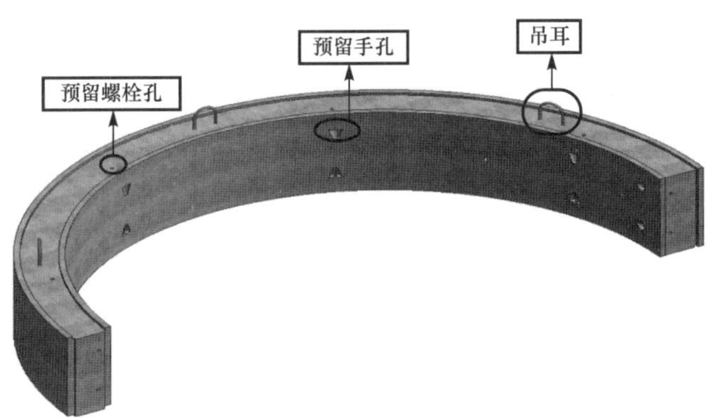

图 10-9 D=5m 装配式沉井上部沉井 1/2 圆结构

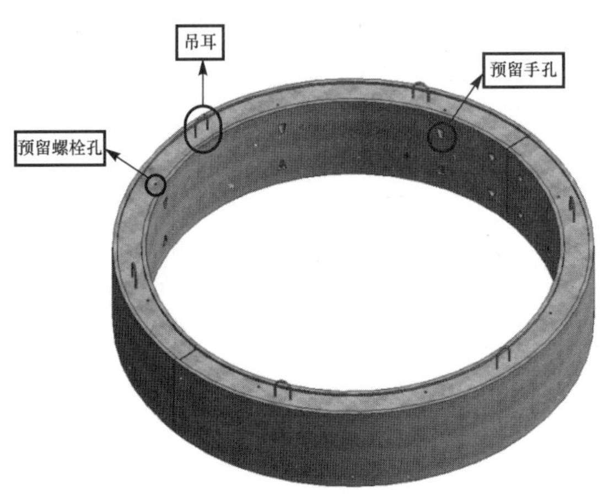

图 10-10 D=5m 的装配式沉井上部沉井整圆结构

图 10-11 D=5m 的装配式沉井整体结构

10.2.3 结构计算分析

（1）分析目的

装配式沉井是一种工厂化预制、现场采用螺栓干式连接，可快速形成一个整体的沉井结构。该沉井结构在设计及施工工艺方面，与传统意义上的现浇沉井施工存在很大的差异。为了确保沉井的施工安全及后期该新型沉井结构的推广应用，通过建立合理的数值模型，分析沉井结构各个构件的各项性能指标，尤其是力学性能指标。

（2）计算内容

第一种形式，沉井直径 D=3m 的装配式沉井结构。

1）沉井结构图，如图 10-12 所示。

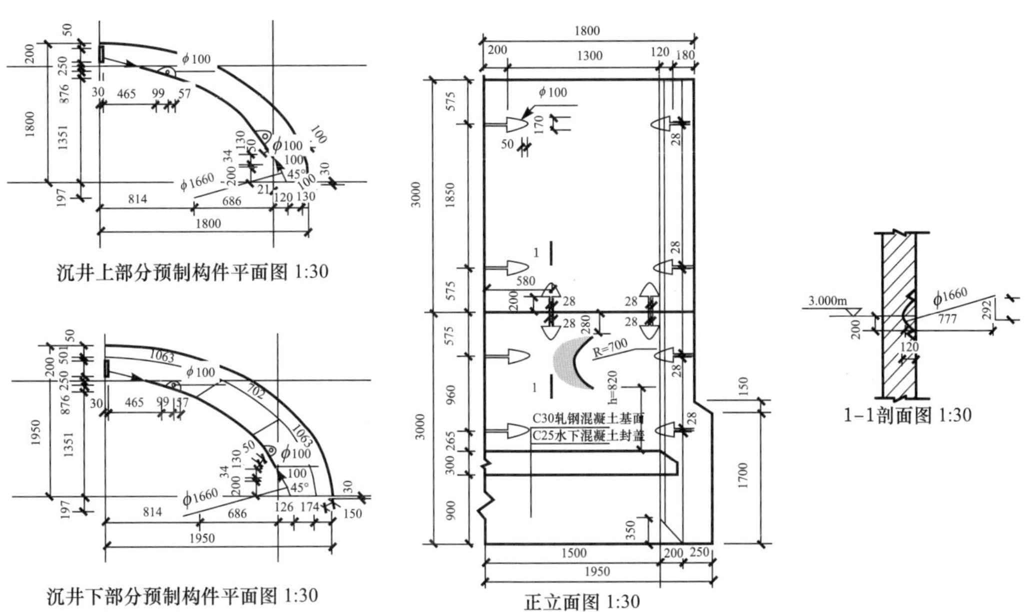

图 10-12 装配式沉井细部结构图

2）沉井计算模型

按照最不利地质条件（淤泥等软弱地层）进行装配式沉井结构核算。本次采用有限元软件 ABAQUS6.12-1 对沉井进行仿真模拟，具体如图 10-13 所示。

3）沉井边界条件

约束装配式沉井底部 z 方向位移和 x、y、z 方向的转动四个自由度，如图 10-14 所示。

4）沉井荷载模型

根据资料显示，沉井所在土层均为淤泥质土，故沉井分别受淤泥土压力和井壁摩擦力，受力简图见图 10-15。

① 淤泥土压力值

$$F_{\mathrm{W+E}} = \gamma_{\mathrm{S}} \cdot z \cdot \tan^2\left(45^\circ - \frac{\varphi}{2}\right) = 86.88\mathrm{kN/m^2}$$

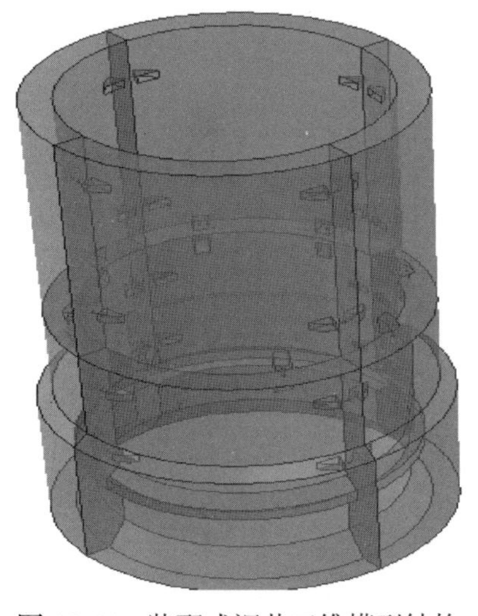

图 10-13　装配式沉井三维模型结构

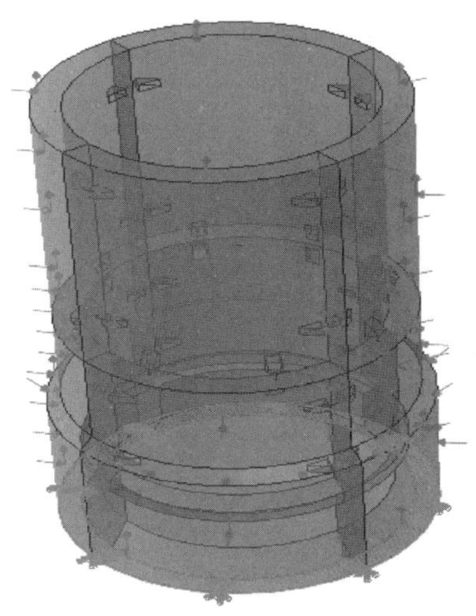

图 10-14　装配式沉井结构边界形式

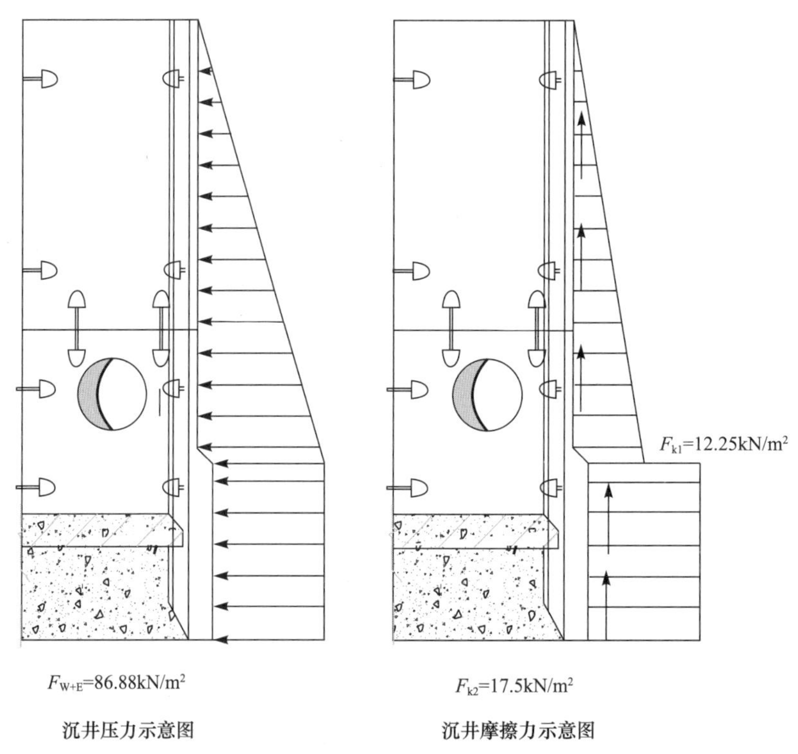

图 10-15　装配式沉井边界受力情况分析

② 井壁摩擦力值

依据规范，可塑～流塑状态黏性土的单位摩擦力标准值 f_k 取 25kPa，台阶以上摩擦力标准值则取 $F_{k2}=0.7\times f_k=17.5\text{kN}/\text{m}^2$。

5）沉井计算结果

计算结果，如图 10-16～图 10-19 所示。

① 材质为 Q235 的管片螺栓屈服应力：

$$\sigma = 129.2\text{MPa} < \sigma_{\text{s}} = 215\text{MPa}$$

② 材质为 C30 的混凝土屈服压应力：

$$\sigma = 8.6\text{MPa} < F_{\text{cu,k}} = 30\text{MPa}$$

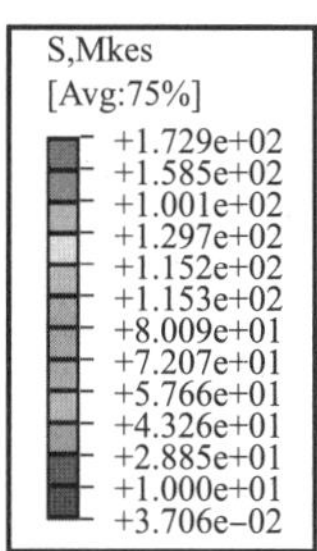

图 10-16　装配式沉井结构整体应力云图

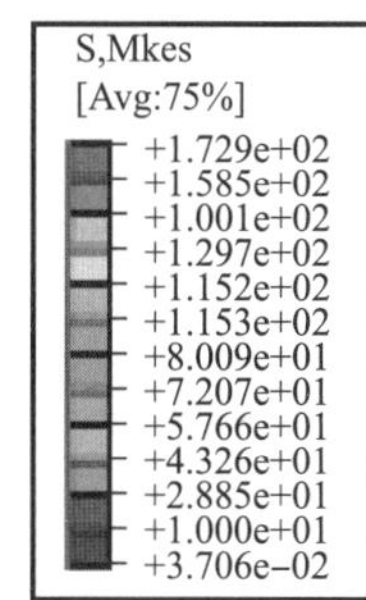

图 10-17　装配式沉井典型竖向钢筋应力云图

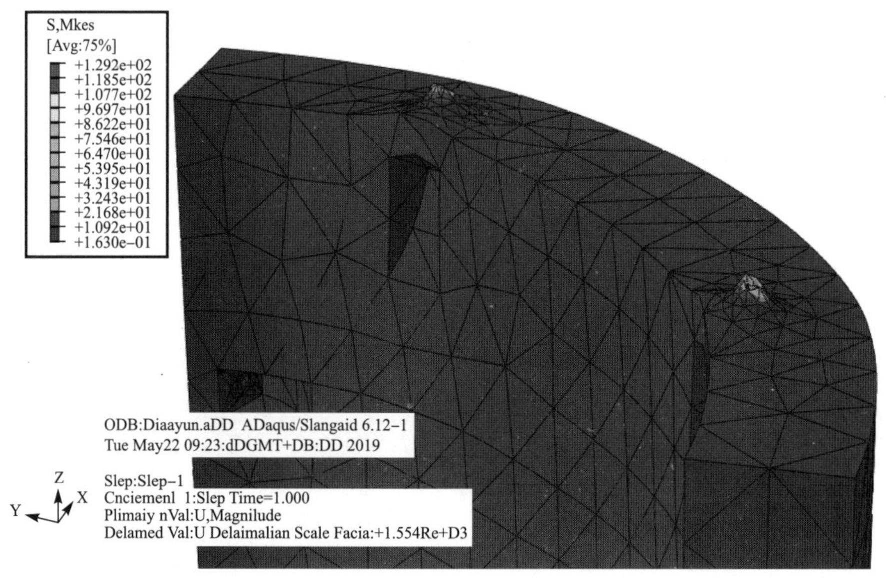

图 10-18 装配式沉井典型下部应力云图（MPa）

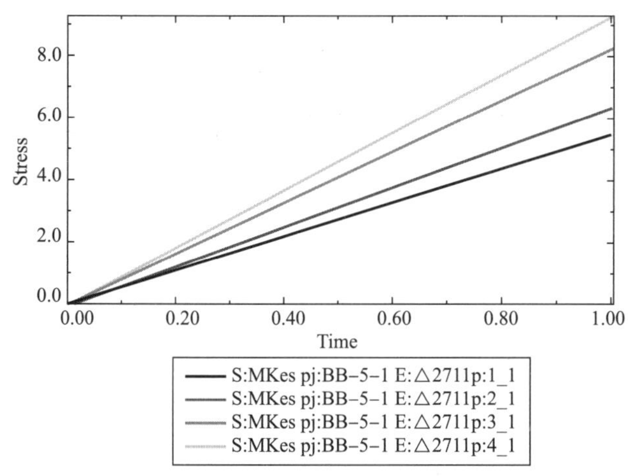

图 10-19 典型下部水泥与螺栓局部接触处应力曲线图（MPa）

6）沉井吊耳计算

沉井吊耳采用 ϕ20mm，材质为 Q235B 的圆钢，埋置深度为 200mm，构造弯曲长度为 15d。单片沉井最大质量为 12.5t。

① 吊耳的强度验算：

$$\frac{N}{\frac{\pi d^2}{4}}=127\text{MPa}<235\text{MPa}$$

② 吊耳与混凝土粘结强度验算：

$$l=\frac{N}{S\pi d}=80.4\text{mm}<200\text{mm}$$

结论：沉井吊耳采用 ϕ20mm，材质为 Q235B 的圆钢，埋置深度为 200mm，符合要求。

10.2.4　井片的预制与检验

（1）材料

1）混凝土

装配式沉井井片所采用的混凝土应满足设计要求，包括强度和抗渗等要求。施工时所用的原材料、部品、构配件均应按检验批进行进场检测，检验合格后才允许进入施工现场。沉井井片采用 C30（P6）防渗混凝土浇筑而成。

2）钢材

装配式沉井结构中的钢材应符合国家标准《碳素结构钢》GB/T 700 和《低合金高强度结构钢》GB/T 1591 的规定。钢材宜选用 Q235 钢，其物理性能指标及材料强度设计值应符合表 10-4 和表 10-5 的规定。

钢材的物理性能指标　　表10-4

弹性模量E_a（N/mm²）	剪变模量G_a（N/mm²）	线膨胀系数α_a（/℃）	质量密度ρ_a（kg/m³）
2.06×10^5	79000	12×10^{-6}	7850

钢材强度设计值（N/mm²）　　表10-5

钢材牌号	厚度或直径d（mm）	抗拉、抗压和抗弯f_s	抗剪f_{vs}
Q235	$d\leqslant16$	215	125
	$16<d\leqslant40$	205	120
	$40<d\leqslant60$	200	115

注：表中厚度是指计算点的钢材厚度，对称轴受力构件是指截面中较厚板件的厚度。

（2）装配式沉井井片的预制

1）井片的预制应根据设计图纸要求，制定符合生产要求的模板，并在预制构件厂严格按照相关生产工艺进行生产预制。

2）井片预制时应提前预埋预留螺栓孔、手孔和吊耳，预留预埋的位置应准确无误，并固定好，防止在振捣混凝土时产生错位、偏移和倾斜等现象，影响预制构件井片的生产质量。

3）井片预制时应做好相应端部卡槽构造，使其满足相应的要求，并应在构件预制完成时，在预制构件的指定位置附上二维码，内容包括构件编号、生产日期、生产人、审查人和预制构件生产厂名称等。

4）井片预制完成后应满足相应强度和精度要求，对于不满足要求的井片，直接作不合格品处理，严禁出库运输到施工现场使用；而对于满足要求的预制构件井片，按照生产计划和场地堆放的要求，运输到指定位置进行堆放。

5）预制构件井片应严格按照之前制定的计划进行生产，保证满足施工现场对不同型号井片的需求。

（3）装配式沉井井片的检验

1）预制构件井片的质量应符合现行国家标准《混凝土结构工程施工质量验收规范》GB 50204 的有关规定。

2）装配式混凝土结构连接节点及叠合构件浇筑混凝土前，应进行隐蔽工程验收，包括下列主要内容：

① 混凝土粗糙面的质量，键槽的尺寸、数量、位置；

② 钢筋的牌号、规格、数量、位置、间距，箍筋弯钩的弯折角度及平直段长度；

③ 钢筋的连接方式、接头位置、接头数量、接头面积百分率、搭接长度、锚固方式及锚固长度；

④ 预埋件、预留管线的规格、数量、位置；

⑤ 预制混凝土构件接缝处防水、防火等构造做法；

⑥ 保温及其节点施工；

⑦ 其他隐蔽项目。

3）混凝土结构子分部工程验收时，除应符合现行国家标准《混凝土结构工程施工质量验收规范》GB 50204 的有关规定提供文件和记录外，尚应提供下列文件和记录：

① 装配式沉井的设计文件和井片模板加工制作图；

② 预制构件、主要材料及配件的质量证明文件、进场验收记录、抽样复验报告；

③ 预制构件安装施工记录；

④ 施工检验记录；

⑤ 装配式结构分部工程质量验收文件；

⑥ 装配式工程重大质量问题的处理方案和验收记录；

⑦ 装配式工程的其他文件和记录。

4）检查抽样应符合下列规定：

① 专业企业生产的预制构件，进场时应检查质量证明文件。

检查数量：全数检查。

检查方法：检查质量证明文件或质量验收记录。

② 按照《装配式混凝土建筑技术标准》GB/T 51231 中的规定，对于不做结构性能检验的预制构件，应采取下列措施：

A. 施工单位或监理单位代表应驻场监督生产过程。

B. 当无驻场监督时，预制构件进场时应对其主要受力钢筋的数量、规格、间距、保护层厚度及混凝土强度等进行实体检验。

检查数量：同一类型预制构件不超过 1000 个为一批，每批随机抽取 1 个构件进行结构性能检验。

检查方法：检查结构性能检验报告或实体检验报告。

注："同类型"是指同一钢种、同一混凝土强度等级、同一生产工艺和同一结构形式。抽取预制构件时，宜从设计荷载最大、受力最不利或生产数量最多的预制构件中抽取。

5）预制构件的混凝土外观质量不应有严重缺陷，且不应有影响结构性能和安装、使用功能的尺寸偏差。

检查数量：全数检查。

检查方法：观察、尺量；检查处理记录。

6）预制构件外观质量不应有一般缺陷，对出现的一般缺陷应要求构件审查单位按技术处理方案进行处理，并重新检查验收。

检查数量：全数检查。

检查方法：观察；检查技术处理方案和处理记录。

7）预制构件上的预埋件、预留插筋、预留孔洞等规格型号、数量应符合设计要求。

检查数量：按批检查。

检查方法：观察、尺量；检查产品合格证。

（4）装配式沉井连接的检验

1）预制构件沉井采用螺栓连接时，螺栓的材质、规格、拧紧力矩应符合设计要求及现行国家标准《钢结构设计规范》GB 50017 和《钢结构工程施工质量验收规范》GB 50205 的有关规定。

检查数量：全数检查。

检查方法：应符合现行国家标准《钢结构工程施工质量验收规范》GB 50205 的有关规定。

2）装配式沉井结构采用螺栓和吊耳连接时，螺栓和吊耳的外观质量不应有严重缺陷，且不得有影响结构性能和使用功能的尺寸偏差。

检查数量：全数检查。

检查方法：观察、量测；检查处理记录。

10.2.5　装配式沉井结构施工

（1）施工流程（图 10-20）

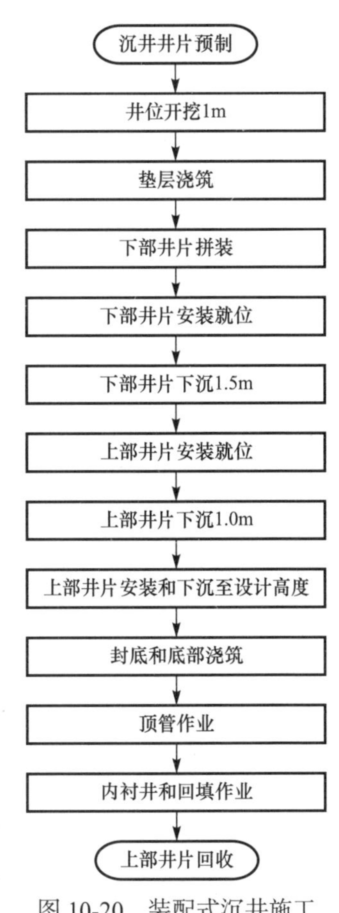

图 10-20　装配式沉井施工流程

（2）装配式沉井施工技术

1）装配式沉井预制

根据装配式沉井结构和现场实际情况，合理选定预制厂，便于运输和集中预制。井片预制采用定制钢模施工，使用 C30（P6）防渗混凝土浇筑而成，待井片强度达到 85% 后，方可进行拼装，如图 10-21、图 10-22 所示。

2）井位开挖 1m 和垫层浇筑

进行装配式沉井安装前，在设计井位先采用液压反铲 + 人工辅助的方式下挖 1m，并在井位周边设置砖砌围墙（厚 18cm），防护周边土体和雨水进入基坑，具体详见图 10-23、图 10-24。

图 10-21　装配式沉井下部井片钢筋与预埋弯管安装

图 10-22　装配式沉井井片螺栓连接孔

图 10-23　装配式沉井设计位置下挖 1m 现场图

图 10-24　装配式沉井设计位置下挖 1m 周边设置砖砌围墙

为确保装配式沉井能顺利拼装，需对装配式沉井刃脚部位浇筑混凝土垫层，保持表面平整，确保下部井片安装就位的稳定和平整度，如图 10-25 所示。

图 10-25　装配式沉井设计位置下挖 1m 后在刃脚位置浇筑混凝土垫层

3）下部井片拼装和安装就位

由于下部井片是分开预制的，一般采用 25t 汽车式起重机 + 平板汽车进行卸车、吊运至设计沉井位置。井片拼装时，用 25t 汽车式起重机和人工辅助进行拼装，使用定制的弧形 M24 的螺栓穿过预留孔洞，将下部井片进行连接，在连接时注意竖向卡槽位置要敷设止水橡胶条，以达到止水效果，如图 10-26～图 10-28 所示。将螺栓拧紧，使其成为一个完整的圆环结构。沉井下部井片在安装沉井的位置附近完成拼装，然后采用 30t 汽车式起重机进行下部井片的就位。

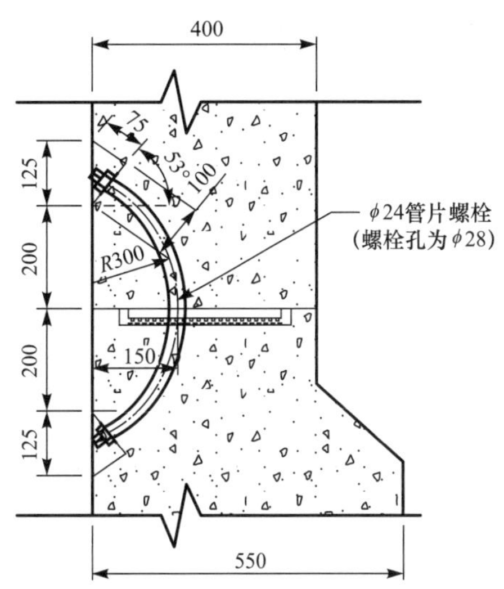

图 10-26　装配式沉井上、下井片连接示意图

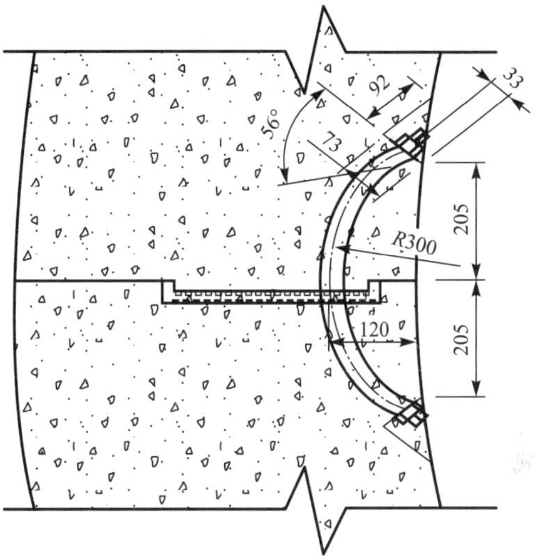

图 10-27　装配式沉井环向井片连接示意图

4）下部井片下沉 1.5m

在下部井片就位后，采用长臂反铲开挖下沉，在井壁外侧设置标尺（按 50cm 的间距设置），严格控制下沉速度，避免发生超沉现象。下部井片下沉 1.5m 后，进行下一步上部井片安装工序，如图 10-29 所示。

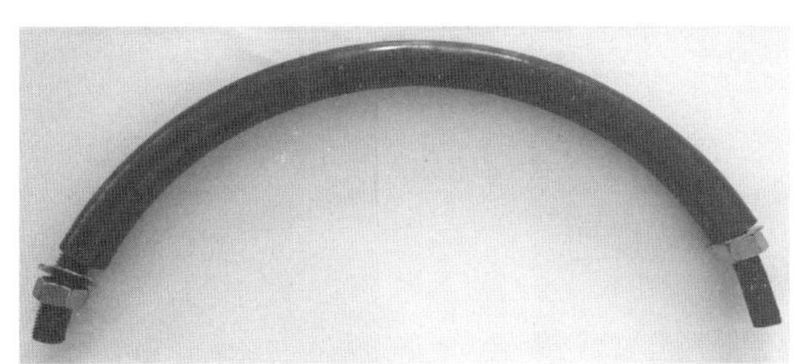

图 10-28　装配式沉井预埋弯管和连接螺栓实物图

图 10-29　装配式沉井下部井片下沉 1.5m

5）上部井片安装就位和下沉至设计标高

在已完成的下部井片圆环结构径向方向上割除吊耳和敷设止水橡胶条，并在有螺栓孔的位置开好相应的孔。其次，将上部井片吊装运送至下部井片圆环结构上，并用螺栓将井片与下部井片连接拧紧；依次将其余上部井片吊装至指定位置，并用螺栓将井片与径向和下部井片径向连接拧紧，使其成为一个完整的圆环结构。同时，随着上部井片安装就位

后，使井片逐层下沉，并依次重复上部井片的安装步骤，具体重复次数应根据沉井结构的下沉深度来确定。

图 10-30 装配式沉井封底和底板钢筋制安

6）封底和底板浇筑

装配式沉井下沉到设计标高后，将井位内水抽排干净，及时进行封底施工；待混凝土达到一定强度后，在刃脚上植筋，进行底板钢筋制安和混凝土浇筑，如图 10-30 所示。

7）上部井片回收

在完成顶管、内衬井安装后，回填至上部井片最上一层井片位置时，拆卸连接螺栓，将上部井片一节进行回收，重复利用。井位上部继续回填至路面水稳层以下，进行路面恢复施工。上部井片回收数量应根据施工现场的具体情况确定。回收后的井片可以在下个相同直径的沉井结构中使用，使其发挥最大的经济效益。

装配式沉井第一种形式（直径 D=3m）与第二种形式（直径 D=4m 和 D=5m）的井片安装方法类似，按照上述安装方法进行安装即可。

（3）质量控制措施

1）预制构件井片在生产前，要对各种材料和钢模板进行严格检验，尤其是钢板的平整度、精度要满足要求。使用的原材料（钢筋、混凝土等）也符合设计要求，并应具备产品合格证。

2）预制构件沉井成品的尺寸、平整度、垂直度、预留孔的大小等精度应满足要求，对于不满足要求的产品直接作不合格品处理，严禁出库运输到施工现场。

3）装配式沉井井片现场安装时，拼缝和接缝位置应平整严密，在卡槽位置应敷设止水橡胶条以满足止水要求。

4）装配式沉井结构拼装完成后，整体受力效果要好，满足安全、施工便捷的要求。

5）井片安装允许偏差应满足表 10-6 的要求。

井片安装允许偏差表　　表10-6

序号	项目	允许偏差（mm）
1	径向	±2
2	井片底部表面标高	10
3	卡槽截面内部尺寸	15
4	竖向垂直度	5
5	表面平整度	5

10.3　科技创新及适用范围

10.3.1　技术创新点

（1）井片采用工厂预制，现场快速拼装；井片间通过螺栓干式连接形成完整的沉井结构；上下井片错位安装，形成上下叠合错缝拼接，使装配式沉井结构满足防水要求。

（2）井片的上下、左右边缘均设有与相邻井片相连的凹槽或凸起，形成一道卡槽，并在卡槽中敷设止水橡胶条。

（3）通过预留弧形井片螺栓孔和手孔，用螺栓可实现与上下、左右井片的有效连接或分离。通过拆卸螺栓，可对上部井片进行部分回收，重复利用，有利于降低工程造价。

10.3.2　适用范围

装配式沉井适用于地下排水管道沉井结构的施工和相关竖向井结构的施工，尤其是在大型地下排水管道新建工程项目中，采用装配式沉井进行建造可以产生显著的经济效益和社会效益。

10.4　效益分析

10.4.1　经济效益

将装配式沉井结构与现浇沉井结构进行对比分析，以直径为 3m、深度为 6m 的沉井结构为例，两者在施工工效、人工、材料、机械设备等方面的情况对比如下：

（1）施工工效

装配式沉井与现浇沉井相比，具有标准化设计、工厂批量生产、现场快速拼装的特点，同时井片还可以提前预制，使装配式沉井可以极大地缩短工程施工直线工期（单个装配式沉井施工节约工期 12～15d），大大减少用工量，以及降低工人的劳动强度。

（2）上部井壁片的回收及再利用

装配式沉井施工完成后，可对上部部分井片进行回收再利用（回收上部高 1m 的井壁片），可以实现同类型沉井上部井壁重复利用的效益，综合性能明显高于现浇沉井，在短平快的市政工程中更有优势。

（3）材料及人工费用节约

装配式沉井有效地减少了沉井浇筑模板制作量；拼装过程中，省去了井外部脚手架的搭设，以及钢管的使用量，其节约材料及人工费约 15348 元 / 座（ϕ3000 沉井平均深度为 6m）。从工期上分析，装配式沉井用时短，工程总体进度按照每座井位施工可以缩短 12～15d 计，对总工期的提前亦为可观。

（4）其他综合效益

从施工现场安全文明施工分析，装配式沉井采用工厂化生产模式，极大地减少了工地文明施工强度。同时，从现场施工占地范围分析，装配式沉井占地面积较现浇沉井节约面积约 8m^2。从社会信誉分析，使用该井壁片螺栓连接的装配式沉井，大大地提升了公司的整体竞争力。

10.4.2 社会效益

（1）装配式沉井与现浇沉井结构相比，可以有效地减少施工现场模板安装和混凝土浇筑工作量，即减少现场湿作业，避免传统模板施工造成现场凌乱和大量建筑垃圾污染环境的现象。同时，可杜绝传统沉井施工作业时习惯性违规作业行为，有效地提高工程质量和施工安全。

（2）装配式沉井通过标准化设计、工厂化批量生产、施工现场快速拼装成型，可以有效缩短建造周期，使工程工期处于更可控的状态。同时，采用装配式沉井进行建造，可以减少繁重、复杂的现场手工劳动，提高沉井建造质量，为工程创优评奖提供有利条件。

（3）装配式沉井可更好地推动市政污水工程沉井的规范化、标准化和装配化，从而避免产生大量施工垃圾及污染环境的废弃物，是一种绿色施工方法。

（4）装配式沉井上部井片可进行回收再利用，可在工地多次重复使用，有效地节约工程材料，降低工程建造成本。

（5）在沉井开挖下沉过程中，若沉井下方存在未探明的重要管线（如电力、燃气、给水和弱电主要管线等），考虑管线改迁的不可控性，可对装配式沉井分解拆除，另选合适位置安设井位，降低工程损失。

综上所述，装配式沉井与现浇沉井结构相比，具有良好的经济效益和社会效益。

10.5 总结

（1）标准化设计

根据沉井内径范围划分为 2.5m≤D<3.5m、3.5m≤D<4.5m 或 4.5m≤D<5.5m 两种形式，并统一采用内径 D 等于 3m、4m（或 5m）的沉井，将这些沉井拆分为一个个的井片，并应用标准化设计、工厂批量化生产、施工现场快速拼装成型的方式进行建造，可以有效提高施工效率和质量，同时降低工程建造成本。

（2）螺栓连接

装配式沉井在竖向和径向都是采用螺栓进行干式连接，可实现井片间的快速连接与分离，待沉井结构施工完成后，可对上部部分井片进行回收再利用，有效地节约建筑材料和降低工程造价。

（3）止水

井片的上下、左右边缘均设有与相邻井片相连的凹槽和凸起，形成一道卡槽，卡槽中放置止水橡胶条进行止水，上下井片安装时进行错位安装，形成上下叠合错缝拼接，使其满足防水要求。

本章参考文献

[1] 中华人民共和国住房和城乡建设部．沉井与气压沉箱施工规范 GB/T 51130—2016 [S]. 北京：中国计划出版社，2016.

[2] 中华人民共和国住房和城乡建设部．给水排水构筑物工程施工及验收规范 GB 50141—2008 [S]. 北京：中国建筑工业出版社，2009.

[3] 中国工程建设标准化协会．给水排水工程钢筋混凝土沉井结构设计规程 CECS 137—2015 [S]. 北京：中国计划出版社，2015.

[4] 中华人民共和国住房和城乡建设部．钢结构设计标准 GB 50017—2017 [S]. 北京：中国建筑工业出版社，2017.

[5] 中华人民共和国住房和城乡建设部．混凝土结构设计规范 GB 50010—2010 [S]. 北京：中国建筑工业出版社，2011.

[6] 周书东，张彤炜，张益等．井壁片螺栓连接的装配式沉井 [J]. 建筑施工，2020，42(05)：801-803.

[7] 任香云．装配式建筑的发展及优势 [J]. 门窗，2017(12)：192-193.

[8] 安玉华，管阔．浅谈绿色建筑的装配式发展 [J]. 四川水泥，2018(09)：111.

[9] 于静．以装配式住宅为突破口发展绿色建筑 [J]. 墙材革新与建筑节能，2014(04)：12-15.

[10] 戴颜斌．新式圆形装配式顶管工作井结构设计与建造技术研究 [D]. 广州：广州大学，2016.

[11] 葛春辉．钢筋混凝土沉井结构设计施工手册 [M]. 北京：中国建筑工业出版社，2004.

[12] 刘扬喜．大型装配式预制钢筋混凝土沉井施工技术 [J]. 四川建材，2020，46(10)：93-97.

[13] 谢学武．预制装配式沉井施工工艺及控制要点 [J]. 建设科技，2016(16)：161-162.

第11章　顶管工程技术创新

11.1　长距离小口径泥水平衡顶管注浆减阻施工技术

11.1.1　技术背景

随着城镇化进程的不断推进，地下空间资源的开发利用越来越受到重视，涉及城镇地下基础设施项目越来越多，地下排水系统建立和发展的巨大需求推动了地下顶管施工技术的革新与发展，同时也带来了很多挑战。明挖法施工对原有地面和既有基础设施等周边环境的影响较大，因而在城镇地下空间的开发中会受到较多的限制，而暗挖技术由于能顺应城镇地下空间的开发需求而得到重视。很多专家学者和工程师从顶力设计、中继间的改进、顶管管材及接缝处理等方面对泥水平衡顶管施工技术进行了研究。目前，传统顶管施工技术为解决一次掘进距离长的问题，通常采用设置中继间接力顶进的方式，或者采用短距离分段一次顶进的方式。设置中继间的施工工艺复杂，千斤顶等部件损坏将难以维修，且中继间与管节之间的连接技术难度较大，拆装耗时；短距离分段顶进，需要增加顶进井和接收井的开挖数量，对周边环境的影响较大，而且施工进度慢。两种传统施工方式均导致长距离顶管工程施工成本增加。很多地下顶管具有口径小的特点，也给解决顶管工程在施工过程中遇到的问题加大了难度。研发一种工艺简单、维护方便、成本较低、绿色环保且实用性较强的长距离小口径泥水平衡注浆减阻施工技术成为顶管技术发展的重要一环。

11.1.2　技术概述

（1）主要技术内容

长距离小口径泥水平衡顶管注浆减阻施工技术，分析了传统长距离小口径泥水平衡顶管注浆减阻施工技术的不足，针对注浆孔沿顶管线路布置位置单一、减阻效果有限的特点，提出了一套可控制沿顶管线路布置注浆孔的长距离小口径泥水平衡顶管注浆减阻施工方法，并设计了相应的施工流程。具体内容如下：

1）注浆管拆除、注浆孔封堵辅助系统

根据小口径泥水平衡顶管注浆减阻施工作业空间狭小，注浆管拆除、注浆孔封堵难等特点，设计出由钢丝绳 / 牵引绳、滑轮与支架、卷扬机、滑板车、对讲机组成的辅助系统，实现了小口径顶管施工中注浆管拆除、注浆孔封堵的快速施工，有效地保障顶管施工注浆孔位置按需布置的可控性，辅助系统各构件价格便宜，组装方便，可回收重复使用。

2）施工步骤确定

针对场地施工条件和施工设备的构成，并经多方讨论，确定具体施工步骤如下：

① 根据地层情况、埋深、管径等条件，确定泥水平衡顶管机及管节类型，并确定含注浆减阻孔管节位置和布置数量。

② 泥水平衡顶管机及其施工系统安装，泥水平衡顶管机携带钢丝绳向前顶进。

③ 顶进至含注浆减阻孔管节，在管节上安装注浆管，管节顶进、进入地层一定位置注入泥浆进行减阻。

④ 随着顶管机的掘进，安装不含注浆孔管节，原来含注浆减阻孔管节进行注浆，并顶进新装管节。

⑤ 后续含注浆孔管节和不含注浆孔管节施工按照步骤③、④重复进行，直到掘进至出口井，停止顶进，松开钢丝绳，拆除进泥管和出泥管，吊出泥水平衡顶管机头。

⑥ 牵引钢丝绳支架安装，并将钢丝绳安装在牵引钢丝绳支架上，钢丝绳两端各自连接一台地面上的卷扬机。

⑦ 安装滑板车，并将滑板车一端固定在钢丝绳上。

⑧ 作业人员平躺在滑板车上，利用钢丝绳牵引滑板车前行，且滑板车上携带照明设备、封孔装置，作业人员通过对讲机与地面操作人员联系控制地面两台卷扬机的开停。

⑨ 滑板车前进至含注浆孔管节位置，停止滑板车，拆除注浆管，封堵注浆孔。

⑩ 重复步骤⑨，拆除所有的注浆管，封堵所有注浆孔后，滑板前进至接收井，从外拖出注浆管，拉出钢丝绳，拆除牵引钢丝绳支架。待注浆管拆除，注浆孔封堵后，对由钢丝绳、牵引钢丝绳支架、卷扬机、滑板车、对讲机组成的辅助系统进行回收再利用。

（2）全程减阻的实现

针对泥水平衡顶管注浆减阻施工注浆孔沿顶管线路布置位置单一、减阻效果有限的特点，提出一种可控制沿顶管线路布置注浆孔位置的施工方法，并总结出一套可行的施工流程，实现顶管施工全程减阻的功能，有效延长顶管一次顶进距离，并最终形成一套完整的施工技术。

（3）技术适用范围

长距离小口径泥水平衡顶管注浆减阻施工技术适用于市政管道工程，地下管道覆盖层厚度约为 5m，地质土层为砂质黏性土等可采用泥水平衡顶管掘进的岩土条件，管环内径为 800～1000mm，一次顶进最大距离不超过 200m。管道内部空间应满足作业人员的安全操作要求，在不破坏地面既有建筑物、地下管线等周边环境的条件下进行顶管施工，特别是在繁华的城市地段、人流量较大的商业街等地下空间开发中，将产生显著的社会效益和经济效益。

11.1.3　注浆管拆除、注浆孔封堵辅助系统设计

针对小口径泥水平衡顶管注浆减阻管拆除、注浆孔封堵施工困难等问题，在充分考虑小口径顶管注浆减阻施工特点、参考大量资料的基础上，对注浆管拆除、注浆孔封堵辅助系统进行研究。

（1）系统组成及作用

辅助系统主要由钢丝绳/牵引绳、滑轮与支架、卷扬机、滑板车、对讲机组成（表11-1），包括拆除注浆管、封堵注浆孔等主要工序。

辅助系统的组成部分及作用　　表11-1

组成部分	作用
钢丝绳/牵引绳	主要是地面两台卷扬机与滑板车的连接纽带
滑轮与支架	减少钢丝绳的摩擦阻力、提供导向
卷扬机	为钢丝绳提供拉力，控制滑板车的速度以及开停
滑板车	提供人工作业平台，携带照明设备、封孔装置等工具
对讲机	加强管内作业人员与地面操作人员之间的联系，传达施工作业指令

（2）辅助系统作业流程

1）滑轮及支架安装

将泥水平衡顶管机吊运出接收井后，钢丝绳留在管道内。在工作井上方分别安装钢构件作为支架垫片，应保证钢构件与工作井边紧密连接。然后，在垫片上面支设支架以及滑轮，两端管道洞口附近的滑轮应与管道上壁预留足够的距离，钢丝绳不能与管壁接触。支架安装，如图11-1所示。

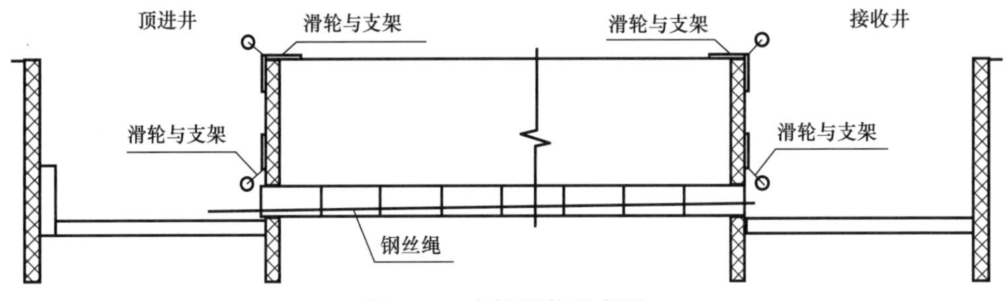

图11-1　支架安装示意图

2）钢丝绳和牵引绳安装

牵引钢丝绳支架安装完毕后，将管道内的钢丝绳附着在滑轮凹槽上，两端各自连接一台设置在地面上的卷扬机。通过控制卷扬机的速度，对钢丝绳进行预拉处理，使之保持适度的绷紧状态，然后通过牵引绳将滑板车的两端分别固定在钢丝绳上，使之具有双向控制的功能。钢丝绳安装，如图11-2所示。

3）拆除注浆管，封堵注浆孔

滑板车安装完毕后，开始进人操作。井内作业人员平躺在滑板车上，通过对讲机联系地面操作人员控制地面卷扬机的开停，利用钢丝绳牵引滑板车顺管道前行，待滑板车前进至含注浆孔管节位置时，停下滑板车，拆除注浆管，封堵注浆孔。注浆管拆除及注浆孔封堵施工，如图11-3、图11-4所示。

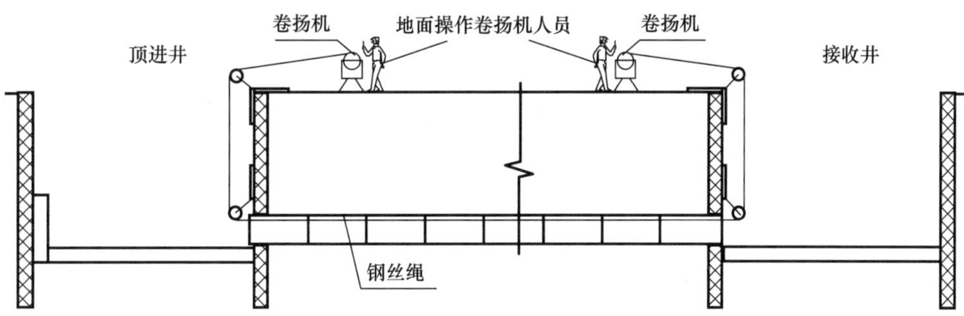

图 11-2　钢丝绳安装示意图

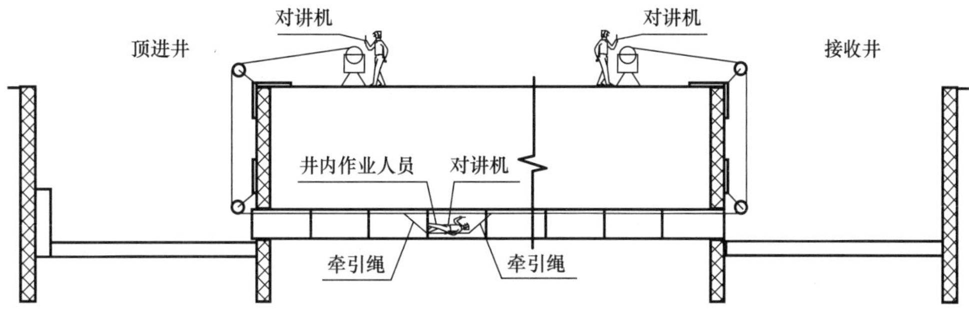

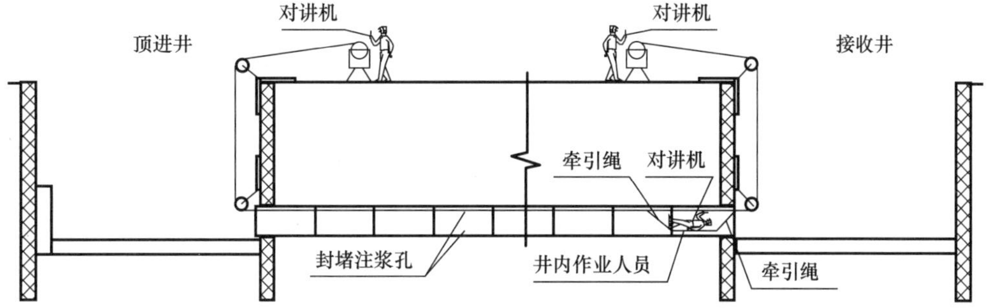

图 11-3　注浆管拆除及注浆孔封堵施工示意图

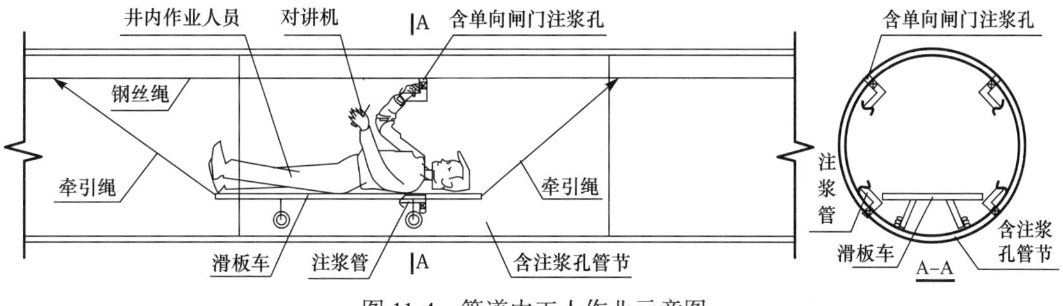

图 11-4　管道内工人作业示意图

4）支架拆除，再回收

重复步骤 3），拆除所有的注浆减阻管，封堵所有注浆孔后，滑板前进至接收井，从外拖出注浆管，拉出钢丝绳，拆除牵引钢丝绳支架。

11.1.4 技术路线及施工步骤

（1）技术路线

测量引点→工作井施工→测量放样→井下导轨机架、液压系统、止水圈等设备安装→地面辅助设施安装→顶管掘进机吊装就位→激光经纬仪安装→顶管机出工作井→正常顶进→出土→顶管机进接收井→设备吊出→拆除辅助设备→管道安装完成。

施工关键技术路线如图 11-5 所示。

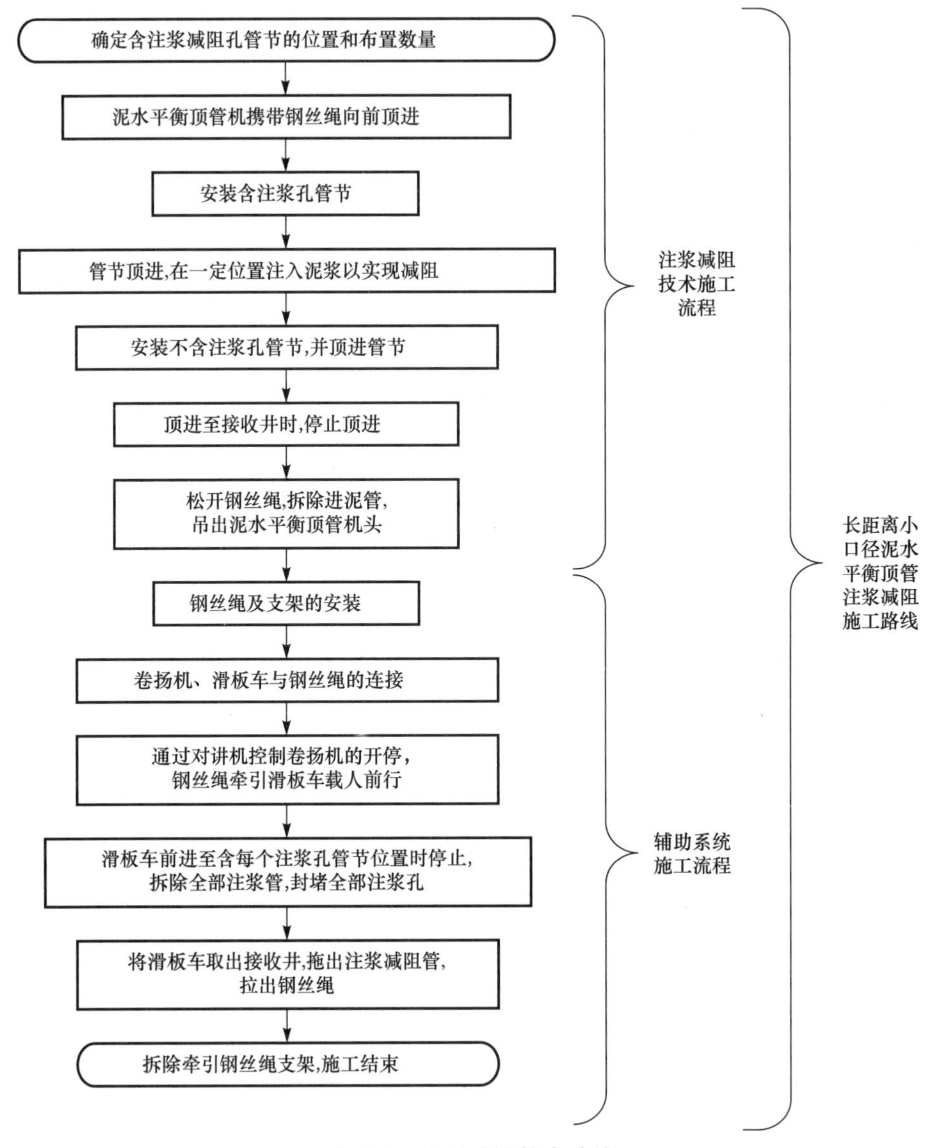

图 11-5 施工关键技术路线

（2）计算分析

依据《给水排水工程顶管技术规程》CECS 246 进行最长一次顶进距离推导分析。

1）顶管机的迎面阻力，按式（11-1）计算：

$$N_{\mathrm{f}}=(D_{\mathrm{g}}^{2}\gamma_{\mathrm{s}}H_{\mathrm{s}})\times\pi/4 \tag{11-1}$$

式中　D_g——顶管机外径（m），取 1.02m；

γ_s——土的重度（kN/m^3），取 $18.5kN/m^3$；

H_s——覆盖层厚度（m），取 5m。

2）管道的总顶力，按式（11-2）计算：

$$F_0=\pi D_1 L f_{\mathrm{k}}+N_{\mathrm{f}} \tag{11-2}$$

式中　F_0——总顶力标准值（kN）；

D_1——管道的外径（m），取 0.88m；

L——管道设计顶进长度（m）；

f_k——管道外壁与土的平均摩阻力（kN/m^2）；

N_f——顶管机的迎面阻力（kN）。

由 1）、2）和试验数据可推导出在此施工环境的本施工方法的 f_k=$3.48kN/m^2$，泥水平衡顶管 + 注浆尾套注浆减阻施工方法的 f_k=$5.93kN/m^2$。

3）钢筋混凝土管顶管传力面允许最大顶力，按式（11-3）计算：

$$F_{\mathrm{dc}}=0.5\varphi_1\varphi_2\varphi_3 f_{\mathrm{c}}A_{\mathrm{p}}/(\gamma Q_{\mathrm{d}}\varphi_5) \tag{11-3}$$

式中　F_{dc}——混凝土管道允许顶力设计值（N）；

φ_1——混凝土材料受压强度折减系数，可取 0.90；

φ_2——偏心受压强度提高系数，可取 1.05；

φ_3——材料脆性系数，可取 0.85；

φ_5——混凝土强度标准调整系数，可取 0.79；

f_c——混凝土受压强度设计值（N/mm^2），这里取 $25.3N/mm^2$；

A_p——管道的最小有效传力面积（mm^2），A_p=$221056.00mm^2$；

γQ_d——顶力分项系数，可取 1.3。

4）顶管一次顶进最大长度估算

由 2）、3）可按以下公式计算出两种施工方法顶管顶进最长距离。按钢筋混凝土管顶管传力面允许最大顶力来计算，F_0=F_{dc}=2187.12kN。

本施工方法和泥水平衡顶管 + 注浆尾套注浆减阻施工方法按式（11-4）计算：

$$L_{\max}=(F_0-N_{\mathrm{f}})/(\pi D_1 f_{\mathrm{k}}) \tag{11-4}$$

根据式（11-4）计算可得：本施工方法的 L_{max} 为 201.29m，泥水平衡顶管 + 注浆尾套注浆减阻施工方法的 L_{max} 为 118.13m。由此可知，施工方法顶进距离接近“泥水平衡顶管 + 注浆尾套注浆减阻施工方法”的两倍，在长距离顶管施工中，本技术可大幅度增加一次顶进距离，减少中继间数量或延长工作井设置距离，在提高施工效率、节省工期方面将会有很大的技术优势。

（3）施工步骤

通过借鉴和吸取国内外顶管注浆减阻施工的经验，对长距离小口径泥水平衡顶管注浆

图 11-6 泥水平衡顶管机

减阻施工技术进行了研究，确定具体施工步骤如下：

1）根据地层情况、埋深、管径等条件，确定泥水平衡顶管机及管节类型，并确定含注浆减阻孔管节位置和布置数量。

结合工程现有的施工条件和土质情况，本项目选用的顶管设备为NPD800B泥水平衡顶管机（图 11-6），顶管机采用推力为200t的主顶油缸2台。顶管钻机设备参数见表 11-2。

顶管钻机设备参数　　表11-2

型号	外径×总长（mm）	重量（t）	切割刀盘			纠偏油缸		纠偏角度	纠偏泵站（kW）	进排浆管径（mm）
			驱动电机（kW×台）	转矩（kN·m）	回转数（rpm）	推力（t）	数量			
NPD800B	1020×3300	2.5	11×2	52	4.2	30	4	2.5°	1.5	100

本项目适用顶管标准管节材质为钢筋混凝土管，强度等级为C55。含注浆孔管节和不含注浆孔管节规格一样，内径*DN*800mm，厚度80mm，长度为2000mm。含注浆孔的管节在同一平面上沿圆环四周均匀分布4个含单向闸门的注浆孔，成90°环向分布。在注浆孔处设置了相应的注浆管，并对注浆管和注浆孔的接触部位进行密封处理。注浆孔及注浆管的布置位置如图 11-7 所示。

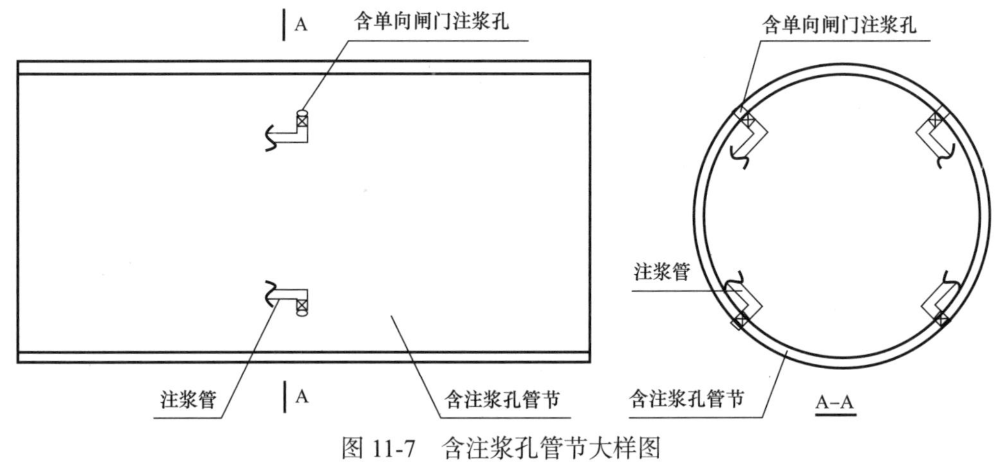

图 11-7 含注浆孔管节大样图

2）泥水平衡顶管机及其施工系统安装，泥水平衡顶管机携带钢丝绳向前顶进，泥水平衡顶管机安装及掘进过程见图 11-8。

3）顶进至含注浆减阻孔管节，在管节上安装注浆管，管节顶进、进入地层一定位置注入泥浆进行减阻，含注浆孔管节见图 11-9。

(a)

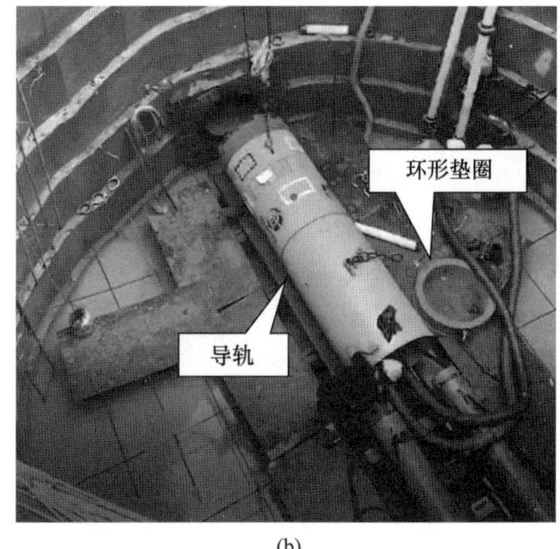

(b)

(c)

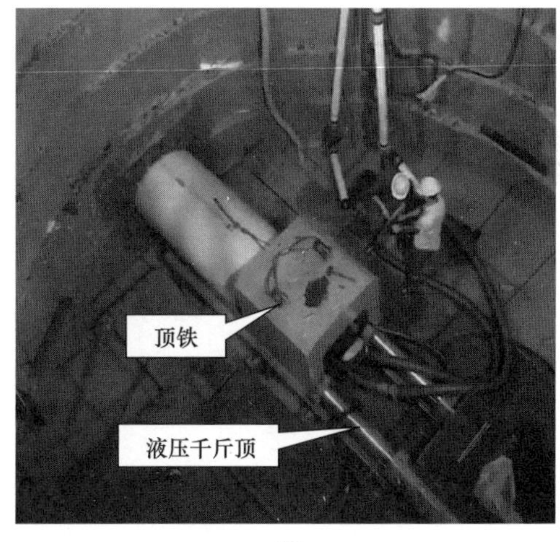

(d)

图 11-8　泥水平衡顶管机安装及掘进过程

（a）顶管机吊运；（b）顶管机就位；（c）安装环形垫圈，顶管机掘进；（d）安装顶铁，继续掘进

4）随着顶管机的掘进，安装不含注浆孔管节，原来含注浆减阻孔管节进行注浆，并顶进新装管节，泥水平衡顶管机掘进过程见图 11-10。

5）后续含注浆孔管节和不含注浆孔管节施工按照步骤 3）、4）重复进行，直到掘进至出口井，停止顶进，松开钢丝绳，拆除进泥管和出泥管，吊出泥水平衡顶管机头，如图 11-11 所示。

6）牵引钢丝绳支架安装，并将钢丝绳安装在牵引钢丝绳支架上，钢丝绳两端各自连接一台地面上的卷扬机，卷扬机现场作业，如图 11-12 所示。

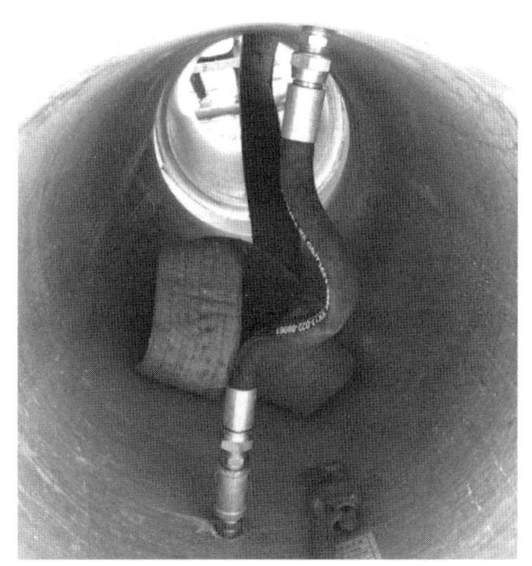

图 11-9　含注浆孔管节

(a)

(b)

(c)

(d)

图 11-10　泥水平衡顶管机掘进过程

（a）管节吊运；（b）管节就位，拆除环形垫圈；（c）安装环形垫圈，管节顶进及对接；（d）安装顶铁，继续顶进

图 11-11　吊出顶管机头

图 11-12　卷扬机现场作业图

7）安装滑板车，并将滑板车一端固定在钢丝绳上，如图 11-13、图 11-14 所示。

图 11-13　安装滑板车

图 11-14　滑板车固定在钢丝绳上

8）作业人员平躺在滑板车上，利用钢丝绳牵引滑板车前行，且滑板车上携带照明设备、封孔装置，作业人员通过对讲机与地面操作人员联系，控制地面两台卷扬机的开停。载人滑板车前行，如图 11-15 所示。地面人员操控卷扬机，如图 11-16 所示。

9）滑板车前进至含注浆孔管节位置，停止滑板车，拆除注浆管，封堵注浆孔，如图 11-17 所示。

10）重复步骤 9），拆除所有注浆管、封堵所有注浆孔后，滑板车前进至接收井，从外拖出注浆管（图 11-18），拉出钢丝绳，拆除牵引钢丝绳支架。待注浆管拆除、注浆孔封堵后，对由钢丝绳、牵引钢丝绳支架、卷扬机、滑板车、对讲机组成的辅助系统进行回收再利用。拆除回收卷扬机，如图 11-19 所示。

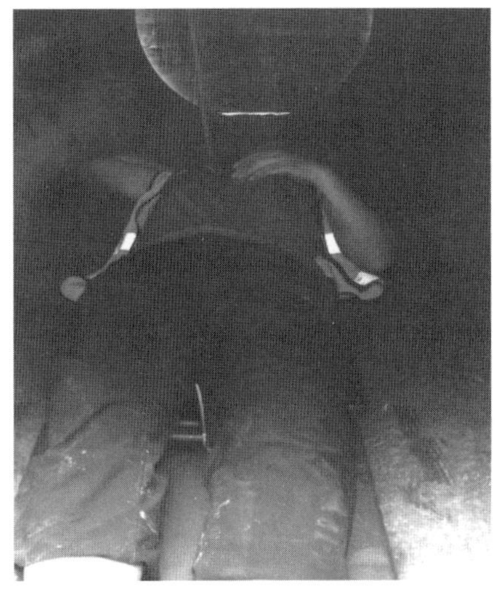

图 11-15　载人滑板车前行

图 11-16　地面人员操控卷扬机

图 11-17　拆除注浆管、封堵注浆孔

图 11-18　拖出注浆管

图 11-19　拆除回收卷扬机

如上所述施工步骤，施工方便、操作较简单，可大幅减少顶管侧摩阻力，有效增加一次最大顶进距离，减少或避免设置中继间、工作井，大大提高施工效率、缩短建造工期，同时节省大量的建筑材料和人力资源，很好地践行绿色节约的社会理念。

11.1.5　经济效益和社会效益

（1）经济效益

1）提高施工效率，缩短建造工期

与传统顶管施工技术相比，长距离小口径泥水平衡顶管注浆减阻施工技术可以有效地减少中继站数量，增长顶管一次顶进距离，从而减少工作井开挖数量，有利于提高顶管施工效率。较传统顶管施工平均每千米节约 10d，对总工期的提前亦较为可观。

2）减少人工、材料及施工机械使用费

辅助系统由滑板车、卷扬机等常规的可回收构件组成，与传统顶管工程施工技术相比，辅助系统操作人工费和施工机械使用费有所增加，但是由于施工机械均为常规施工用具，费用增加幅度较小。施工过程中，减少了中继间设置的数量，大大减少了施工时间以及人工、材料和机械使用费用。

3）其他综合效益明显

① 从施工现场安全文明施工分析，辅助系统由滑板车、滑轮与支架等常规的可回收施工用具组成，绿色环保，减少了工地文明施工费用的支出。同时，从现场施工占地范围分析，辅助系统占地面积较小。

② 实用性较强，便于施工检修。灵活的人工操作容易及时发现管内注浆管、注浆孔等较隐蔽的问题，可有效地解决传统方法检修困难的问题。

③ 此外，使用本顶管注浆减阻施工技术，对周边环境影响小，可推广应用价值高。

（2）社会效益

1）节能效益

① 采用长距离小口径泥水平衡顶管注浆减阻施工技术，有效增长一次可顶进距离，减少中继间数量，从而减少或避免中继间动力能源消耗，以及开挖工作井带来的资源耗费，节能效果明显。

② 辅助系统可操作性较强，滑轮与支架和滑板车的设置减少了牵引摩阻力，从而降低了卷扬机动力所需能源消耗，施工效率较高，可以有效节约资源。

2）环保效益

① 长距离小口径泥水平衡顶管注浆减阻施工技术避免了明挖管道和工作井带来的基坑开挖、回填、建造等粉尘和噪声，减少扰民。

② 长距离小口径泥水平衡顶管注浆减阻施工技术是在传统顶管工程施工技术的基础上，为实现长距离顶管顶进而沿管道线路合理布设含注浆孔的管节，以实现全程减阻的目的。此方法可以有效减少传统的顶管施工管井开挖时现场凌乱和产生大量施工垃圾及污染环境的废弃物，是一种新型的、节能环保的先进施工技术。

③ 长距离小口径泥水平衡顶管注浆减阻施工技术的辅助系统组成构件均为常规施工用具（滑板车、滑轮与支架、钢丝绳等），绿色环保且可回收利用，可多次重复使用，减少了建筑垃圾，避免污染环境。

3）其他效益

① 本技术施工场所主要是在地下，可以有效地缓解城镇的交通压力。

② 减少对城镇地面绿化和地下既有管线等基础设施的破坏，从而减少了由于施工原因而引起的修复等额外费用支出。

③ 施工噪声小，建筑垃圾、粉尘污染少，不影响居民的正常生活体验，评价普遍较好，社会效益明显。

综上所述，长距离小口径泥水平衡顶管注浆减阻施工技术符合绿色施工的要求，在节约施工时间、加快施工进度、控制工程成本等方面优势较明显，具有较好的经济效益和社会效益，推广应用价值较高。

11.1.6 总结

（1）根据小口径泥水平衡顶管施工的技术特点，提出了一套可控制沿顶管线路布置注浆孔的长距离小口径泥水平衡顶管注浆减阻施工方法，并设计了具体的施工流程。

（2）辅助系统的设计实用性强，可回收利用，绿色环保，不仅实现了滑板车的双向控制功能，加强了拆除注浆管、封堵注浆孔的可操作性，而且便于管道内部检修，解决了小口径顶管内部难以检修的问题。

（3）将长距离小口径泥水平衡注浆减阻施工技术应用于具体工程，通过现场施工应用，总结施工操作过程中出现的难重点与关键内容，经过分析后，整理出一套技术先进的施工方法及施工要点。

11.2 新建污水管与既有管接驳施工关键技术

11.2.1 技术背景

在未来的几十年里，国家将着力解决突出的环境问题，加快水污染防治，实施流域环境和近岸海域综合治理，强化土壤污染管控和修复，加强农业面源污染防治，开展农村人居环境整治行动。根据国家未来环境治理政策，城镇污水治理工作将作为重点。在城镇污水管网建设过程中，由于污水管网多采用分批次建设，新建污水管与既有管接驳处理将成为施工常见技术难题。

目前，我国污水管网工程一般均采用现浇沉井结构的常规接驳方式，即在新建污水管与既有管交叉位置，施作现浇沉井实现管道接驳，施工工序较为烦琐。在施工全过程中，需对既有管进行导排或封堵，且现浇沉井结构对周边建筑物、管线等难以形成良好保护，接驳部位涉及管线改迁时，施工耗时长、成本高。同时，在与既有检查井接驳时，在沉井下沉过程中，需将接驳部位的检查井废除，存在渣土掉入既有检查井内，造成既有管网堵塞的风险。此外，采用传统的现浇沉井接驳方式，占地面积大，对周边建筑物和管线影响较大。

11.2.2 技术概述

（1）主要内容

新建污水管与既有管接驳施工方式分为两种类型：一种为新建污水管与既有管交叉接驳（无现状井），另一种为新建污水管与既有管现状井接驳。本施工技术主要包括以下内容：与既有管道现状井接驳时研究短距离无机头状态下液压顶管与接驳技术；在现状井上根据顶管轴向、标高等精确定位后，实现精确、高效取孔的静力切割取孔技术的适用性研究；研究与既有管道直接接驳时（无检查井）采用偏心逆作井接驳施工方法及质量保证措施；沿顶管轴线与现状井相交部位与现状井相切施作逆作井 + 在新建逆作井内浇筑混凝土顶管弧形导向槽的短距离无机头顶管技术；新建污水管与既有管接驳施工工程应用。

（2）技术适用范围

新建污水管与既有管接驳施工是一种适用于所有地层污水管道接驳的施工方法，特别是对周边管线和建（构）筑物的保护尤为突出。随着城镇污水治理建设的不断推进，新旧管道接驳施工在截污工程施工中将会得到大范围应用，此技术易操作，技术成熟可靠，有效降低了对城镇现有管线及周围建筑的影响。

11.2.3 接驳方式选定

由于城镇污水管道均采用从主干管到次干管、再到次支管的分期建设的方式，加之污水管道及其周边环境的复杂性，新建污水管接驳条件及位置也有所不同，主要分为在既有管上部直接接驳（接驳部位无检查井）和在现状检查井位置接驳两种情况，具体如下：

（1）与既有管接驳处无现状检查井时，结合图纸及现场实际情况，在管道交叉部位，综合考虑既有管尺寸大小和顶管机头尺寸长度，确定逆作井尺寸及中心位置，施作偏心逆作接收井进行顶管接驳。

该方式充分考虑顶管接驳施工工艺，避免顶管时对既有管的破坏，且采用偏心逆作井替代现浇沉井结构，极大地提高了施工工效，有效地保护了周边土体、管线和建筑物。同时，在偏心逆作井底板施工时，应对既有管道进行悬吊保护；在进行逆作井及内部检查井施工期间，保证了既有管的通水能力，无需提前对既有管进行封堵或导排，只需在完成顶管接驳及内部检查井施工后，临时对既有管进行封堵或导排，采用混凝土切割设备破除既有管和人工凿除新建污水管封堵，确保管道贯通，大大地缩短了封堵或导排的时间，降低了劳动强度。在接驳部位既有污水管网无现状井接驳工艺图见图 11-20，在接驳部位既有污水管网无现状井接驳平面图见图 11-21、图 11-22。

在接驳部位无现状检查井时，接驳施工具体流程如图 11-23 所示。

1）核定现状管具体位置，选定逆作井位置。对前期管道竣工图进行核实，必要时采

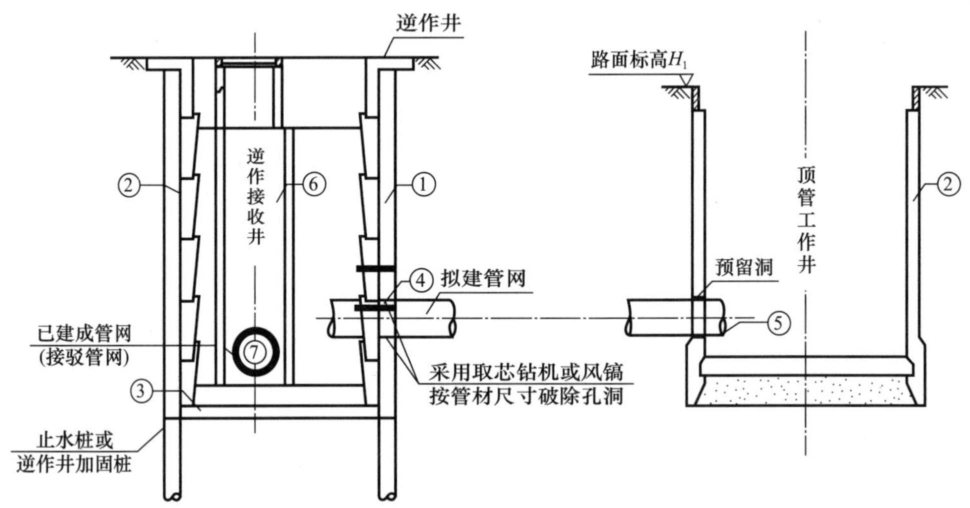

图 11-20　在接驳部位既有污水管网无现状井接驳工艺图

①—高压旋喷止水桩施工；②—工作井沉井、接收井逆作井施工；③—逆作井底板混凝土浇筑；④—逆作井接驳位置洞口破除；⑤—工作井继续顶进直至管材端头接驳至逆作井；⑥—检查井、井内回填、路面回填等后续施工；⑦—检查井内既有管网破除与在建管网接驳

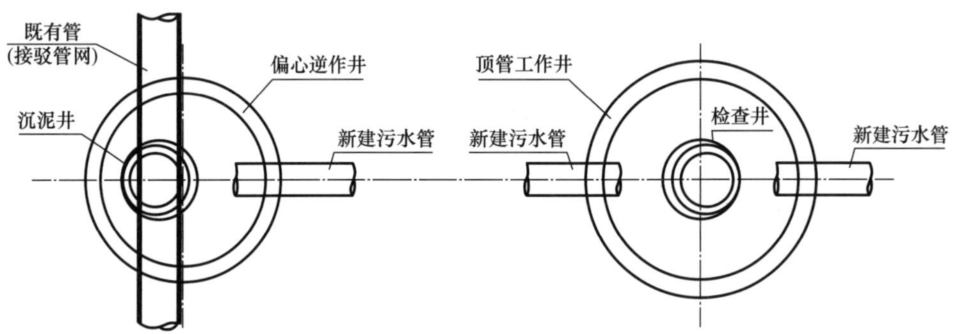

图 11-21　在接驳部位既有污水管网无现状井接驳平面图一

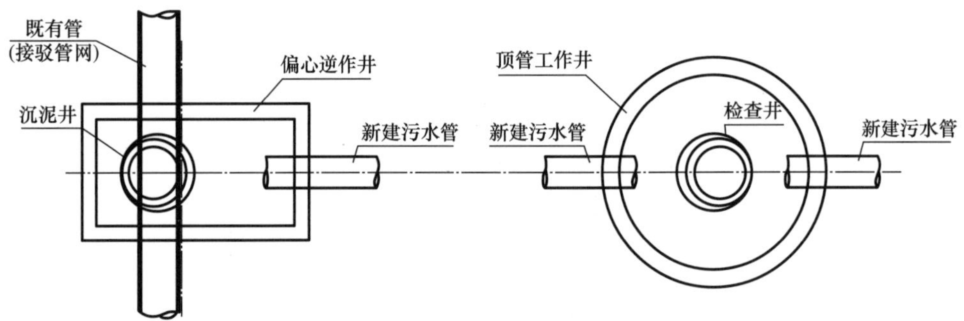

图 11-22　在接驳部位既有污水管网无现状井接驳平面图二

用探挖的方式，核定现状管的具体位置。根据设计污水管轴线和现状管位置，在设计污水管轴线上与现状管交叉位置施作逆作井。

2）偏心逆作井施工前准备。施工前，根据选定的偏心逆作井位置，联合参建各方、各管线权属单位进行管线交底，对受逆作井位置影响范围内的管线进行悬吊保护，对无法进行保护或避让的管线，应及时进行改迁。当偏心逆作井处于非自稳层时，应在井周边和井底进行加固处理，一般采用 ϕ600mm 的高压旋喷桩或水泥搅拌桩，井四周加固桩间距为 450mm，井底加固桩纵横向间距为 1.2m，以确保逆作井在施工时满足稳定性的要求。

3）偏心逆作井分层施工。在完成井周边或地基土体加固施工后，按 0.5～1.0m 为一层进行逆作井施工。施工时，逆作井周边锁口设置在路面以上 30cm，确保其与周边土体能很好地连接，避免在下挖施工时出现沉降。然后逐层进行下挖和井壁浇筑，直至完成底板浇筑。同时，在进行逆作井施工遇到现状管线时，应采用橡胶包裹和钢丝绳悬吊保护，避免其在逆作井施工时出现损坏。

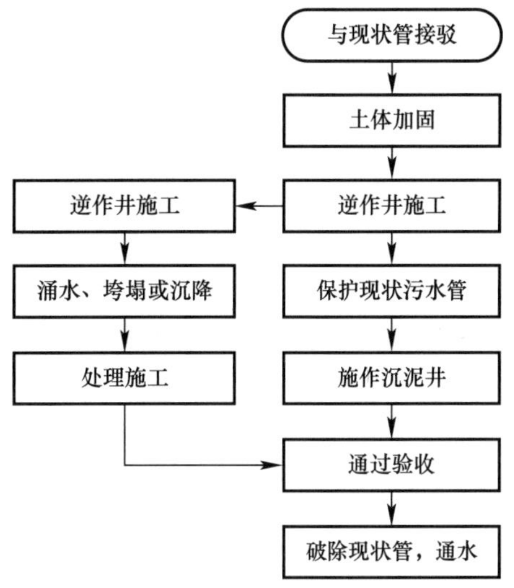

图 11-23　在接驳部位既有污水管网无现状井接驳流程图

4）顶管施工，施作沉泥井，再破除现状管完成接驳作业。在顶管工作井中安设顶管设备，并将顶管顶至偏心逆作井中，完成顶管后，及时施作沉泥井，确保新建污水管与现状管能有效地进行接驳。完成管道验收后，及时采用静力切割设备破除现状管，实现连通通水接驳。在接驳部位既有污水管网无现状井接驳模型，如图 11-24 所示。

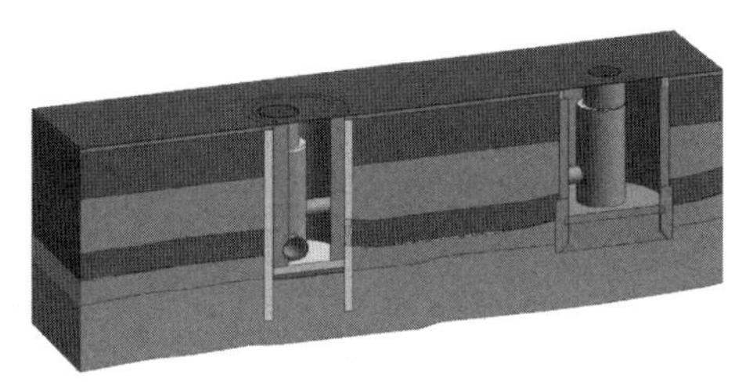

图 11-24　在接驳部位既有污水管网无现状井接驳模型图

（2）在既有管接驳处有现状井时，先采用探挖方式，探明现状井外部结构边线，沿着顶管轴线与现状井相切施作逆作井，并在逆作井底部根据污水管的轴线、标高和坡度浇筑混凝土弧形导向溜槽，在顶管至逆作井内后，先取出机头，从顶管工作井内继续采用液压油缸顶进至现状井内与既有管接驳。在接驳部位既有污水管网有现状井接驳工艺见图 11-25。

在接驳部位有现状检查井时，接驳施工具体流程如图 11-26 所示。

1）核定现状井具体位置，选定逆作井位置。根据现状井现场实际位置，采用逐步放大探测范围的方式，探明现状井的具体位置和范围。根据设计污水管轴线和现状井位置，在设计污水管轴线上与现状井相切位置施作逆作井。

2）逆作井施工前准备。施工前，根据选定的逆作井位置，联合参建各方、各管线权属单位进行管线交底，对受逆作井位置影响范围的管线进行悬吊保护，无法进行保护或避让的管线，应及时进行改迁。当逆作井处于非自稳层时，应在井周边和井底进行加固处理，一般采用 ϕ600mm 的高压旋喷桩或水泥搅拌桩，井四周加固桩间距为 450mm，井底

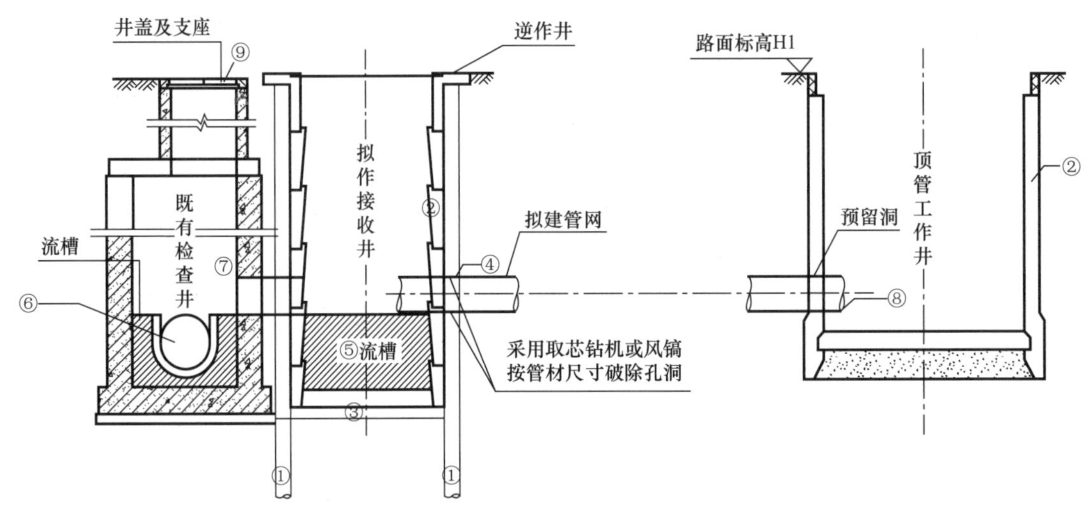

图 11-25　在接驳部位既有污水管网有现状井接驳工艺图

①—高压旋喷止水桩施工；②—工作井沉井、接收井逆作井施工；③—逆作井底板混凝土浇筑；④—逆作井接驳位置洞口破除；⑤—逆作井内导向溜槽施工；⑥—既有管网上下游临时封堵，检查井内抽排水；⑦—检查井接驳部位漏洞破除；⑧—工作井继续顶进直至管材端头接驳至逆作井；⑨—检查井、井内回填、路面回填、路面恢复等后续施工

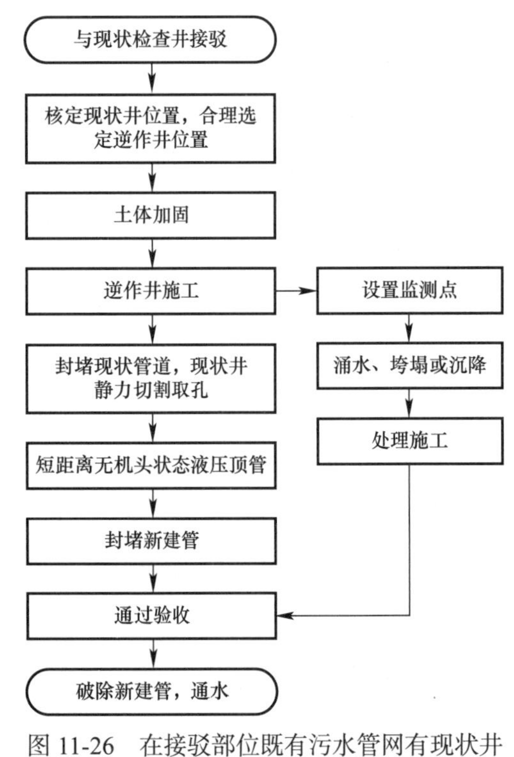

图 11-26　在接驳部位既有污水管网有现状井接驳流程图

加固桩纵横向间距为 1.2m，以确保逆作井在施工时满足稳定性的要求。

3）逆作井分层施工，底部浇筑混凝土导向溜槽。在完成井周边或地基土体加固施工后，按 0.5～1.0m 为一层进行逆作井施工。施工时，逆作井周边锁口设置在路面以上 30cm，确保其与周边土体能很好地连接，避免在下挖施工时出现沉降的情况。然后逐层进行下挖和井壁浇筑，直至完成底板浇筑。同时，在完成逆作井底板浇筑后，按照管道轴线、标高和坡度浇筑混凝土导向溜槽，溜槽弧度以小于半圆管道为宜，在溜槽与管道接触面处进行抹面抛光处理，减少摩阻力，确保后续顶管能顺利顶进。

4）顶管至逆作井中，取出机头后，在现状井上静力取孔，继续顶管至现状井实现接驳。在顶管工作井中安设顶管设备，并顶管至逆作井中，取出顶管机头。同时，在现状井上按照设计标高和轴线进行静力取孔，封堵现状管，在工作井中采用液压油缸继续向前顶进，使管道沿着逆作井底部混凝土导向溜槽进行短距离无机头状态下液压顶管至现状井，确保新建污水管与现状井能有效地进行接驳，并在新建管道中设置封堵。完成管道验收后，及时破除新建污水管内的封堵，实现连通通水接驳。在接驳部位既有污水管网有现状井接驳模型，如图 11-27 所示。

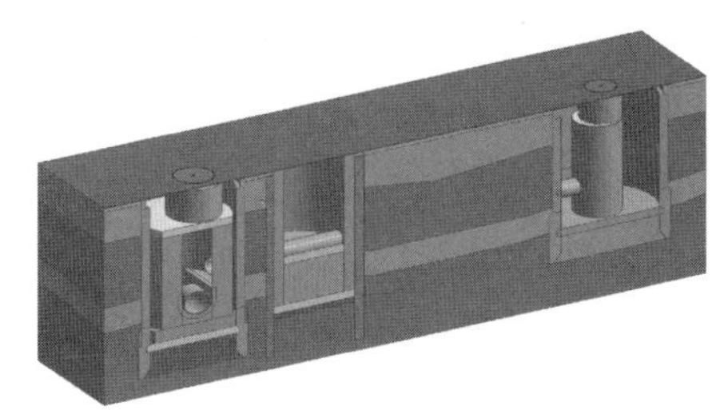

图 11-27　在接驳部位既有污水管网有现状井接驳模型图

11.2.4　接驳逆作井尺寸确定及结构设计

根据选定的接驳方式，接驳逆作井形式主要分为常规逆作井和偏心逆作井两种。

（1）接驳逆作井尺寸的确定原则

1）对于接驳部位有现状检查井时，在顶管轴线上与检查井相切施作逆作井，逆作井尺寸与设计的现浇沉井尺寸保持一致，考虑机头长度，逆作井尺寸应满足顶管机在井内拆除和吊出的需要，新建污水管管径不大于 600mm 时，逆作井尺寸选用 ϕ2500、ϕ3000 圆形逆作井或 3000mm × 2500mm 方形井；新建污水管管径大于 600mm 时，逆作井尺寸选用 ϕ4500 圆形逆作井或 4500mm × 2500mm 方形井。各种类型泥水平衡顶管机机头长度参数和逆作井尺寸如表 11-3 所示。接驳部位无现状井时圆形逆作井施工见图 11-28，接驳部位有现状井时圆形逆作井施工见图 11-29，接驳部位有现状井时方形逆作井施工见图 11-30。

各种类型顶管机机头参数和逆作井尺寸表　　表11-3

序号	顶管机类型	顶管机规格（mm）	顶管机机头长度L_1（mm）	逆作井尺寸（mm）
1	小口径二次螺旋顶管机	*DN*400/500/600	1200/1400	ϕ2500/ϕ3000/3000 × 2500
2	泥水平衡顶管机	*DN*400	2650	ϕ3000/3000 × 2500
3	泥水平衡顶管机	*DN*500	2540	ϕ3000/3000 × 2500
4	泥水平衡顶管机	*DN*600	2540	ϕ3000/3000 × 2500
5	泥水平衡顶管机	*DN*800	3300	ϕ4500/4500 × 3000
6	泥水平衡顶管机	*DN*1000	3300	ϕ4500/4500 × 2500
7	泥水平衡顶管机	*DN*1200	3300	ϕ4500/4500 × 2500

注：用泥水平衡顶管机进行管道施工，部分路段采用小口径二次螺旋顶管。

图 11-28　接驳部位无现状井时圆形逆作井施工图

图 11-29　接驳部位有现状井时圆形逆作井施工图

2）对于接驳部位无现状检查井时，可在设计管道轴线与现状管交叉部位，施作偏心逆作井，在不破坏现状管的前提下，满足顶管机机头吊出要求为原则，进行偏心逆作井定位。偏心逆作井长度方向尺寸应不小于顶管机机头尺寸 L_1+ 接驳部位既有管外径尺寸 D_1+（内衬井外径尺寸 D_2－既有管外径 $D_1/2$）+N，其中 N 为安全保证距离，一般为 1.0m。接驳部位无现状井时偏心逆作井位现场实物见图 11-31，偏心逆作井尺寸具体见表 11-4。

图 11-30　接驳部位有现状井时方形逆作井施工图

图 11-31　接驳部位无现状井时偏心逆作井位现场实物图

偏心逆作井尺寸表　　表11–4

序号	新建污水管管径（mm）	既有管外径尺寸D_1（mm）	顶管机机头长度L_1（mm）	内衬井外径尺寸D_2（mm）	偏心逆作井长度方向最小尺寸（mm）	接驳工艺
1	*DN*400	780	2650	1400	5440	泥水平衡顶管
2	*DN*500	780	2540	1400	5330	
3	*DN*600	780	2540	1400	5330	
4	*DN*800	1020	3300	1650	6460	
5	*DN*1000	1220	3300	1900	6810	
6	*DN*1200	1440	3300	1900	6920	

（2）逆作井结构设计

根据现场的实际情况，通过对逆作井位在最不利条件下进行受力计算，逆作井具体结构图如图 11-32～图 11-34 所示。

根据井位周边土层具体情况，当井位处于非自稳层或地下水位较高时，采用 ϕ600@450 的高压旋喷桩或水泥搅拌桩对井位周边土体进行加固处理。通过对地基承载力进行核算，部分逆作井需增设井位地基加固桩，采用 ϕ600@1200 的高压旋喷桩或水泥搅拌桩对井位地基进行加固处理。当井设计壁厚为 30cm、井位深度超过 6m 时，可适当加大井壁厚度。井壁设计为倒梯形结构，上大下小，每层高度不超过 1.0m，土层较软弱时，可适当减少每层进尺深度，且以不小于 50cm 为宜。

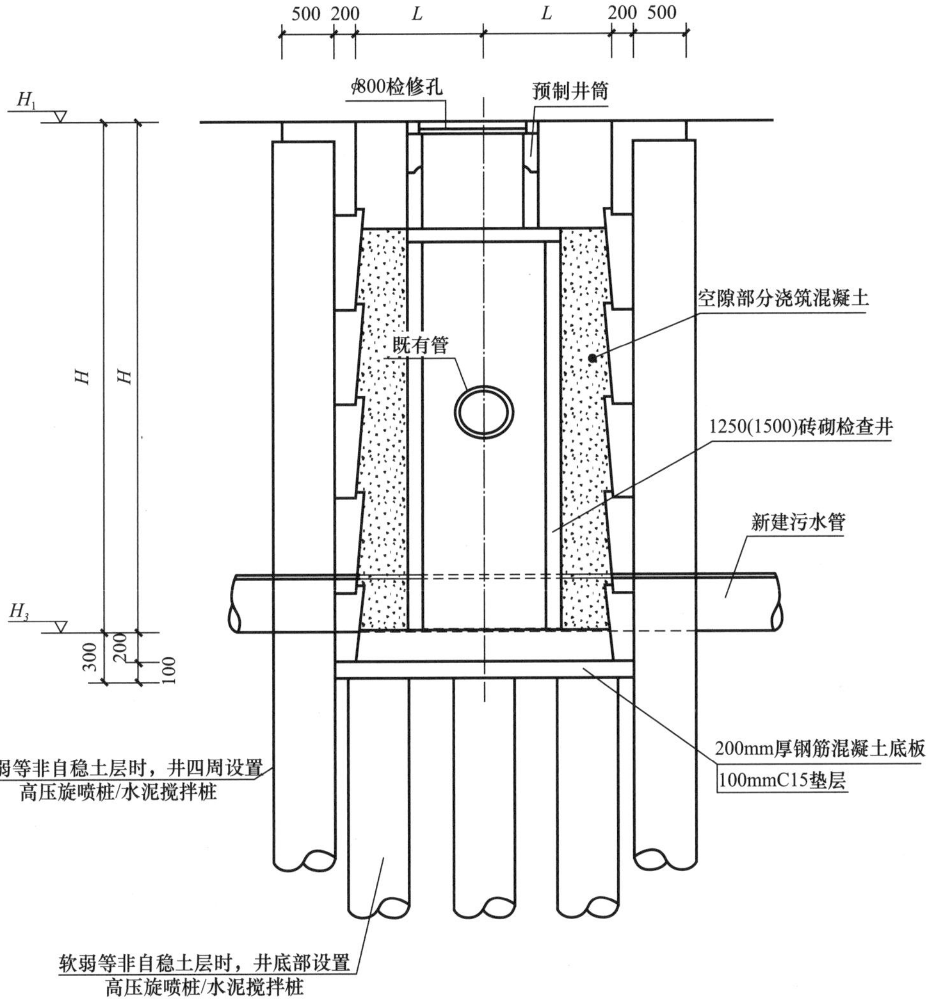

图 11-32　逆作井结构剖面图

井锁口布设一般高于地面 30cm，一方面可预防雨水倒灌，一方面可与地面形成很好的接触，避免逆作井下挖时造成地面垮塌。底部采用 20cm 厚底板进行封底，并与污水管道留有一定的施工距离，便于进行顶管施工。

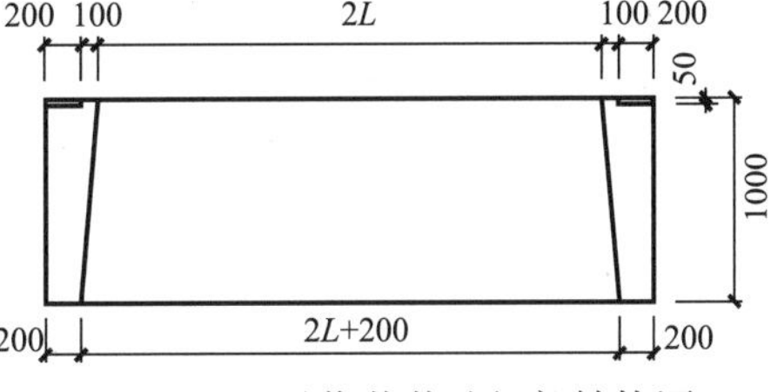

图 11-33　逆作井井壁细部结构图

逆作井结构代替沉井接驳施工，提前探测管线位置，采用机械开挖和人工辅助的方式下挖，能有效地保护下部既有管线。逆作井为钢筋混凝土结构，根据不同的地质条件，按 0.5～1m 一层的进尺分层浇筑，可适用于各种地层，但当下部地层中存在较深的淤泥层时，下挖过程中可能发生周边土体涌入坑内的情况，开挖前在井位周圈打设高压旋喷桩止水帷幕，可以有效地避免上述问题的发生，以保证周边土体的稳定性，减少对周边环境的负面影响。

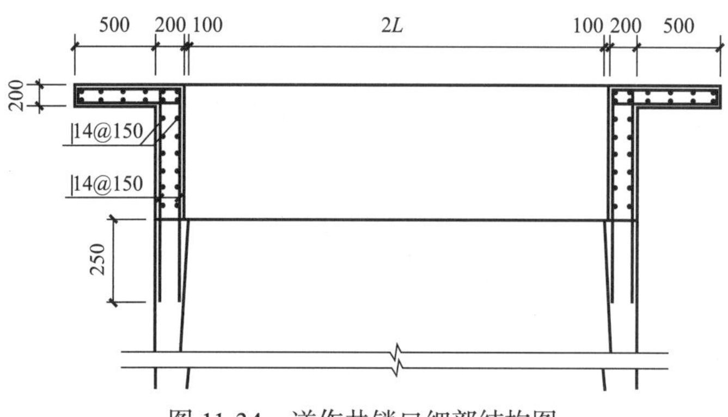

图 11-34　逆作井锁口细部结构图

11.2.5　接驳应用施工技术

本次新建污水管与既有管接驳施工关键技术研究，主要应用了以下几种施工技术：

（1）短距离无机头状态下液压顶管技术

在污水管网工程接驳施工过程中，针对接驳部位有现状井的情况，根据设计的污水管道标高、坡度和轴线方向，在逆作井底部浇筑混凝土弧形导向溜槽，弧形导向溜槽深以不超过半圆的管径为宜，采用 C30 水下混凝土浇筑而成，长度与逆作井内部尺寸一致。短距离无机头状态下液压顶管与既有管接驳流程见图 11-35。

顶管设备机头可以在逆作井内的导向溜槽处取出，使用顶管设备的液压油缸沿着弧形导向溜槽继续顶进，实现与既有管的接驳，具体见图 11-35、图 11-36 的现场实物图。

（2）静力切割取孔技术

针对有现状井的接驳部位，为了有效地保护现状井井壁，减少既有管振动的影响，避免对现状井造成破坏和影响，使用金刚石钻孔机在设计轴线和标高位置对现状井进行取

图 11-35　与既有管接驳部位有现状井现场实物图

图 11-36　短距离无机头状态下液压顶管和混凝土弧形导向溜槽实物图

孔，该取芯机高速切割技术与薄壁金刚石钻头配套，可钻切高强度钢筋混凝土，钻进效率高、成孔质量好、芯样完整光滑、振动小，对现状井无损害，有效地保护了现状井结构，降低了施工成本。金刚石钻孔机及取孔见图 11-37、图 11-38。

图 11-37　金刚石钻孔机实物图

图 11-38　金刚石钻孔机取孔实物图

（3）偏心逆作接驳技术

在与既有管接驳部位无现状检查井时，充分考虑了顶管机机头长度和既有管大小，在靠近顶管工作井方向，偏心逆作接驳井位，确保了顶管施工能顺利完成，避免对既有管的破坏和导排封堵，极大地降低了施工成本和劳动强度。与既有管接驳时偏心逆作井现场实物见图 11-39。

图 11-39　与既有管接驳时偏心逆作井现场实物图

11.2.6 技术关键与创新点

（1）技术关键

1）短距离无机头状态下液压顶管与既有管接驳

新建污水管与现状管接驳施工关键技术中短距离无机头状态下液压顶管技术，是一种基于与现状井接驳时的工艺，其在管道设计轴线上与现状井相切位置施作逆作井，逆作井尺寸以满足取出顶管设备机头为宜，具体可参见表 11-3。逆作井底部弧形混凝土导向溜槽需严格按照设计管道轴线、坡度和标高进行浇筑，同时，将弧形混凝土导向溜槽与管道接触部位进行打磨抛光处理，减少了管道与导向溜槽之间的摩擦力，方便后续采用液压油缸顶管设备继续顶进以实现接驳。

2）静力切割取孔技术

该技术主要针对与现状井接驳施工时，需对现状井进行取孔，便于后续顶进接驳。常规采用手持式风镐破除取孔的技术，但是该施工方式存在对现状井结构产生破坏和既有管封堵的风险，难以对现状井结构形成保护。通过采用混凝土取芯钻静力切割取孔方式，可以很好地保护现状井结构，避免了大范围的破坏。考虑取孔是在井下作业，作业空间有限，金刚石钻孔机一般选用钻孔深度为 0.4～5m，钻孔直径为 200mm，回转式钻机破碎方式，质量不超过 150kg。其安装和吊装方便，操作简单，适用于在有限空间施工条件下进行作业。

3）偏心逆作技术

结合截污次支管工程设计要求，接驳部位均采用顶管施工工艺，设计管径为 *DN*600、*DN*800、*DN*1000 和 *DN*1200 四种类型。在接驳部位无现状井时，采用偏心逆作井的方式进行接驳，对于新建污水管和既有管管径不大于 600mm 的部位，选用圆形逆作井；新建污水管和既有管管径大于 600mm 的部位，选用方形逆作井，具体见表 11-5。

偏心逆作井尺寸表　　表11-5

序号	新建污水管管径（mm）	既有管外径尺寸D_1（mm）	接驳工艺	顶管机机头长度L_1（mm）	内衬井外径尺寸D_2（mm）	偏心逆作井长度方向最小尺寸（mm）	备注
1	*DN*400	780	泥水平衡顶管	2650	1400	5440	圆形逆作井
2	*DN*500	780	泥水平衡顶管	2540	1400	5330	
3	*DN*600	780	泥水平衡顶管	2540	1400	5330	
4	*DN*800	1020	泥水平衡顶管	3300	1650	6460	方形逆作井
5	*DN*1000	1220	泥水平衡顶管	3300	1900	6810	
6	*DN*1200	1440	泥水平衡顶管	3300	1900	6920	

（2）技术创新点

1）进行接驳施工时，采用短距离无机头状态下液压顶进，直接顶至接驳口，从施工的根本上作了改进，实现精准、安全接驳，该体系纠偏容易，接驳精度高，能更有效地保证施工质量。

2）对接驳部分既有结构取孔时，采用静力切割取孔技术，在现状井上根据顶管轴向、标高等精确定位后，安全、精确、高效地对现状井进行取孔，便于后期顶管接驳，减少了施工噪声和扬尘，有效地降低了工程施工成本。

3）与既有管接驳时，采用偏心逆作技术，以确保顶管机头顶入接驳井时可以顺利取出，同时不破坏既有管结构，实现无损接驳。

4）对于有现状井的接驳部位，采用在顶管轴线上与现状井相切位置施作逆作井＋在井底部浇筑混凝土顶管弧形导向溜槽技术，后期在逆作井中取出机头后，可继续进行顶管施工，与既有管实现接驳，极大地缩短了施工工期，降低了劳动强度。

11.2.7　经济效益和社会效益

（1）经济效益

1）施工工效

新建污水管与既有管接驳与现浇沉井接驳工艺相比，施工方便，极大地缩短施工工期和导排或封堵的时间（单个接驳部位施工节约工期 16～18d），降低工程施工成本，大大减少工人劳动量，降低了劳动强度。

2）材料及人工费用节约

使用新建污水管与既有管接驳技术，减少了现浇沉井浇筑模板和井外部脚手架搭拆制作量，节省了混凝土和钢筋使用量，其节约材料及人工费约 17594.85 元 / 座（ϕ3000 逆作井平均深度为 8m）。从工期上分析，偏心逆作井用时短，工程总体进度按照每座井位施工可以缩短 15d 计，对总工期的提前亦为可观。

3）其他综合效益

从现场施工占地范围分析，新建污水管与既有管接驳技术采用偏心逆作井施工方式，其占地面积较现浇沉井节约 7.36m^2。从社会信誉分析，使用该技术，能有效保护周边管线和建筑物，避免管线破坏和建筑物损坏事件发生，大大地提升了公司的整体竞争力。

（2）社会效益

随着国家对水生态环境治理的“水十条”“黑臭水体治理”等多项政策的出台，社会对城镇水环境治理的重视上升到一个全新的高度，其中绿色施工、节能降耗已成为建筑业发展的时代要求，对施工成本及人力、物力投入的控制要求也越来越高。

1）节能效益

采用新建污水管与既有管接驳施工技术，实现以偏心逆作井替代现浇沉井接驳，并采用静力取孔技术，避免造成既有管或井大范围破坏，减少污水管网工程对模板、钢筋、混凝土、井字架的损耗，是节约资源的十分重要而且有效的举措。

2）环保效益

① 采用偏心逆作井施工技术，用人工开挖为主、机械辅助开挖的方式，施工现场基本没有噪声污染，避免了现浇沉井混凝土振捣、机械下挖时刺耳的噪声污染，减少扰民现象。

② 可避免因对既有管造成堵塞而出现的污水外涌事件，有效地防止对周边环境造成

污染。

③ 可使市政污水工程新建污水管与既有管接驳施工规范化和标准化，从而避免施工时现场凌乱、产生大量施工垃圾及污染环境的废弃物，是一种新型的、节能环保的先进施工工艺技术。

综上所述，新建污水管与既有管接驳施工技术符合绿色施工节材和材料资源利用的要求，具有很好的经济效益和社会效益。

11.2.8 总结

（1）逆作井结构代替沉井接驳施工，提前探测管线位置，采用机械开挖、人工辅助的方式下挖，能有效保护下部既有管线。逆作井接驳为钢筋混凝土结构，根据不同地质条件，按 0.5～1m 一层的进尺分层浇筑，可适用于各种地层，但对于下部地层中存在较深淤泥层、下挖过程中可能发生周边土体涌入坑内的情况，应在开挖前在井位周圈打设高压旋喷桩止水帷幕，保证周边土体的稳定性，减少对周边环境的负面影响。

（2）采用静力切割取孔技术，最大限度地降低了对现状管道或既有污水检查井的破坏。与既有井接驳时，接驳部位取孔后，工作井继续顶进，使管道直接顶入既有井实现接驳。与既有管接驳时（无现状检查井），采用偏心逆作井技术，将在建管顶入偏心逆作井，按设计要求施作检查井，将既有管道包入新建检查井，验收通水前采用静力切割技术对原管道切除实现接驳。

（3）接驳口采用防水混凝土进行管道与井壁之间的缝隙封堵，保证接驳位置不渗漏，消除后期地面沉降隐患。

（4）与现状井接驳时，在顶管轴线与现状井相交部位相切施作逆作井 + 浇筑混凝土顶管弧形导向溜槽，后期在逆作井中取出机头后工作井内继续进行顶管施工。在现状井上根据顶管轴向、标高等精确定位后，安全、精确、高效地对现状井进行取孔；采用短距离无机头状态下液压顶管，直接顶至接驳口，从施工的根本上作了改进，实现精准、安全接驳。该体系纠偏容易，接驳精度高，能更有效地保证施工质量。

（5）本技术适用于复杂城镇环境下的污水管道接驳施工，能更为有效地减少其他社会资源的浪费，实现绿色施工的目标。

本章参考文献

［1］ 中国工程建设标准化协会 . 给水排水工程顶管技术规程 CECS 246—2008［S］. 北京：中国计划出版社，2008.

［2］ 中华人民共和国住房和城乡建设部 . 城市供热管网暗挖工程技术规程 CJJ 200—2014［S］. 北京：中国建筑工业出版社，2015.

［3］ 中华人民共和国住房和城乡建设部 . 热力机械顶管技术标准 CJJ/T 284—2018［S］. 北京：中国建筑工业出版社，2018.

[4] 广东省住房和城乡建设厅 . 顶管技术规程 DBJ/T 15—106—2015 [S]. 北京：中国城市出版社，2016.

[5] 上海市住房和城乡建设管理委员会 . 顶管工程施工规程 DG/TJ 08—2049—2016 [S]. 上海：同济大学出版社，2017.

[6] 中华人民共和国住房和城乡建设部 . 城镇排水管道非开挖修复更新工程技术规程 CJJ/T 210—2014 [S]. 北京：中国建筑工业出版社，2014.

[7] 混凝土结构设计规范（2015 年版）GB 50010—2010 [S]. 北京：中国建筑工业出版社，2011.

[8] 中华人民共和国住房和城乡建设部 . 建筑基坑支护技术规程 JGJ 120—2012 [S]. 北京：中国建筑工业出版社，2012.

[9] 中华人民共和国住房和城乡建设部 . 建筑深基坑工程施工安全技术规范 JGJ 311—2013 [S]. 北京：中国建筑工业出版社，2014.

[10] 中华人民共和国住房和城乡建设部 . 城市综合管廊工程技术规范 GB 50838—2015 [S]. 北京：中国计划出版社，2015.

[11] 中国非开挖技术协会 . 顶管施工技术及验收规范（试行）[S].2006.

[12] 陈克兵 . 大直径人工顶管施工技术 [J]. 建筑技术开发，2020，47（15）：22-24.

[13] 卢斌，马永志，陈松，等 . 某河道整治项目长距离大直径顶管无中继间施工技术研究及应用 [J]. 广东水利水电，2020（08）：94-98.

[14] 陆小玲，韦鸿梅，骆婧，等 . 大直径管道顶管内穿管过路施工技术 [J]. 建筑施工，2020，42（07）：1269-1271.

[15] 马超 . 市政给排水施工中长距离顶管施工技术 [J]. 居舍，2020（20）：71-72.

[16] 郭旭忠 . 市政排水非开挖顶管施工技术及施工要点 [J]. 居舍，2020（19）：68-69.

[17] 邬皑铭，江娇杰 . 浅谈泥水平衡顶管施工技术 [J]. 石油化工建设，2020，42（03）：68-73.

[18] 吴发展 . 顶管施工关键技术研究及中航支线工程实践 [J]. 广东土木与建筑，2019，26（05）：72-76.

[19] 王乐，贺建群，范昌彬 . 复杂条件下顶管注浆减阻技术研究与应用 [J]. 现代隧道技术，2018，55（03）：200-204.

[20] 王斌 . 简述管道铺设中的泥水平衡式顶管施工技术 [J]. 四川水力发电，2018，37（02）：106-109.

[21] 阎向林 . 郑州黄河顶管工程注浆减阻技术的应用 [J]. 隧道建设，2012，32（03）：372-376.

[22] 钟晓晖 . 长距离管道顶进注浆减阻施工技术应用 [J]. 建筑施工，2010，32（11）：1155-1157.

[23] 文杰，张彤炜，周书东，等 . 基于偏心逆作井的新建污水管与既有管接驳技术 [J]. 施工技术，2019，48（S1）：815-817.

[24] 叶雄明，韩龙伟，周书东，等 .BIM 在污水管网工程全过程应用研究 [J]. 广州土木与建筑，2020.27（06）：76-79.

[25] 何伟清，吴建荣，汤辉，等 . 一种排水管水下接驳施工方法：201711145930.6 [P].2017-11-17.

[26] 夏治会 . 试述东莞市截污主干管网工程变更产生的原因、存在的问题及对策 [J]. 金融经济，2009（22）：97-99.

[27] 朱小宁 . 兰州市污水全收集工程管道施工工艺及顶管技术研究 [D]. 兰州：兰州交通大学，2015.

[28] 李江伟，江云朋 . 顶管技术在城市排水管道施工中的应用 [J]. 科学与财富，2018（9）：259.

[29] 张洪波 . 大型污水管道接驳碰口方案探讨 [J]. 建筑工程技术与设计，2015（15）：1600-1601.

[30] 王勇，李剑，时乐 . 市政给排水管道顶管施工技术要点 [J]. 建筑工程技术与设计，2017（3）：138.